天津市科协自然科学学术专著基金资助出版

半导体测试技术
原理与应用

刘新福　杜占平　李为民　编著

U0342355

北　京

冶金工业出版社

2023

内 容 提 要

本书在介绍电学参数测试原理的基础上，重点介绍了具有国际先进水平的国内外首台微区电阻率测试仪原理及应用，具有很高的实际应用价值。全书共分 11 章，1~6 章讨论了微区电学参数测试的重要性，综述了当今已研究出来的各种半导体测试方法的特点；详细分析四探针测量技术的基本原理，重点讨论常规直线四探针法、改进范德堡法和改进 Rymaszewski 四探针测试方法；研究四探针测试技术中的共性问题，介绍了以较高的定位精度进行大型硅片的无图形等间距测量的原理。7~11 章重点讨论了测试技术在材料科学等领域的分析与应用及无接触测量技术。

图书在版编目(CIP)数据

半导体测试技术原理与应用/刘新福等编著 .—北京：冶金工业出版社，2007.1（2023.1 重印）
ISBN 978-7-5024-4101-2

Ⅰ. 半… Ⅱ. 刘… Ⅲ. 半导体材料—测试技术 Ⅳ. TN304.07

中国版本图书馆 CIP 数据核字(2006)第 117011 号

半导体测试技术原理与应用

出版发行	冶金工业出版社	电　话	(010)64027926
地　址	北京市东城区嵩祝院北巷 39 号	邮　编	100009
网　址	www.mip1953.com	电子信箱	service@ mip1953.com

责任编辑　王雪涛　张　卫　任咏玉　美术编辑　彭子赫
责任校对　符燕蓉　李文彦　责任印制　窦　唯
北京虎彩文化传播有限公司印刷
2007 年 1 月第 1 版，2023 年 1 月第 3 次印刷
850mm×1168mm　1/32；10 印张；267 千字；304 页
定价 49.00 元

投稿电话　(010)64027932　投稿信箱　tougao@cnmip.com.cn
营销中心电话　(010)64044283
冶金工业出版社天猫旗舰店　yjgycbs.tmall.com
（本书如有印装质量问题，本社营销中心负责退换）

序

随着电子信息技术的不断发展，测试技术也需要不断地提高与创新，本书是作者在半导体硅片微区薄层电阻测试领域所做探索的基础上，借鉴国内外许多专家在该领域的研究成果编写而成的。

各领域的研究与发展离不开技术的支持，可以说技术是生产和科研工作中不可缺少的一个重要环节。随着集成电路技术的不断创新，集成电路的特征尺寸已达到 $0.1\mu m$ 以下，对硅片的电阻率均匀性要求越来越高，而传统的四探针其分辨率大于针距的 3 倍，已不能满足检测微区均匀性的要求，因而需要有新型的测试仪器设备来取代。在河北工业大学自主研制硅片四探针自动测试仪工作中，课题组在微区测试领域提出了改进的 Rymaszewski 四探计测试方法，该测试方法不仅在完全没有光刻图形的样品上能够完成测试工作，而且可以自动完成测试过程，节约测试时间，提高测试效率，并于 2003 年通过技术鉴定。

作为具有图像识别功能的全自动微区薄层电阻四探针测试仪课题的主要研究人员之一，作者为该课题的完成做出了较大的努力。同时，该课题还得到了天津市自然科学基金项目和河北省自然科学基金项目的支持。本书作者在《物理学报》、《半导体学报》、《电子器件》、《半导体技术》、《微电子学与计算机》、《固体电子学研究与进展》、《稀有金属》和《河北工业大学学报》等刊物上发表了多篇相关论文。该项目经教育部天津大学查新工作站查询（报告编号：200312d0300244）：对《图像识别在微区测试四探针定位技术中的应用》得出以下结论："国内外均未发现有与本课题技术特征相同的专利及非专利文献报道。"

　　本书作者在半导体测试技术原理与应用领域还仅仅是做了初步的尝试与探索，一定会存在不少的疏漏与欠妥之处，敬请同行专家批评指正。

2006 年 6 月

前　言

　　本书以半导体测试技术的原理分析及测试技术的改进为基础，介绍微区薄层电阻多种测试方案的实施与应用，重点分析独立研制的微区薄层电阻四探针自动测试仪器，以及改进 Rymaszewski 四探针测试方法的原理，并对无接触测量技术在半导体测试中的应用进行了介绍。

　　全书共 11 章。第 1 章对半导体微区电阻测量技术的各种方法进行了分析比较，对国内外薄层电阻测试方法进行综述；第 2 章是四探针技术测量薄层电阻原理的分析，对常规直线四探针法、改进的范德堡法和斜置式方形 Rymaszewski 四探针法分别进行了详细论述；第 3 章深入地讨论了四探针测试技术中的共性问题，重点对测试设备的校准及环境对测量的影响，以及对四探针测试中的边缘修正问题进行了论述；第 4 章论述了本课题组开发的自动测量四探针仪测控系统；第 5 章论述游移对测试结果的影响及测量薄层电阻的改进 Rymaszewski 方法；第 6、7 章分别论述探针图像预处理、边缘检测以及探针的图像分割、定位控制与探针图像检测精度分析；第 8 章对电阻率的无接触测量技术及自主研制的薄层电阻自动测试仪器进行了分析与介绍；第 9 章讨论了高电阻率材料的电学参数测量问题；第 10 章论述了扫描电子显微镜及其在半导体测试技术中的应用；第 11

章介绍了外延片的物理测试原理。

本书由刘新福、杜占平、李为民编著。刘新福撰写第 1～7 章，杜占平撰写第 8～11 章，李为民参加了第 11 章第 5 节的编写工作；刘翠响、王静、张艳辉、谢辉、王旭东等参加相关课题的研究，以及部分章节图形的制作等工作。在具有图像识别功能的四探针仪的研制工作中，博士生导师孙以材教授作为项目负责人自始至终领导了项目研究工作，保证了研究工作的顺利完成。在本书的撰写过程中，孙以材教授作为国内半导体测试技术领域的专家，以诲人不倦的精神给予作者多方面的具体指导和帮助，在此深表感谢！本书所介绍的相关课题研究项目得到了国家自然科学基金项目的资助（编号为 50475055）。该书的出版得到了天津市科协自然科学学术专著基金的资助，还得到了河北工业大学机械学院的领导，冶金工业出版社的大力支持，在此一并致谢！

由于作者在半导体测试技术领域研究得不够深入，书中不妥之处，敬请各位专家与学者斧正，作者在此深表谢意！

编著者

2006 年 6 月

目　录

1 半导体微区电阻测量技术

科技发展日新月异，计算机不断更新换代，其存储容量也在不断增长，作为其基础元件的集成电路已由超大规模（VLSI）向特大规模（ULSI）发展。图形日益微细化，集成电路尺寸不断缩小，目前，IC（集成电路，integrate circuit）制造以203.2mm（8in）、0.13μm 为主，预计在 2007 年左右将以304.8mm（12in）、65nm 为主[1~3]，DRAM（动态随机存取存储器，dynamic random access memory）达到 64GB，MPU（微处理器，micro processor unit）和 ASIC（专用集成电路，application specific integrate circuit）集成度分别达到每平方厘米 90M 和 40M个晶体管。在硅芯片上很小的区域已经能够集成非常复杂的电路，这一方面要求芯片直径不断增大以提高生产率，目前已达到 304.8mm（12in），并逐渐发展到 406.4mm（16in）；另一方面对晶体的完美性、力学及电特性也提出了更为严格的要求。特别是微区的电学特性及其均匀性已经成为决定将来器件性能优劣的关键因素[4]。在各种器件设计、生产中，需要了解和掌握硅片及外延片的微区电阻率分布状况。因此，微区电阻率的测试成为芯片加工之中的重要工序，为了更好地保证芯片的生产质量，保证设计的完美性和成功率，应开展各种芯片的微区电阻率分布的测试研究，以更好地服务于大规模集成电路的生产，保证最终产品的性能。

1.1 微区电阻测试相关因素分析

下面直接对部分芯片制作工艺过程有关的若干重要电学参数进行重点分析，以表明微区测试的重要性[5]。

1.1.1   离子注入监测[6~15]

用微区薄层电阻图示可以作为监控硅片离子注入均匀性、重复性的一种综合的方法。微区薄层电阻图示方法，大大方便了对各种注入现象的观察，包括平面沟道效应，图1-1 是一晶向为［100］、磷（50keV，3E14）、标准偏差 2.05%、平均值 261.7Ω/方块、等值线距离 1.0% 的 152.4mm（6in）硅片上 625 个测试点的薄层电阻图形。图中粗线表示平均薄层电阻的轨迹，细线表示大于（＋）或小于（－）平均值1% 的等值线。薄层电阻值小的区域是由于沟道离子在沿着平面向外方向上的深层穿透引起的。图 1-1 清楚地表明了硅片与离子束相互作用的问题。图 1-2 是条纹实验硅片，片号：5 1E14/1E44 100keV，标准偏差 10.45%，平均值 529.0Ω/方块，等值线距离 2.00%，硅片的四个区域测量 625 个点上所做的薄层电阻图示。由于掩膜对准的原因使未刻条纹的中立区偏向左侧。每一区域的明显不均匀性与在静电式扫描注入机中使用扫描观察得到的结果相似，每一区域的不均匀度与条纹宽度成正比，在图中能清楚地看到条纹的不均匀性。因此，利用该图示能够发现设备的注入不均匀性。

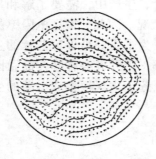
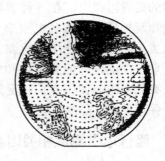

图 1-1   磷注入薄层电阻等值图   图 1-2   条纹实验 625 点的
                                                  薄层电阻图示

1.1.2 二极管的反向饱和电流

流过二极管的结电流 I 与结电压 V 的关系[16]

$$I = I_s(e^{qv/kT} - 1) \tag{1-1}$$

式中，$I_s = A\left(\dfrac{D_n n_p^0}{L_n} + \dfrac{D_p p_n^0}{L_p}\right)$ 称为反向饱和电流。这一电流越小，二极管的反向截止特性越好；n_p^0 和 p_n^0 分别是 p 侧和 n 侧电子和空穴的平衡浓度，这一浓度越大，理论上反向饱和电流越大。因此，反向饱和电流与微区掺杂不均匀有密切的联系。

1.1.3 反向耐压

对于单边突变结，最大电场强度[17] ε_m

$$\varepsilon_m = \left(\dfrac{2VqN}{\varepsilon}\right)^{1/2} \tag{1-2}$$

式中　V——外加电压；

　　　N——轻掺杂一边的杂质浓度。

由式（1-2）可以看出，杂质浓度越高，结电场越大，击穿电压便越低。对于可控硅来说，原始 n 型硅片的电阻率一般为几十欧姆厘米，电阻率均匀的情况下可以达到数千伏的耐压。一旦微区掺杂不均匀，则在个别点上可以提前击穿，使可控硅的耐压降低。

1.1.4 晶体管的饱和压降

晶体管集电极串联电阻 r_{cs} 与外延电阻率 ρ_c 成正比（无埋层时）[18]：

$$r_{cs} = \rho_c\left(\dfrac{x_{jc}}{l_c d_c} + \dfrac{d_c}{3l_c W_c} + \dfrac{2d_{ce}}{(l_c + l_e)W_c} + \dfrac{W_c}{3l_e d_e}\right) \tag{1-3}$$

式中　l_e 和 d_e——发射区的长和宽；

　　　l_c 和 d_c——集电极引线孔的长和宽；

　　　　　x_{jc}——集电结深。

　　$W_c = D - x_{jc}$，D 是外延层厚度。晶体管的饱和压降为：

$$V_{CES} = V_{CES0} + I_c r_{CS} \qquad (1\text{-}4)$$

式中　I_c——集电极工作电流。可见，外延层电阻率 ρ_c 直接影
　　　　　响饱和压降。外延层电阻率和微区不均匀便直接影
　　　　　响各晶体管的饱和压降。

1.1.5　晶体管的放大倍数 β

　　共发射极电流放大倍数 β 可以表达为[19]：

$$\frac{1}{\beta} = \frac{R_{SE}}{R_{SB}} + \frac{W^2}{4L_{nB}^2} + \frac{SA_S W}{A_E D_{nB}} \qquad (1\text{-}5)$$

式中　R_{SE} 和 R_{SB}——发射区和基区薄层电阻；

　　　　W——基区宽度；

　　　L_{nB} 和 D_{nB}——基区电子的扩散长度和扩散系数；

　　　A_S 和 A_E——表面复合有效面积和发射结面积；

　　　　S——表面复合速度。

　　一般将发射结和基区杂质浓度分别控制为 $10^{20} \sim 10^{21}/cm^3$ 和
$10^{17} \sim 10^{19}/cm^3$，使 β 值控制在 $30 \sim 150$ 之间。放大倍数 β 与发
射区和基区的方块电阻或掺杂有关，因此，扩散的均匀性直接
影响晶体管的电流增益一致性。特别是差分放大电路中要求配
对晶体管的放大倍数一致，使输出信号与差分输入信号成正比。
对 $Si/Si_{1-x}Ge_x$ 异质结双极晶体管，由于 SiGe 合金的基区带隙变
窄，在给定的基极和发射极偏压下，注入基区的少子增多，提
高了注入率，因而电流增益增大。这样可提高基区掺杂浓度，
减薄基区从而降低发射结掺杂浓度和电容。因而在低温度下，
基区电阻仍不高，改进了低温特性和高频特性[20]。

1.1.6　MOS 电容器耗尽层弛豫时间 T_c

　　当 MOS 电容器瞬时加反偏压时，立即产生耗尽的空势阱。

但因光照或热激发少子，少子趋向表面形成反型层，使势阱变浅。这一弛豫过程的时间常数 $T_c = N/g$[21]，式中 g 为少子的热激发产生率。可见掺杂浓度 N 越高，弛豫过程时间常数越大。对于 CCD 电荷耦合器件来说，向空势阱注入的电荷应在少子热激发前被传输走，不受到热激发少子电荷的干扰。也就是说，电荷传输时间应小于少子热激发弛豫时间常数 T_c，即满足下式[21]：

$$3n/f_{min} < T_c \tag{1-6}$$

式中　n——三相电荷耦合器件的单元数；

　　　f_{min}——允许的三相时钟的最低频率。

$$f_{min} > \frac{3n}{T_c} = \frac{3ng}{N} \tag{1-7}$$

因此，半导体的掺杂决定时钟的最低工作频率，微区掺杂的不均匀便影响 MOS 电容器最低工作频率的不同，并有可能影响电荷的传输。高清晰度电子摄像机要求采用 50 万像素 CCD，相当于 4M DRAM 的 VLSI 器件。可见掺杂的微区均匀性是十分重要的。

1.1.7 GaAs 器件阈值分散性

阈值电压 V_T 可以表示为[22]

$$V_T = \varphi_m - x - \frac{E_g}{2q} + \varphi_F + \frac{(4q\varepsilon N_A \varphi_F)^{1/2}}{C_0} - \frac{Q_{SS}}{C_0} \tag{1-8}$$

式中，$\varphi_F = \frac{kT}{q}\ln\frac{N_A}{N_i}$。增大衬底的掺杂浓度 N_A 可以提高阈值电压。

在一块 GaAs 集成电路中，若阈值电压的标准偏差过大，则其功能失效，成品率降低[23]。同一衬底上制作的 MESFET 的阈值不均匀性除与器件工艺因素有关外，还与衬底的电阻率均匀性及结构缺陷有关。对电阻率起主要作用的是 E12、碳和硅浓度。微区 E12、碳和硅的不均匀性便影响电阻率的不均匀性，从而引起阈值电压的分散性[23]。所以测定 GaAs 衬底的微区电阻率均匀性是十分重要的。

1.1.8 化合物半导体计量比的一致性[24]

化合物半导体通常由两种或三种元素所组成。以红外探测器材料 $Hg_{1-x}Cd_xTe$ 为例，化学计量比 x 不仅影响带隙，还影响电子浓度。$Hg_{1-x}Cd_xTe$ 在 0℃下、0.1eV 带隙相应的 $x = 0.222$，继后 x 带隙增加，表 1-1 示出在 GaAs 衬底上直接合金生长过程中 $Hg_{1-x}Cd_xTe$ 层的成分分布情况。

表 1-1　GaAs 衬底上 $Hg_{1-x}Cd_xTe$ 层的成分分布、电子浓度及迁移率

项目	x 值				77khall 测定	
	中心	中心 + 0.5″	中心 + 1″	边缘	n/cm^{-3}	$\mu/cm^2 \cdot (V \cdot s)^{-1}$
片1	0.288	0.291	0.287	0.271	中心 4.0×10^{15} 边缘 4.6×10^{15}	43059 48693
片2	0.260	0.259	0.251	0.239	中心 1.3×10^{15}	62738

合金直接生长对成分均匀性较差。但是利用三乙基镓生长 $Hg_{1-x}Cd_xTe$ 则中心与边缘的电子浓度相差在 3.4% 以内，说明 OMVPE 工艺能改善成分的一致性。

1.1.9 材料结构强度的判定依据[25]

经过多年使用的一些材料，要判定其结构强度及可维持使用寿命是一个较难解决的问题，特别是用金属构建的桥梁、大型设备等，应用测试电阻的方法测定材料结构强度不失为一个较好的非破坏性测试方法。由于电阻率是随着微结构的变换而变化的，并且随着使用年限的增长，材料的微结构和电阻率都在发生变化。文献［25］使用四探针方法测定

了一个涡轮转子随着使用年限的增长后的电阻率变化，发现其电阻率随着时间的增长逐渐变小，至 10 万 h 成为恒定值；而由韧性转变温度与电阻率关系图可以确定该种钢结构的破坏强度小于 5 万 h。因此，使用电阻率测试方法可以用于判断关键结构件是否可以继续应用，减少事故的发生，保障安全生产。

1.1.10 可控硅整流器

原始硅片的电阻率分布严重影响硅器件电学特性，对功率器件尤为严重。对某些特殊功率器件，硅片电阻率以一定方式不均匀是可取的。这种特殊器件如可控硅整流器，它可由超过转折电压而导通[26]。然而，原始硅片存在的次级凹下导致的电阻率不均匀分布将妨碍可控硅整流器的正确导通[27]。

综上所述，微区电阻率不均匀性及其变化不仅影响材料而且影响器件的特性，因而开展微区电阻率测试的研究具有重要意义。

1.2 国内外薄层电阻测试方法综述

1.2.1 微区薄层电阻测试方法种类

目前，国内外已广泛开展了微区测试方法的研究[28~38]，例如 Crossley 等人[28]和 Perloff 等人[29]的测试系统，可得到全片的薄层电阻分布，这就是所谓的 Mapping 技术；国内也开展了这一研究工作，并取得了良好的效果[39]。如今开发出来的主要测试方法有两大类：一类是无接触测量方法；另一类是接触测量方法。笔者将其分类后归纳出 15 种具体的测试方式（不包括美国国家标准 NBS 推荐的测试方式，该方法应属于四探针的一种），汇总如表 1-2 所示。

表 1-2 微区电阻测试方法

分类	方法名称					应用
无接触测量法	涡电流法[42]（需要标准样片校准）					用于测量整片的电阻率平均值
	等离子共振红外线法[43,46]					通过测量载流子浓度计算出电阻率 ρ
	微波扫描显微镜探头测试法[45,47]					可测得金属薄膜电阻率分布图
接触测量法	电势探针法	两探针法[48]				
		三电极保护法[49]				
		扩展电阻探针法	单探针法[50]			
			二探针[51~52]			
			三探针[52]			
		四探针法[53]（薄层 $S>\delta$ 厚层 $\delta>S$）（Valdes）	直线四探针法（在样品中央）	一位测量[54][Smits]		
				Perloff[55] 双位测量		
				Rymaszewski[30] 双位测量		
			矩形四探针法[31,56]（范德堡法在样品边缘）	竖直四探针[57]	Keywell	
				斜置四探针[58]（改进范德堡法）	在样品的中央及边缘都可	
	肖特基结探针法	电容汞探针（肖特基 C-V 法）[59]				
		三探针电压击穿法[60]				

1.2.2 微区电阻测试方法的原理与特点

1.2.2.1 无接触测量法

无接触测量法与接触测量法相比较，其最大优点是不与被测样片接触，不损坏和沾污被测样片；其缺点是设备较为复杂[40]，仪器成本高，测量范围窄[41]。目前，该测量法已有三种方法用于实际应用：第一种是涡电流法[42]，涡电流法除了要求必须事先使用已知电阻率的标准片校正外，只能测出整个样片的电阻率平均值，测量精度约为5%；第二种是等离子共振红外线法，该测试方法利用等离子共振极小点对薄层材料进行测试[43]，由于电阻率与半导体中的载流子浓度的关系[44]是：

$$\rho = 1/(N_D - N_A)\mu_n q \tag{1-9}$$

式中　N_D、N_A——施主和受主杂质浓度；

　　　　μ_n——电子迁移率；

　　　　q——电子电荷量。

据此，可得到被测样片电阻率ρ，该测试方法的测试微区大于1mm；第三种是无接触测试方法，该测试方法是微波扫描显微镜探头测试法[45]，该方法已应用于金属薄膜电阻率测试。这种方法采用接近测试区域的共振微波显微镜，通过扫描获取微区的电荷分布图，进而转化为薄层电阻分布图。由于电压探针上没有流过样品电流，因此测出的样品电阻率与金属和半导体之间的接触电阻无关。该方法可以得到定量的电阻率描述图，具有较高的速度、较宽的测量频率，通过应用标准的测试电路结构，以及更换中心导体较小的探头的导体直径来提高空间的分辨率。该方法由于受接触探头及与测量样片轮廓外形变化等的限制，测试数值会产生一定误差，并且测试微区尺寸受到探头尺寸限制，测试区域为探头中心导体直径大小的固定值，不可调节，而且需要先测出电荷与电阻率的关系图，再通过换算求出R_s值，不能直接测出R_s值。

1.2.2.2　接触测量法

接触测量法是相对较为经济和成熟的测试方式，除了美国国家标准NBS推荐的测试方法[61]（需要样品伸出四个等长臂，并在背面制备四个大的金属电极以放置探针）外，目前均采用相对灵活的接触探针测试方法。接触测量方法具体又分为电势探针法和肖特基结探针法两种[5]。

A　电势探针法

电势探针法是通过测量样品两点的电势与流过样品的电流得出电阻的基本原理进行的，根据实际测试条件的不同，需要加入修正系数（边缘修正、厚度修正和温度修正等）以修正测量结果。

a　两探针法[48]

两探针法适用于测量体电阻率。一般通过标准电阻测出其两端的电压后，先得到流过样品中的电流 I，然后利用该电流及样品长度方向某两个测试点的电压降 U_T 及长度值 L，得到样品的电阻率 ρ：

$$\rho = U_T A / IL \qquad (1\text{-}10)$$

式中　A——样品的截面积，cm^2。

b　三电极保护法[49]

用光刻技术在样品面上制作重复的测量单元。如图 1-3 所示，电极 1 为测量电极，测出流经样品的电流 I，电极 2 为各单元的公共保护电极。将各单元隔离，测定时接地。电极 3 提供电压 V，所测单元的电阻率 ρ 为[5,49]：

$$\rho = \pi r^2 V / dI \qquad (1\text{-}11)$$

式中，r 为电极的半径；d 为样品厚度。空间分辨率可为 $140\mu m$。测点数可超过 1500 个，测量过程可以用自动的方法实现。这一方法要求电极与样品之间为欧姆接触，不形成肖特基势垒，而且接触电阻很小，显然这种方法也不适合微区薄层电阻的测量。

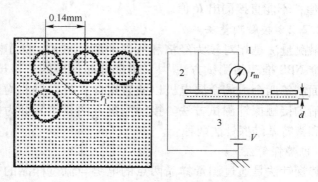

图 1-3　三电极法测试原理

c 扩展电阻法

扩展电阻是利用金属探针与半导体材料点接触处，电流-电压曲线原点附近的特性来得到半导体材料的扩展电阻和电阻率[5,51,62]：

$$R_s = K(\rho)\rho/4a \qquad (1\text{-}12)$$

式中 $K(\rho)$ ——是与 ρ 有关的修正系数；

ρ ——材料的电阻率；

a ——探针的有效接触半径。

由于扩展电阻法需要使用一组已知的电阻率的标准片去建立校正曲线，因此，其测量的准确度为 10%，虽然其纵向分辨率约为 0.5μm，但是相对其他测试方法误差较大。

d 四探针法

用四探针法对任意形状的半无限大半导体材料进行测试，最早由 Valdes[53] 提出，并给出了不同类型的边界条件（导电边界及绝缘边界）的解，其中包括探针相对于样品边界不同位置（平行或垂直）时，有限边界以及样品有限厚度的修正系数和曲线。

e 改进范德堡法[58,63]

改进范德堡法是利用 4 根斜置的刚性探针，不要求等距、共线，只要求依靠显微镜观察，保证针尖在样品的四个角区边界附近一定界限内，用改进的范德堡公式，由四次电压、电流轮换测量得到薄层电阻（公式中 4 次求和再除以 4 并非平均之意，而是必须这样做）。R_s 表达式如下，

$$R_s = \frac{1}{4}\sum_{n=1}^{4}\frac{\pi}{2\ln 2}\left(\frac{V_n + V_{n+1}}{I}\right)f\left(\frac{V_{n+1}}{V_n}\right) \qquad (1\text{-}13)$$

式中 I ——所用测试电流；

V_n ——第 n 次测量所得的电压；

$f(V_{n+1}/V_n)$ ——范德堡修正函数。

图 1-4 为推荐的 4 种测试图形结构，其中阴影区域是允许放

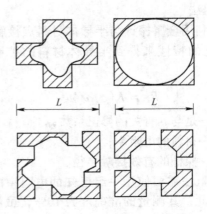

图 1-4   改进范德堡法推荐的
4 种测试结构

置探针的区域。

该方法的特点是利用斜置的探针,探针有足够直径以保证刚性。样品面上探针间距取决于针尖半径,可以用于小至 $90\mu m$ 微区的薄层电阻的测定。该方法不需要测量针尖与样品之间相对距离,不需要作边缘效应修正,不需要保证重复测量时探针位置的一致性,探针的游移不影响测量结果,不需要制备从微区伸出的测试臂和金属化电极,因此,该方法简便、快捷、可行。其有关原理已在文献 [58,63 ~ 65] 中给予证明。实验已对大的方形硅片[58]、矩形硅片[65]、$100\mu m$ 方形金触突以及图 1-4 所示 P-Si 隔离微区进行测定验证,而且从理论上和实验上可推出范德堡公式[58,63]:

$$\exp(-\pi V_1/IR_s) + \exp(-\pi V_2/IR_s) = 1 \qquad (1\text{-}14)$$

B   肖特基结势垒探针法

汞和 n 型探针接触时,在 n 型硅的一侧也能形成势垒,加上直流反向偏压后势垒便会发生扩展。如果再叠加一个高频小电压 dV,势垒宽度以及其中电荷量就会发生变化,同样起到电容的作用。因此，在反向偏置下，势垒边界 δ 附近杂质浓度的平均值与电容 C 以及电容-电压变化率仍然符合式（1-15）和式（1-16）：

$$N_D = 9.75 \times 10^6 \frac{C^3}{d^4}\left(-\frac{dC}{dV_{外}}\right)^{-1} \qquad (1\text{-}15)$$

$$\delta = 8.17 \times 10^3 d^2/C \qquad (1\text{-}16)$$

由上述两式可以求出对应的杂质浓度 $N(\delta)$，而该浓度对应的位置就是在距表面深度为 δ 的地方。汞-硅接触的自建电势 V_0 为 0.6V。以肖特基势垒为测试原理的方法有以下两种。

a 电容汞探针[59]

汞滴与样品接触时构成肖特基结，结上加反向偏压。皆具有电容性质，即

$$C = \frac{dQ}{dV} \qquad (1\text{-}17)$$

此时，这一电容（单位面积，单位为 pF/mm^2）与杂质浓度有如下关系：

$$C/A = 2.91 \times 10^6 [N/(0.5 + V_w)]^{1/2} \qquad (1\text{-}18)$$

式中，面积 $A = (1/4)\pi d^2$，对该式进行微分可以得到杂质浓度 N[5,59]：

$$N = \frac{C^3}{9.75 \times 10^3 d^4}\left(-\frac{dC}{dV_w}\right) \qquad (1\text{-}19)$$

式中，N 是距离外延层表面为 δ 的位置上的杂质浓度，$\delta = 8.17 \times 10^3 d^2/C$。以上各式的物理量单位为 $C(pF)$、$dC/dV(pF/V)$、$d(cm)$、$\delta(\mu m)$、$N(原子/cm^3)$。

汞滴与样品的接触圆直径为毫米量级，因此探测的微区尺寸极限为毫米数量级。探测深度 δ 为微米或亚微米量级。测量时要求衬底串联电阻小，一般适用于研究外延层的掺杂均匀性。

b 三探针电压击穿法

三探针中的第二探针与半导体构成肖特基结。若在这个势

垒上加一个反向电压，当它增加到一定值时，结中电场达到临界值，就发生雪崩击穿，此时反向电流突然增加。击穿电压 V_B 与样品的电阻率 ρ 有如下关系[60]：

$$V_B = a\rho^b \qquad (1\text{-}20)$$

　　三探针法测试时，要求衬底起短路作用，以便 2、3 探针间测得的电压反映肖特基上的反向电压，故一般用于外延层的检测。但外延层的厚度应大于势垒区的宽度。否则，反向电压尚未达到理想值时，势垒宽度达到衬底，便发生"穿通"了。该方法测量硅外延材料电阻率具有局限性[66]。

1.2.3　微区电阻测试结果的表示方法

　　最终结果数据显示的目的是为了让人一目了然，便于理解。特别是将大量的数据展示在坐标或平面上以图像结合数值显示，是一种较好的方式。现将经常采用的方式汇总如下。

1.2.3.1　坐标方式

　　坐标方式是一维表示方式，如水平径向扫描图。图 1-5 是薄层电阻按 θ-R 扫描的等值图[67]，图中粗线是整个面上的平均值，没有其他等值线，即说明整个面上最大最小薄层电阻值均与平均值相差在 ±1% 以内，若哪里相差百分之几，哪里就会有几条等值线。因此，等值图中线越少，表明均匀性越好，反之则不好。

　　二维：这是比较常用的方式，如直方图方式、百分偏差图方式。

　　三维坐标方式，属于空间形式，实际作图较为复杂，一般需要自动设备完成。

1.2.3.2　图形方式

图形方式包括以下 4 种：

（1）百分偏差图方式；

（2）直方图方式；

（3）等直线图方式：如图 1-5 即为等值线图方式；

（4）Mapping 图方式：用于实际测量位置相对应的灰度值来表示所测电阻或电阻率的大小，一般灰度深表示电阻大，灰度浅则表示电阻小[68,69]。

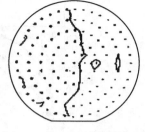

图 1-5　注入好的等值线图

1.2.3.3　表格形式

表格形式是相对较为原始的方式，将各个测量值在二维空间表中列出，能够进行量化比较，但不能得到形象直观的印象。

1.2.4　微区电阻的测试结构分析

用于检测薄层电阻微区分布均匀性的测试结构，可以归纳为下列几种。

1.2.4.1　供直线四探针测量的矩形图形结构

掺杂薄层与衬底是电隔离的，而且各矩形薄层测试结构都是隔离的。矩形的长应大于 3 倍探针的等间距，也就是说，通常的直线四探针能在矩形区容纳下，而且要求针距 s 至少大于被测薄层厚度的 2 倍。这时，薄层电阻按下式计算出来：

$$R_s = kV/I \qquad (1\text{-}21)$$

式中，I 是两个外探针所流入及流出的电流；V 是两内探针所测得的电压。Smits 已解出 k 与矩形长 b、宽 a 及针距 s 之间的关系[51]，如图 1-6 所示。这时要求四探针置于矩形的中央。由图 1-6 可看出，当 $b \geqslant 3s$ 时，$k = 4.53$。当 b/s 减小时，k 值迅速下降。可见，矩形与探针之间的相对几何位置是十分重要的，而且影响很大。文献［65］提出对矩形测试结构，满足一定条件下，可以应用 Rymaszewski 公式[30]：

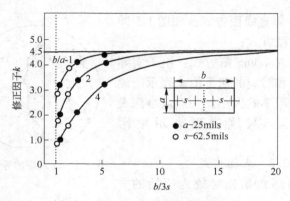

图 1-6   用四探针测定矩形图形结构薄层
电阻的修正因子 k 与 b/s 的关系

$$R_s = \frac{\pi}{\ln 2}\left(\frac{V_1 + V_2}{I}\right) f\left(\frac{V_2}{V_1}\right) \tag{1-22}$$

式中，$f(V_2/V_1)$ 是 Van der-Pauw 修正函数。

1.2.4.2   正方形测试结构

图 1-7 示出美国国家标准局所推荐使用的正方形测试结构（即 NBS-3 号掩膜版）[70]。测试时将 4 根探针置于 4 个金属电极板上，利用式（1-22）计算薄层电阻。

这一种结构又称为 Van der-Pauw 电阻器。原始 Van der-Pauw 法测量时要求在样品边缘制备点接触[31]。当然，对微样品制备点接触是非常困难的，因而需要在正方形样品的角区引出长臂，在臂的末端制备金属电极及引线孔。这样，除了被测区的隔离扩散外，还需要引线孔附近的扩散，氧化制备引

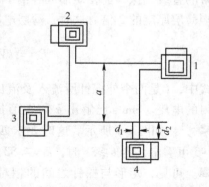

图 1-7   美国国家标准局正方形
测试结构（NBS-3 号掩膜版）

线孔以及金属化工艺。这里要求臂长大于臂宽，才能保证 Van der-Pauw 公式的正确度优于 0.1%。然而，关于臂电阻大小对测试结果的影响，David 和 Buehler 得出了相反的结论[32~33]。

1.2.4.3 十字形测试结构

十字形样品测试结构也广泛地用于研究微观掺杂均匀性,特别是十字形测试结构的心部可以制备到 $10\mu m$ 这样小。这是利用光刻办法制成的。David 用等效电路模型分析了十字形样品用范德堡法测量的正确度[32]。当臂长大于臂宽时,这就是很好的范德堡测试结构。实际应用时也需要制备金属化接触电极,如图 1-8 所示。但是,Buehler 指出,只有臂电阻比较小时才能保证测量正确[33]。他把臂电阻作为测量的干扰,关心的是十字形心部的电阻,所以,David 与 Buehler 的结论不一致。臂电阻较小时还可以防止电流流过时所产生的焦耳热对测量区过热的影响。

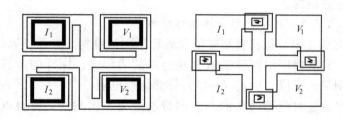

图 1-8　两种具有金属化电极接触的十字形结构

1.2.4.4 十字形薄层结构

文献［64］也提出适合微区测量的十字形薄层结构。这时无需氧化制备引线孔和制备金属化接触电极。只要求四根探针尖置于十字形图形边缘附近的界线外阴影区域如图 1-9a、b 所示。设十字形总长为 L,界线与正交中心线的交点至边界距离为 $L/6$。当十字形的臂长大于宽时,界线向中心移动,界线以外的边缘区扩大,也就是说,可放置探针的区域扩大。因此十字形图形比正方形图形有更大的可放置探针的区域,或者说可测定的微区更小。文献［64］所提出的这一测量方法是针对整个十字图形而言的，即包括十字形的心区和臂区，对臂长、臂宽没有任何限制，除非过窄的臂会引起过大的焦耳热，从而影响测量正确度。探针只要在界线外的边缘区，探针的游移对测量没有影响。薄层电阻可以从公式（1-13）求得。

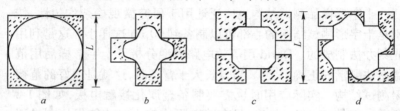

图 1-9 适用于微区薄层电阻测定的若干图形结构
阴影区适合放置四探针

也就是由范德堡法的二次轮换测量改为四次轮换测量，这是十分方便的。

1.2.4.5　首宿叶形和棘轮形结构

文献［64］提出首宿叶形和棘轮形测试结构，如图 1-9c、d 所示。只要将四根探针尖放置在边缘的阴影区，探针的游移不影响测量，可以利用式（1-13）计算薄层电阻。

也就是将范德堡法的二次测量改进为四次测量，将触点改变成斜置的四探针，从而可以进行微区薄层电阻测定。

1.2.4.6　无图形测试方式

以上无论哪种测试方式，都需要制备测试图形，费时费工，并且在测量的过程中测试定位非常困难，虽然各种测试形式都能够测出所需数据，但受到测试精度、误差修正等的限制，因此，发展无图形测试方法是非常有必要的，但必须保证测试位置的准确和一致性，因此才能够保证最后测试数据的分布均匀性。具体方法和内容为本书研究的主要内容之一。

1.2.5　四探针技术可测试的对象及电阻率测试的广泛应用

四探针技术可测试对象主要有：硅衬底片、研磨片、抛光片、外延片、扩散片、离子注入片、吸杂片、退火硅片、金属膜和涂层等的薄层电阻。通过测试，得到阻值分布的等值线图或 Mapping 图，并以此为依据，控制硅片衬底、外延、扩散、离子注入、吸杂、退火等各工艺质量。例如，对外延生长工艺进行监控；判断离子注入退火后薄层电阻均匀性差的原因，为离子注入提供精确剂量与工艺监测；监视扩散炉内部温度与气流对扩散影响和监控溅射的薄膜质量等。此外，电阻率测量在其他方面也有广泛的应用：如测量金属薄板电阻率[71]、液晶材料的电阻率[72]、非晶态合金材料电阻率[73]、磁性薄膜材料电阻率[74]、超导薄膜材料的电阻率[75]等。

1.3　图像处理与分析及其在半导体薄层电阻测量中的应用

　　图像信息是人类获取信息的重要来源，据生物学家的研究统计，人类所获取的知识和信息中，75%是通过视觉图像获得的[76~77]。图像技术在广义上是各种与图像有关的技术的总称。

　　目前人们研究的是数字图像，主要应用是计算机图像技术。这包括利用计算机和其他电子设备进行和完成的一系列工作，如图像的采集、获取、编码、存储和传输，图像的合成和产生，图像的显示和输出，图像的变换、增强、复原和重建，图像的分割，目标的检测、表达和描述，特征的提取和测量，序列图像的校正，3-D 景物的重建复原，图像数据库的建立、索引和抽取，图像的分类、标示和识别，图像模型的建立和匹配，图像和场景的解释和理解，以及基于它们的判断决策和行为规划等等[78]。

　　根据抽象程度和研究方法等的不同可将图像工程分为三个层次：图像处理、图像分析和图像理解。图像处理是比较低层的操作，它主要在图像像素级上进行处理，数据量非常大，着重强调对图像进行各种加工以改善图像的视觉效果并为自动识别打基础，或对图像进行压缩编码以减少所需存储空间或传输时间、传输通路的要求。图像分析则主要是对图像中感兴趣的目标进行监测和测量，以获得它们的客观信息从而建立对图像的描述。这是一个从图像到数据的过程，描述了图像中目标的特点和性质。图像理解的重点是在图像分析基础上，得出对图像内容含义的理解以及对原来客观场景的解释，从而指导和规划行动。图像理解主要是高层操作，其处理过程和方法与人类的思维推理可以有许多类似之处。

图像信号的数字处理技术是针对性很强的技术，根据不同的应用和要求需要采用不同的处理方法，这需要应用到数学、生物学、医学、计算机科学、通讯科学、自动控制理论、信号分析技术等各学科的先进成果。它们的相互融合、相互渗透使得数字图像处理技术得到了飞速发展。

计算机图像处理是在以计算机为中心的包括各种图像输入、输出设备、存储及显示设备在内的系统上进行的。为了在计算机上进行图像分析及处理，首先必须进行图像采集。目前，获取图像的方法有很多，主要分为两类：一类是先通过模拟成像设备或成像方法获取模拟图像，然后经采用和量化获得数字图像，如 CCD 摄像机、微波成像、X 射线成像等。另一类是直接通过数字成像设备或方法获取数字图像，如数码相机、数字摄像机等。

图像处理和分析技术始于 20 世纪 60 年代中期，当时技术难度大，不易推广。80 年代，该项技术有了更新的发展，多功能、自动化、集成化、准确省时的特点更为突出。目前，数字图像分析系统应用更为广泛。

由于图像分析对象的复杂化和千变万化，图像分析软件还没有一个公共的开发平台，因此，开发通用的图像处理和分析软件是当前科研工作的一个难题。当前，多数图像处理软件采用 Matlab、VC 等语言进行编程，英特尔公司为图像处理编程提供了 Ipl 和 OpenCv 两个功能强大的类库，大大简化了编程的工作和难度。

　　数字图像处理的方法主要分为图像变换、图像增强、图像复原、图像压缩编码、图像重建等几种[79]。

　　（1）图像变换：即利用正交变换的性质，将图像变换到变换域中进行处理。图像变换主要研究的是各种变换模型及快速实现方法。

　　（2）图像增强：即利用各种数学方法和变换手段增强图像中的有用信息，包括图像灰度修正、图像平滑、图像的噪声抑制等。

　　（3）图像复原：即把降质的图像通过各种手段和方法恢复出图像的本来面目。主要内容包括对图像降质因素的分析和降质模型的建立，以及针对降质模型的各种处理方法。

　　（4）图像压缩编码：即在保证图像质量的前提下，如何实现以较小的空间存储图像和以较小的比特率传输图像的问题。

　　通过对图像识别技术的分析，作者在研究中利用摄像和图像识别技术代替人工监视，以识别探针的位置；通过控制步进电机，驱动探针自动定位，代替人工进行的微调等工作，以实现监控测试微区的自动化；并自动测试获得全片的薄层电阻分布。在图像识别系统中，因为所测试的微区很小，为小于 $1\,mm^2$ 的区域，这在以前的文献中还未曾见到类似报道，我们通过显微镜和摄像头及图像采集卡将微区的信息传递到计算机，并通过显示器显示图像，来进行图像的识别、监视；再通过 VC 程序控制调节探针上下移动的步进电机及四个探针各自独立附带的驱动电机，完成自动调节探针位置的工作；最后，自动测试工作是由主程序控制下，测试完一个微区后，探针自动抬起，样品平台自动移位至要求新的测试位置，再放下探针完成下一个微区的测试工作，这样直至最后整个测试点工作的完成。

参 考 文 献

1　朱仁康. 杨智科技：多元化带来增长，中国电子报. 2003. 1. 24，11：4

2　赵正平. 21 世纪初微电子技术发展展望. 半导体情报，1999，36（1）：1

3　孙以材，王静. 动态随机存储器 IC 芯片制造技术的进展与展望. 半导体技术，2002，27（12）：10

4　井田彻，西森浩友，天井秀美，等. 90/65/50nm 半导体工艺和设备技术以及对其未来的几点建议. 日本半导体尖端技术公司. 日经电子科技，2003，3：1

5　孙冰. 微区电学测试探针技术. 半导体杂志，1996，6：38～46

6　Keenan W. A.，Johnson W. H.，Smith A. K. 薄层电阻测量应用在离子注入监测方面的进展，Solid state technology. 姜云翔译. 微电子测试，1991，5（2）：38～45

7　Perloff D. S.，Mallory C. L.，Smith A. K.，et al. Advances in data management for implantation process control. Solid State Technology，1985，28（2）：129～135

8　Perloff D. S.，Gan J. N.，Wahl F. E. Dose . Dose accuracy and doping uniformity of ion implantation equipment，Solid State Technology，1981，24（2）：112～120

9　Turner N. L.，Current M. I.，Smith T. C，et al . Effects of planar channeling using modern ion implantation equipment. Solid State Technology，1985，28（2）：163～172

10　Designation ASTM F84－73，Measuring resistivity of silicon slices with a collinear four-probe array，Annual Book of ASTM Standards

11　Markert M. J.，Current M. I. Characterization of ion implanted silicon－applications for IC process control，Solid State Technology，1983，26（11）：101～106

12　Smith A. K.，Perloff D. S.，Edwards R.，et al. The use of four-point probe sheet resistance measurements for characterizing low dose ion implants. Ion Implantation Equipment and Techniques，Ziegler J F，Brown R. L. 1985，North Holland，Amsterdam

13　Current M. I.，Keenan W . A . A performance survey of production ion implanters . Solid State Technology，1985，28（2）：139～146

14　Markert M. J.，Perloff D. S.，Lee E. A novel technique for monitoring low dose implants. Extended Abstracts，Electrochemical Society Meeting，1983，San Francisco，CA，May：8～13

15　Steeples K. Sheet resistivity of silicon wafers implanted with a high-current machine. Ion Implantation Equipment and Techniques，Ziegler J. F.，Brown R. L. 1985，North Holland，Amsterdam

16　Ferry D. K.，Fannin D. B. Physical Electronics，Adddison-Wealey Publishing Company，1971：195

17　Ferry D. K.，Fannin D. B. Physical Electronics，Adddison-Wealey Publishing Company, 1971: 189

18 南京工学院, 西北电讯工程学院. 半导体集成电路, 北京: 国防工业出版社, 1980: 144

19 扩散技术, 北京: 国防工业出版社, 1972: 89

20 王效平等. 半导体杂志, 1993, 18 (1): 13

21 鲍敏抗等. 集成传感器, 北京: 国防工业出版社, 1987: 184

22 鲍敏抗等. 集成传感器, 北京: 国防工业出版社, 1987: 222

23 华庆恒等. 半导体杂志, 1991, 16 (3): 29

24 Edwall D. D. , J. Electronic Materials, 1993, 22 (8): 847~851

25 Seung hoon nahm, etc. Evaluation of fracture toughness of degraded Cr-Mo-V steel u-sing electrical resistivity. Journal of materials science. 37 (2002): 3549~3553

26 Voss P. , Platzoder K. and Porst A. , Patent application, August, 16, 1971

27 Muhlbauer A. 区熔硅单晶的电阻率形貌和生长小平面. 上海科学技术情报研究所: 国外硅材料质量进展, 1977: 31~37

28 Crossley P. A. , et al. J. Electronic Materials, 1973, 2 (4): 465~483

29 Perloff D. S. , et al. , J. Electrochem. Soc. , 1977, 124 (4): 582~590

30 Rymaszewski R. Empirical Method of Calibrating A 4-point Microarry for Measuring Thin-film-sheet Resistance . Electronics Letters . 1967: 3 (2): 57~58

31 Van der pauw , A Method of measuring specific resistivity and hall effect of discs of ar-bitrary shape, J. Philips Researc Reports , 1958, 13 (1): 1~9

32 David J. M. , Buehler M G. Anumerical analysis of various cross sheet resistor test struc-ture. Solid-State Electronics, 1977, 20: 539~543

33 Buehler M G , Grant S d, Thurber W R. An experimental study of various cross sheet resistor test structures . J. Electrochem. Soc. , 1978, 125 (4): 645~654

34 Kelton K F, Holzer J C. Apparatus for in-situ measurements of changes in the electrical resisitivity accompanying phase changes in metastable metalic alloys. Review of Science Instrument, 1988, 59: 347~350

35 李汉达. 四探针和扩展电阻等值作图法在硅器件工艺监测中的应用. 计量技术, 1996, 2: 23~24

36 石林初. 电阻网络元模拟算法及其在 IC 设计中的应用. 半导体技术, 1999, 24 (2): 20~23

37 鞠定德, 袁海荣, 汪玉川. 阳极氧化法测量硅太阳能电池结深及杂质浓度分布. 新能源, 1996, 18 (9): 17~19

38 王效平, 石焱. 集成电路技术和产业的国内外发展现状及对我国发展的建议. 微处理机, 1993, 1: 6~10

39 周全德, 曾庆光, 等. 全国半导体集成电路与硅材料学术年会, 杭州: 1993,

573 ~ 574

40　鲁尼安 W R. 半导体测量和仪器. 上海：上海科学出版社, 1980：94

41　鲁效明. 半导体材料电阻率的测量及电阻率测试仪. 计量技术. 1989, (5)：37 ~ 38

42　刘玉岭, 檀柏梅, 张楷亮. 超大规模集成电路衬底材料性能及加工测试技术工程. 北京：冶金工业出版社, 2002：270 ~ 271

43　孙以材. 半导体测试技术. 北京：冶金工业出版社, 1984：252 ~ 255

44　孙以材. 半导体测试技术. 北京：冶金工业出版社, 1984：7

45　Steinhauer D. E. , et al. Quantitative Imagine of Sheet Resistance With a Scanning Near-field Microwave Microscope . Applied Physics Letters. 1998, 72 (7)：861 ~ 863

46　孟扬等. 透明导电 IMO 薄膜的载流子浓度测量. 光电子技术. 2001. 12, 21 (4)：245 ~ 250

47　Alexander Tselev and M. Anlage , Hans M. christen, et al. Near-field microwave miscroscope with improved sensitivity and spatial resolution. Review of scientific instruments. 2003, 74 (6)：3176 ~ 3170

48　孙以材. 半导体测试技术. 北京：冶金工业出版社, 1984：9

49　沈能珏. 砷化镓（GaAs）材料质量表征技术的新进展. 半导体杂志. 1995. 12, 20 (4)：1 ~ 11

50　孙以材. 半导体测试技术. 北京：冶金工业出版社, 1984：10

51　吴晓虹, 闵靖. 扩展电阻探针在材料测试和器件工艺中的应用. 上海计量测试. 1999. 5：37 ~ 38

52　刘玉岭, 檀柏梅, 张楷亮. 超大规模集成电路衬底材料性能及加工测试技术工程. 北京：冶金工业出版社, 2002：272

53　Valdes. Resistivity measurements on germanium for transistors, Proc. Instr. Radio Engrs. 1954, 42：420

54　Smits F M. Measurement of sheet resistivity with the four point probe. The Bell System Technical Journal, 1958, 37：711

55　Perloff D S, Gan J N, Wahl F E. Dose accuracy and doping uniformity of ion implantation equipment. Solid State Technology, 1981：112 ~ 120

56　孙以材. 半导体测试技术. 北京：冶金工业出版社, 1984：138

57　Keywell F, Dorosheski G. Measurement of the sheet resistivity of a square wafer with a square four-point probe. Review of Scientific Instruments , 1960：31 (8)：833 ~ 837

58　孙以材, 张林在. 用改进的 Van der Pauw 法测定方形微区的方块电阻. 物理学报, 1994, 43 (4)：530 ~ 539

59　孙以材. 半导体测试技术. 北京：冶金工业出版社, 1984：206 ~ 214

60　孙以材. 半导体测试技术. 北京：冶金工业出版社, 1984：200 ~ 206

61 孙以材,刘新福,高振斌,等.微区薄层电阻四探针测试仪及其应用.固体电子学研究与进展.2002(1):93~99

62 刘玉岭,檀柏梅,张楷亮.超大规模集成电路衬底材料性能及加工测试技术工程.北京:冶金工业出版社,2002:272~273

63 Sun Yicai, Shi Junsheng, Meng Qinghao. Measurement of sheet resistance of cross microareas using a modified Van der-Pauw method. Semiconductor Sci. & Tech. 1996, 11: 805~813

64 Sun Yicai. Several microfigures suitable to the measurement of sheet resistance for them. Materials and Process Characterization for VLSI, 国际会议文集, 昆明, 1994, 11: 124~126

65 孙以材,石俊生.在矩形样品中 Rymaszewski 公式的适用条件的分析.物理学报,1995,44(12):1869~1878

66 杨丽卿.三探针法测量硅外延材料电阻率的局限性.半导体技术,1987,3:38~40

67 周全德.IC 离子注入工艺的薄层电阻等值图监控.微电子学.2000,30(6):410~414

68 孟庆浩,孙新宇,孙以材,等.薄层电阻测试 Mapping 技术.半导体学报,1997,18(9)701~705

69 孙以材,刘玉岭,孟庆浩.压力传感器的设计制造与使用.北京:冶金工业出版社,2000:368~369

70 Buehler M G. Nat. Bur. Stand. Spec. Publ. 400~415, (176): 39~46

71 白慧珍,李玲玲,王胜恩,等.金属薄板电导率的四探针测量法.河北工业大学学报,2000,29(4):76~78

72 冯凯,安忠维.液晶材料电阻率测试方法研究.液晶与显示,2000,15(2):120~124

73 王亚平,卢柯.非晶态合金晶化过程的高精度电阻监测研究.中国科学(E辑),2000,30(3):193~199

74 龚小燕,杨毅,阚敏.磁性薄膜磁电阻效应的测量.上海大学学报(自然科学版),1999,5(2):160~164

75 张映敏,罗正祥,羊恺,等.高温超导薄膜微波表面电阻测试方法.电子科技大学学报,2001,30(6):633~637

76 章毓晋.图像工程,上册,北京:清华大学出版社,1999

77 钟玉琢,乔秉新,李树青.机器人视觉技术,北京:国防工业出版社,1994:14

78 章毓晋.图像理解与计算机视觉.北京:清华大学出版社,2000,34~39

79 贾云得.机器视觉.北京:科学出版社,2000:69~80

2 四探针技术测量薄层
电阻的原理分析

2.1 四探针测试技术概述

　　许多器件的重要参数和薄层电阻有关，在半导体工艺飞速发展的今天，微区的薄层电阻均匀性和电特性受到了人们的广泛关注。专用 IC（ASIC）市场日益广阔，不断有新品种需开发研制，而且人们对于开发周期、产品性能（包括 IC 的规模、速度、功能复杂性、管脚数等）的要求也越来越高。这一切不仅需要完善的设计模拟工具，稳定的工艺制备能力，还需要可靠的测试手段，对器件性能做出准确无误的判断，这在研制初期尤其重要。四探针法在半导体测量技术中得到了广泛的应用，尤其近年来随着微电子技术的加速发展，四探针测试技术已经成为半导体生产工艺中应用最为广泛的工艺监控手段之一[1]。

　　四探针法可分为直线四探针法和方形四探针法。方形四探针法又可分为竖直四探针法和斜置四探针法。方形四探针法具有测量较小样品的优点，可以确定样品的不均匀性，在超大规模集成化的今天，微区及微样品薄层电阻的测量多采用此方法。此外，四探针法按发明人还可分为 Perloff 法、Rymaszewski 法、范德堡法、改进的范德堡法等。值得提出的是每种方法都对被测样品的厚度和大小有一定的要求，当不满足条件时，必须考虑边缘效应和厚度效应的影响问题[2~4]，对测试结果进行修正。

　　矩形四探针法指四根探针排成正方形或矩形，这样可以减小测量区域，便于观察电阻率的不均匀性。

双电测量法指让电流先后通过不同的探针对，测量相应的另外两针间的电压，进行组合，按相关公式求出电阻值。它具有以下优点：在四根探针排列成一条直线的条件下，测量结果与探针间距无关，并可使用不等距探针头。

双电测四探针法与常规四探针法主要区别在于后者是单次测量，而前者对同一被测对象采用两次测量，其主要区别在于每种组合模式测量时流过电流的探针和测量电压的探针是不一样的。双电测四探针法主要包括 Perloff 法（见图 2-1）和 Rymaszewski 法（见图 2-2）。Rymaszewski 法适用于无穷大薄层样品，此时不受探针距离和游移的影响，测量得到的薄层电阻为：

$$R_s = \frac{\pi}{\ln 2}\left(\frac{V_1 + V_2}{I}\right) f\left(\frac{V_2}{V_1}\right) \tag{2-1}$$

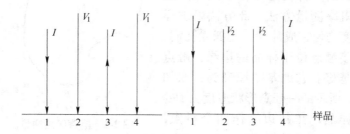

图 2-1　Perloff 法

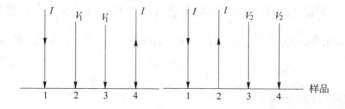

图 2-2　Rymaszewski 法

　　文献［2］认为只要样品的厚度小于 3mm，其他几何尺寸无论是多少，无论测量样品什么位置，都用同一个公式计算，测量结果除厚度修正因子外，不存在其他任何修正因子的问题，也不受探针机械性能的影响，所以测量结果的准确度比常规测量法要高一些，尤其是边缘位置的测量，双电测方法优于常规四探针法。但是文献［5］用有限元的方法证明了 Rymaszewski 法（即双电测量法）当样品或测试区域为有限尺寸的矩形时需要做边缘效应修正，只有当四探针在样品宽度的中央区，且矩形的长度能容纳下四根探针时不需边缘效应修正。

　　由矩形四探针测量法衍生出改进的 Rymaszewski 直线四探针法，即方形 Rymaszewski 四探针法，这是本文研制的方形四探针测试仪的理论依据。

　　范德堡法[6] 是由范德堡于 1958 年提出的一种接触点位于晶体边缘的电阻率测量方法。此方法要求样品厚度均匀，成片状，无孤立孔洞，并且接触点位于样品的边缘，触点越小越好。它的基本原理为：取如图 2-3 所示的一任意形状厚度为 t 的片状样品，在其边缘作四个触点，A、B、C、D，尽量作到使 $\overline{AB} \perp \overline{CD}$。在任意相邻的两触点，如 AC 通以电

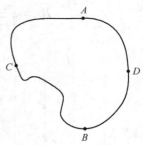

图 2-3　范德堡法测量
电阻率示意图

流 I_{AC}，测出另一对触点 DB 电位差 V_{DB}，则有 $R_1 = \dfrac{V_{DB}}{I_{AC}}$；然后在 AD 间通一电流 I_{AD}，测出 CB 间的电位差 V_{CB}，则有 $R_2 = \dfrac{V_{CB}}{I_{AD}}$。

　　则该样品的电阻率：

$$\rho = \frac{\pi t}{\ln 2} \times \frac{R_1 + R_2}{2} f\left(\frac{R_1}{R_2}\right) \tag{2-2}$$

式中　$f\left(\dfrac{R_1}{R_2}\right)$——范德堡修正函数。

改进的范德堡法[6]利用四根斜置的刚性探针，不要求等距、共线，只要求依靠显微镜观察，保证针尖在样品的四个角区边界附近一定界限内，用改进的范德堡公式，由四次电压、电流轮换测量得到薄层电阻。该方法的特点是利用斜置的探针，探针有足够的直径以保证刚性。样品面上探针间距取决于针尖半径，因此可以用于微区的薄层电阻的测定。这种方法可在微区薄层电阻测试图形上确定出探针放置的合理测试位置，用有限元方法给予了证明，探针在阴影区的游移不影响测量结果[7]。下面分别对常规直线四探针法，改进的范德堡法和斜置式方形Rymaszewski 法进行详细分析。

2.2　常规直线四探针法

由于实际采用四探针法测量电阻率时，四根探针不一定都排成一条直线，从原理上说，可以排成任何几何图形[8]。各种四探针法都是由常规直线四探针法衍生而来，因此下面我们讨论直线四探针的原理。

2.2.1　常规直线四探针法的基本原理

图 2-4 为常规直线四探针法的示意图，将位于同一直线上的 4 个探针置于一平坦的样品（其尺寸相对于四探针，可被视为无穷大）上，并施加直流电流（I）于外侧的两个探针上，然后在中间两个探针上用高精度数字电压表测量电压（V_{23}），则检测位置的电阻率 $\rho(\Omega\cdot cm)$ 为：

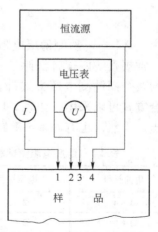

图2-4　四探针法示意图

$$\rho = C \frac{V_{23}}{I} \qquad (2\text{-}3)$$

式中，C 为四探针的探针系数，cm，它的大小取决于四根探针的排列方法和针距。

在无穷大的样片上，如果四根探针处于同一平面的同一条直线上，且等间距，设间距为 s，那么 $C = 2\pi s$。当 $s = 1\text{mm}$ 时，$C = 2\pi s = 0.628\text{cm}$，若调节恒流 $I = 0.628\text{mA}$，则由 2、3 探针可直接读出的电压值，即为样品的电阻率。

对于薄片样品，通常用单位方块电阻 R_s 来表示电阻率，R_s 与 ρ 之间有如下关系：

$$\rho = R_s \cdot t_s \qquad (2\text{-}4)$$

式中 t_s——薄片样品的厚度。

如果用四探针测量，通过电流探针的电流为 I，电压探针所测得的电压为 V，则电阻率或单位方块电阻可以表示如下：

$$R_s = F^* \times \frac{V}{I} \qquad (2\text{-}5)$$

$$\rho = F^* \times t_s \times \frac{V}{I} \qquad (2\text{-}6)$$

式中 F^*——所测薄层电阻的校正因子。

常规直线四探针法除了上述在外侧的两个探针通电流，内侧的两个探针测电压方式外，电流、电压的布置还有其他五种组合方式可以采用，如表 2-1 所示，其对应的 F^* 的值也在下表列出。当然，也有许多不等距间隔的组合可以考虑。

表 2-1   薄层电阻测试等距直线四探针的校正因子 F^*

电流探针	电压探针	薄层电阻修正因子 F^*
1 ~ 4	2 ~ 3	$(\pi/\ln 2) \approx 4.532$
1 ~ 2	3 ~ 4	$2\pi/(\ln 4 - \ln 3) \approx 21.84$
1 ~ 3	2 ~ 4	$2\pi/(\ln 3 - \ln 2) \approx 15.50$

电流探针	电压探针	薄层电阻修正因子 F^*
2~4	1~3	$2\pi/(\ln3 - \ln2) \approx 15.50$
3~4	1~2	$2\pi/(\ln4 - \ln3) \approx 21.84$
2~3	1~4	$(\pi/\ln2) \approx 4.532$

由表 2-1 可以看出 F^* 值的大小与直线四探针中电流或电压的选取有关。当片子的直径有一定大小时，还要考虑边缘效应的影响，并需要做进一步修正。

由于半导体材料的电阻率都具有显著的温度系数 (C_T)，所以测量电阻率时必须知道样片的温度，而且所使用电流必须小到不会引起电阻加热效应。如果怀疑电阻加热效应时，可观察施加电流后检测电阻率是否会随时间改变来判定。通常四探针电阻率测量的参考温度为 (23 ± 0.5)℃，如检测时的室温异于此参考温度，可以利用下式修正：

$$\rho_{23℃} = \rho_T - C_T(T - 23) \tag{2-7}$$

式中　C_T——电阻温度系数；

　　　ρ_T——温度 T 时所检测到的电阻值。

2.2.2　直线四探针法的测准条件分析[9]

用直流四探针法测量电阻率时，必须满足以下测试条件：

(1) 测量区域的电阻率应是均匀的。为此针距不宜过大，一般采用 1mm 左右较适宜。

(2) 四根探针应处于同一平面的同一条直线上，因此样品表面应平整。

(3) 四探针与试样应有良好的欧姆接触。因此探针应当比较尖，与样品的接触点应为半球形，使电流入射状发散（或汇拢），且接触半径应远远小于针距。要求针尖可压痕的线度必须小于 100μm，针尖应有一定压力，一般取 20N 为宜。

（4）电流通过样品时不应引起样品的电导率发生变化。因为由探针流入到半导体样品中的电流往往是以少子方式注入的。例如 n 型材料样品，电流往往不以电子（多子）从样品流出进入到探针，而是以空穴（少子）向 n 型样品注入。这种少子注入效应随电流密度增加而加强，当电流密度较大时，注入到样品的少子浓度就可以大大增加，以致使样品在测量道区域的电导率增加，这样测量出的电阻率就不能代表样品的实际电阻率。因此，应在小注入弱电场情况下进行测量，具体地说，样品中的电场强度 E 应小于 1V/cm。

（5）上面提到的少子注入效应，一方面与电流密度有关；另一方面还与注入处的表面状况和样品本身电阻率有关。因为注入进去的少子是非平衡载流子，依靠杂质能级和表面复合中心与多子相复合，因此如果材料本身的电阻率低，那么非平衡少子寿命也低。若表面又经过粗磨或喷砂处理，产生很多复合中心，这样注入到样品中的少子就在探针与样品接触点附近很快复合掉，减小了少子对测量区电导率的影响，从而保证电阻率测量的正确性。

（6）电阻率测量值要通过测量 2、3 探针间的电位差进行换算。因此，要测量精确 V_{23}，所以规定使用电位差计或高输入阻抗的电子仪器来进行测量。用电压表测量电压时可以把测量仪表看成是一个等效电阻，这个等效电阻并联在 2、3 探针之间，从而造成 2、3 探针间泄漏一部分电流，也就是说，由 1~4 探针的电流 I 并不是全部通过半导体样品，因为 2、3 探针上有了电流，这个电流在其接触电阻上要产生压降，使指示的电压值偏低，从而测出的电阻率也偏低。

（7）电流 I 在测量期间应保持恒定。特别是探针压力不够时，往往会发生变动。另外，电流 I 的大小还与电流表的精度有很大的关系。目前有些厂家认为在恒流源电路上串联一个标准电阻，通过测量标准电阻上的电压降来反映四探针电流大小比直接在电路中串一个微安表（或毫安表）来测量电流更精确。

（8）应关注探针间距对测试结果的影响。探针间距直接关系到四探针电阻率的计算，因此，如果间距都相等，那么测定间距的任何误差都转化为相同的电阻率的误差。如果直线排列的每一根探针之间的间隔与额定的距离 s 稍有误差的话，则

$$\frac{\mathrm{d}\rho}{\rho} = \frac{1}{4s}(3\Delta x_1 - 5\Delta x_2 + 5\Delta x_3 - 3\Delta x_4) \tag{2-8}$$

式中，Δx_i 是第 i 次探针偏离开额定位置的线位移。如果每次测量电阻率时都测量 Δx_i，则可应用式（2-8）进行修正。例如，假如一组 10μm 间隔的电压探针中的一根向另一根探针位移了 1μm，那么，所测得的电阻率之值将大约降低 12%。探针游移问题将在第 5 章详细探讨。

2.2.3 测量电流的选择

在测量过程中，通过样品的电流从两方面影响电阻率：（1）少子注入并被电场扫到 2、3 内探针附近使电阻率减小。（2）当电流较大时使样品发热，样品测量区的温度升高。一般杂质半导体当温度升高（在室温附近）时，载流子的晶格散射作用加强，会引起电阻率的升高。

少子注入的影响取决于电流 I、探针间距及少子寿命等。电流大，针距小，寿命长，影响就大，为此在测量电阻率时应注意以下几点：

（1）被测样品的表面应当经过粗磨，以增加表面复合减小少子寿命。

（2）选取容易得到欧姆接触的材料作探针，并给予一定的接触压力，一般取 20N 为宜，以减小少子注入的影响。一般使用钨丝、碳化钨、高速钢丝等。但钨丝不耐磨使用时间短，碳化钨与硅的接触电阻很大，而且比较脆容易断裂。

（3）适当加大探针间距，但又要保证在测量区域内电阻率均匀。

　　（4）应当降低测量电流以保证测量在弱电场下进行。若样品中电场过强，则少子的牵引长度很长，使样品的电导率增大。少子注入一般对高阻样品影响较大，因为高阻样品本身的多子浓度低，少子寿命长，因此少子的牵引长度长一些。一般情况下，硅电阻率在几个欧姆·厘米以上时，少子注入和被电场扫过是引起样品电阻率下降的主要原因。对低阻硅单晶来说，为了得到一定大小的电压往往要求测量电流大一些，这时，误差主要由焦耳热引起。

　　少子注入对测量电阻率的影响可以这样检验：取一高阻样品，根据电流选取的原则，调节一个适当的低电流，测出样品的电阻率，然后再略增大电流，测出样品的电阻率。如果两次测量的结果变化很小，那么说明少子注入影响很小，电流的选取是合理的。如果样品的电阻率明显地随所选取的电流增大而减小，则说明少子注入影响就较大，这时应将通过样品的电流减小下来。

　　焦耳热对低阻样品电阻率的影响也是可以检验的：在较大电流下测量一低阻样品，记录测量读数随通电时间的变化，若发现电阻率随时间增加而增大，则说明电阻率的升高是由于样品发热引起的。

　　综上所述，为了避免电流通过样品时产生焦耳热和少子注入的影响，应适当减小测量电流。测量电流大小可按表2-2进行选取。

表2-2　测量电流范围的选择[10]

样品电阻率范围/$\Omega \cdot cm$	通过样品电流值/mA
<0.01	<100
0.01~1	<10
1~30	<1
30~1000	<100
1000~3000	<10

2.2.4 直线四探针技术的边缘和厚度修正

使用四探针方法时，薄层电阻可以从下面的公式求得：

$$\rho = C\frac{V}{I} \tag{2-9}$$

式中，I 是通过两电流探针的电流强度；V 是两电压探针间的电势差；C 称为修正系数，其与样品的形状、大小及探针在样品上的位置有关。对无穷大测试样品 C 是一个确定的值。无论是直线四探针或方形四探针还是任意四探针，在测量有限尺寸的样品时都需要确定这个系数才能保证测量的准确性。关于这个修正系数的确定，人们就不同形状的样品、不同的探针阵列以及不同的探针位置等问题做了大量的工作，采取了不同的方法。

对于常规直线四探针，如果薄片样品不是很大，那么就需要考虑两组修正因子，而且它们彼此独立。真实电阻率与实际测量值之间的关系可以表示如下：

$$\rho = F_1 F_2 \rho_{测量} \tag{2-10}$$

式中　　F_1——考虑边缘效应的修正因子；

　　　　F_2——考虑片子厚度的修正因子。

对于厚度比探针间距大得多的情况，厚度效应与边缘效应之间发生相互影响，因此两组修正因子便不是相互独立的。图2-5 中示出了片子直径 D 与探针间距 s 的比值对 F_1 的影响，探针是在片子的中心进行测量的，由图可以看出片子直径约为 40s（一般 40mm）时就不必再修正了。

图 2-6 中给出样品厚度 t_s 与探针间距 s 的比值对 F_2 的影响。由图可以看出，当样品的厚度超过 5 倍探针间距时 $F_2 = 1$，就不再需要修正了。

2.2.5 直线四探针法的测量区域的局限

常规直线四探针法能分辨多大区域的电阻率不均匀性的问

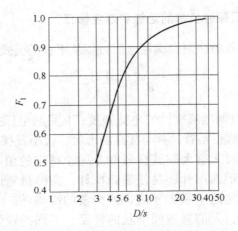

图 2-5   边缘效应修正因子

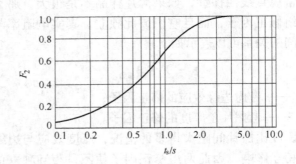

图 2-6   样品厚度修正因子

题，Swartzendruber 用图形变换理论很好地做了回答[11]。他用半径 b 圈定了一个与周围薄层电阻 R 不同的区域，其薄层电阻为 $R + \Delta R$，如图 2-7 所示。

定义了一个偏差因子 η：

$$\eta = \frac{R_0}{R} - 1 \qquad (2\text{-}11)$$

式中 R_0 ——表现薄层电阻。

由实际电压与电流测量得到：

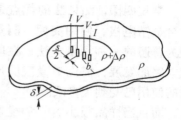

$$R_0 = \frac{\pi}{\ln 2} \times \frac{V}{I} \quad (2\text{-}12)$$

式中，V 和 I 分别为 2、3 探针间的电压和流过 1、4 探针的电流。R 为样品的薄层电阻，由于探针附近的薄层电阻 $R + \Delta R$ 与周围的电阻 R 不同，才造成测

图 2-7　半径为 b 的圆区内电阻率 $\rho + \Delta\rho$ 与圆外样品电阻率不同

量得到表现电阻 R_0 与样品电阻 R 不同。由式（2-11）可见，当 $\Delta R = 0$ 时，$\eta = 0$，因此 η 的大小反映了样品不均匀性的程度。由图 2-8 可见，当 $b < \frac{2}{3}s$ 时，η 随 $\Delta R/R$ 变化不明显，η 不能反映薄层电阻的不均匀性。只有当 $b \geqslant 3s$ 时，$\eta \approx \Delta\rho/\rho$，也就是四探针能测出超过其探针距 s 3 倍以上大小区域的不均匀性，这是普通直线四探针探测微区不均匀性的尺寸限度。由于 3 倍针距是毫米数量级，因此被测微区的极限大小也是毫米数量级。

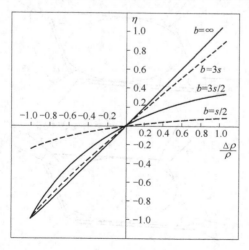

图 2-8　η 和 $\Delta\rho/\rho$ 之间的关系

常规四探针测量法的优点是探针和半导体样品之间不必制备合金结电极，使用简便、测量准确度较高，是目前国内使用最为普遍的一种测量方法，在国际上也较为通用。但是随着集成电路的发展，需测量微区的尺寸越来越小，常规直线四探针法的使用已受到很多限制。

而且当样品很小时，常规直线四探针法的测量精度受边缘效应和探针游移的影响，修正系数的大小取决于探针相对于边缘的位置，但是对微小样品要精确确定探针的位置和游移非常困难。因此，常规直线四探针法不适于微区薄层电阻的测量。

2.3　改进的范德堡法

2.3.1　改进范德堡法的基本原理

改进的范德堡法能成功地应用于微区薄层电阻测量。这一方法的要点是，在显微镜的帮助下用目视法只要保证四个探针尖分别置于方形微小样品面上的内切圆外四个角区，如图 2-9 所

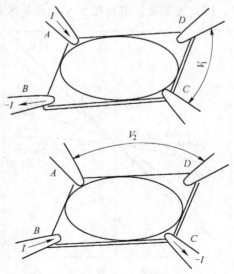

图 2-9　改进的范德堡法示意图

示，就可以正确测出它的方块电阻，不需要测定探针的几何位置。

第一次测量时，用 A、B 探针作为通电流探针，电流为 I，D、C 探针作为测电压探针，其间电压为 V_1；第二次测量时用 B、C 探针作为通电流探针，电流仍为 I，A、D 探针作为测电压探针，其间电压为 V_2；然后依次以 C、D 和 D、A 作为通电流的探针，相应测电压的探针 B、A 和 C、D 间电压分别为 V_3 和 V_4。由四次测量可得样品的方块电阻为：

$$R_s = \frac{1}{4}\sum_{n=1}^{4} \frac{\pi}{2\ln 2}\left(\frac{V_n + V_{n+1}}{I}\right) f\left(\frac{V_{n+1}}{V_n}\right) \tag{2-13}$$

式中，$f\left(\dfrac{V_{n+1}}{V_n}\right)$ 就是范德堡修正函数。

这一方法的特点是：（1）四根探针从四个方向分别由操纵架伸出触到样品上，探针杆有足够的刚性；探针间距取决于探针针尖的半径，不受探针杆直径所限。（2）测量精度与探针的游移无关；测量重复性好，无需保证重复测量时探针位置的一致性。

2.3.2 改进范德堡法测试条件分析[12]

对半导体样品，少子注入及焦耳热会影响测量结果。二维薄层样品中，由探针点电流源注入少子时，必须满足下列条件：

（1）二维连续性方程

$$\frac{\mathrm{d}\Delta P}{\mathrm{d}t} = D\left(\frac{\mathrm{d}^2\Delta P}{\mathrm{d}x^2} + \frac{\mathrm{d}^2\Delta P}{\mathrm{d}y^2}\right) + \mu\left(E_x\frac{\mathrm{d}\Delta P}{\mathrm{d}x} + E_y\frac{\mathrm{d}\Delta P}{\mathrm{d}y}\right) + \frac{\Delta P}{\tau}$$

$$\tag{2-14}$$

当忽略少子 ΔP 的扩散流并考虑稳定条件下 $\dfrac{\mathrm{d}\Delta P}{\mathrm{d}t} = 0$，上式简化为：

$$\mu\left(E_x \frac{\mathrm{d}\Delta P}{\mathrm{d}x} + E_y \frac{\mathrm{d}\Delta P}{\mathrm{d}y} \right) = -\frac{\Delta P}{\tau} \tag{2-15}$$

式中　μ 和 τ ——少子的迁移率和寿命。

（2）以探针电流注入点为中心，作一封闭的柱面，依据欧姆定律 $E = j/\sigma$，可以得到下面的表达式：

$$\oint\!\!\!\int E \times \mathrm{d}S = \oint\!\!\!\int \frac{j}{\sigma} \times \mathrm{d}S = \frac{I}{\sigma} \tag{2-16}$$

考虑样品为无穷大薄层情况，以探针为中心作封闭圆柱，沿圆周有均匀的电场，于是

$$\oint\!\!\!\int E \times \mathrm{d}S = E \oint\!\!\!\int \mathrm{d}S = E2\pi r\delta \tag{2-17}$$

式中　δ ——样品的厚度。

因此，由上二式可得到

$$E = \frac{I}{2\pi\delta\sigma \times r} = \frac{IR_s}{2\pi} \times \frac{1}{r} \tag{2-18}$$

式中，$R_s = \rho/\delta = 1/\sigma\delta$ 为样品的薄层电阻。

以无穷大薄层中电流注入点为原点 O 的 $x\text{-}y$ 平面上，少子的下式分布满足连续性方程：

$$\Delta P = \Delta P_0 \left[\exp\left(-\frac{x}{2E_x\,\mu\,\tau} - \frac{y}{2E_y\,\mu\,\tau} \right) \right] \tag{2-19}$$

因为 $E_x = -\dfrac{\mathrm{d}\Phi}{\mathrm{d}x}$，$E_y = -\dfrac{\mathrm{d}\Phi}{\mathrm{d}y}$ 代入上式后，得：

$$\Delta P = \Delta P_0 \exp\left[\left(\frac{x}{2\dfrac{\mathrm{d}\Phi}{\mathrm{d}x}\mu\,\tau} + \frac{y}{2\dfrac{\mathrm{d}\Phi}{\mathrm{d}y}\mu\,\tau} \right) \right]$$

$$= \Delta P_0 \exp\left[\left(\frac{\mathrm{d}x^2}{4\mathrm{d}\Phi\mu\,\tau} + \frac{\mathrm{d}y^2}{4\mathrm{d}\Phi\mu\,\tau} \right) \right]$$

$$= \Delta P_x \exp\left(\frac{r}{2\mu\,\tau} \times \frac{\mathrm{d}r}{\mathrm{d}\Phi}\right) \tag{2-20}$$

用 $E = -\dfrac{\mathrm{d}\Phi}{\mathrm{d}r} = \dfrac{IR_s}{2\pi} \cdot \dfrac{1}{r}$ 代入上式得:

$$\Delta P = \Delta P_0 \exp\left(-\frac{\pi \cdot r^2}{IR_s \mu\,\tau}\right) \tag{2-21}$$

也就是说,在无穷大薄层电阻情况下,少子按 r^2 的指数关系衰减。在二维情况下,要比一维情况下 $\Delta P = \Delta P_0 \exp\left(-\dfrac{x}{E_s \mu\,\tau}\right)$ 衰减快得多。图 2-10 示出了一维和二维两种情况下少子的相对衰减比较。

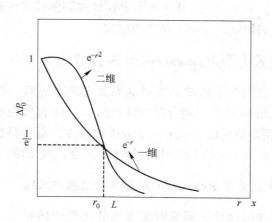

图 2-10   注入的少子随距离的衰减

将当 $\Delta P = \dfrac{1}{e}\Delta P_0$ 时的距离称为牵引半径 r_0:

$$r_0 = \sqrt{\frac{IR_s \mu\,\tau}{\pi}} \tag{2-22}$$

在二维情况下,当 $r = 2r_0$ 时,$\Delta P = \Delta P_0/e^4 = 0.0183\Delta P_0$,也就是说残余的少子只剩下不足 2%。注入的少子基本上存在于

$\dfrac{2}{3}r_0$ 以内，超过 $\dfrac{2}{3}r_0$ 少子几乎不存在了。这就与一维情况不同。

一维牵引长度 $L = E_x\mu\tau$ 是注入的少子平均生存距离。当微区尺寸达到 3 倍牵引半径时，则可以认为少子受电场的牵引影响不大。Beuhler[13]利用微范德堡电阻器测量薄层电阻时，观察到焦耳热的影响，并归因于过窄的测试臂导致电流密度过大而发热。因为本测试方法不要求从样品中引出测试臂，焦耳热效应不明显。

2.3.3　改进范德堡法的边缘修正

对于改进的范德堡法，用有限元方法解决边缘修正问题是很简单的[2]，并且当位于图 1-4 所示探针在阴影区时测量结果不受边缘效应的影响，在第 3 章将详细探讨。

2.4　斜置式方形 Rymaszewski 四探针法

使用斜置式方形探针测量单晶断面电阻率分布，可以使针距控制在 0.5mm 以内，则分辨率降到约 0.5mm 范围左右，所得 Mapping 图将能更精确的表示片子的微区特性，而且斜置式方形探针针距可调到 1mm 以下，探针构成方形受边缘影响较小。

2.4.1　斜置式方形 Rymaszewski 四探针法基本原理

普通直线四探针法测量时要求探针间距严格相等，且不能有沿直线方向以及横向的游移。Rymaszewski 提出的测试方法能解决纵向游移以及探针不等距的影响，但是横向游移对测量精度的影响尚需进一步探讨。由于探针是限制在探针孔中的，其游移方向是随机的，横向、纵向的游移都可能出现。

Rymaszewski[14]对直线四探针测量无穷大样品提出下列公式：

$$\exp(-2\pi V_1/R_s) + \exp(-2\pi V_2/R_s) = 1 \qquad (2\text{-}23)$$

由式（2-23）得：

$$R_s = \frac{\pi}{\ln 2}\left(\frac{V_1 + V_2}{I}\right)f\left(\frac{V_1}{V_2}\right) \tag{2-24}$$

式中　V_1 和 V_2 ——两次测量中 2、3 和 3、4 探针之间的电压；

$f\left(\dfrac{V_1}{V_2}\right)$ ——Van der-Pauw 函数。

从定性角度看，探针发生纵向游移时，V_1、V_2 便偏离没有游移时的值，但又通过 Van der-Pauw 函数的变化，从而使 R_s 值保持不变。本文正是利用这一优点和特点，而将直线四探针 Rymaszewski 法移植到方形探针中来。这样既保持了斜置式方形探针可测微区小的优点，又将探针游移对测量的影响控制在较小的范围内。

对于方形四探针，根据物理基础和电学原理，当电流 I 通过 1、2 探针流经样品时，3、4 探针的电位分别为：

$$\phi_3 = \frac{R_s I}{2\pi}\ln\frac{1}{\sqrt{2}} \tag{2-25}$$

$$\phi_4 = \frac{R_s I}{2\pi}\ln\sqrt{2} \tag{2-26}$$

3、4 探针间的电压为：

$$V_{34} = \phi_3 - \phi_4 = \frac{R_s I}{2\pi}\ln\left(\frac{1}{2}\right) \tag{2-27}$$

令 $R_1 = \dfrac{V_{34}}{I} = \dfrac{R_s}{2\pi}\ln\left(\dfrac{1}{2}\right)$ ，则有：

$$\exp\left(\frac{2\pi R_1}{R_s}\right) = \frac{1}{2} \tag{2-28}$$

同理当 2、3 探针通电流 I 时，4、1 探针之间的电压为：

$$\phi_4 - \phi_1 = \frac{R_s I}{2\pi}\ln\left(\frac{1}{2}\right) \tag{2-29}$$

令 $R_2 = \dfrac{V_{41}}{I}$，可得：

$$\exp\left(\frac{2\pi R_2}{R_s}\right) = \frac{1}{2} \qquad (2\text{-}30)$$

于是式（2-23）成立，因而式（2-24）也同时成立。

所以当探针呈正方形结构时，仍可用公式（2-24）来计算被测样品的薄层电阻。

2.4.2　斜置式方形 Rymaszewski 四探针法的厚度修正[15]

在针距只有几十到几百微米的情况下，样品的厚度即使是微米级的，也不能视为无限薄层样品。为使方形探针 Rymaszewski 法应用范围更加广泛，价值更高，就必须考虑样品厚度的修正问题，在此应用镜像源法，但要指出这并不适用于所有情况（如矩形样品的非中心对称位置等）。图 2-11 为利用镜像源法进行厚度修正的示意图，样品用实线表示，1～4 为样品表面的方形探针。该图为沿通电流探针的剖面图，这样很容易看清其中的几何关系。于是可以做出电流源在上下各层上的相应镜

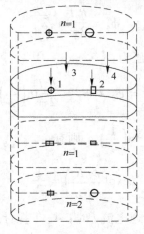

图 2-11　利用镜像源法进行
厚度修正的示意图

像源，由图中虚线所示。

2.4.2.1 样品体电阻率 ρ 及其厚度修正系数 F_{sun} 的推导

设样品的厚度为 δ，则各层正负镜像源到测电势二探针的距离分别为 $\sqrt{(2n\delta)^2 + a^2}$ 和 $\sqrt{(2n\delta)^2 + (\sqrt{2}a)^2}$。

利用半无限厚样品中电势的计算公式，可得到：

$$V_{34} = \frac{\rho I}{\pi}\left[\frac{1}{a} - \frac{1}{\sqrt{2}a} + 2\sum_{n=1}^{\infty}\frac{1}{\sqrt{(2n\delta)^2 + a^2}} - 2\sum_{n=1}^{\infty}\frac{1}{\sqrt{(2n\delta)^2 + 2a^2}}\right]$$

$$= \frac{\rho I}{a\pi}\left[\frac{2 - \sqrt{2}}{2} + 2\sum_{n=1}^{\infty}\frac{1}{\sqrt{(2n\eta)^2 + 1}} - 2\sum_{n=1}^{\infty}\frac{1}{\sqrt{(2n\eta)^2 + 2}}\right]$$

$$(2-31)$$

式中 $\quad \eta = \dfrac{\delta}{a}$。

于是样品的电阻率 ρ 为：

$$\rho = \frac{\pi V_{34} a}{I}\left[\frac{2 - \sqrt{2}}{2} + 2\sum_{n=1}^{\infty}\frac{1}{\sqrt{(2n\eta)^2 + 1}} - 2\sum_{n=1}^{\infty}\frac{1}{\sqrt{(2n\eta)^2 + 2}}\right]^{-1}$$

$$(2-32)$$

（1）对于半无穷厚样品来说，$\eta = \infty$，则由式（2-32）可得：

$$\rho = \frac{2\pi a}{2 - \sqrt{2}}\frac{V_{34}}{I} \qquad (2-33)$$

此为无限厚样品中利用方形探针法测体电阻率的公式。

（2）对于有限厚样品来说，

$$\rho = \frac{2\pi a}{2 - \sqrt{2}}\frac{V_{34}}{I}F_{sun} \qquad (2-34)$$

比较式（2-32）和式（2-33）得：

$$F_{sun} = \frac{2-\sqrt{2}}{2}\left[\frac{2-\sqrt{2}}{2} + 2\sum_{n=1}^{\infty}\frac{1}{\sqrt{(2n\eta)^2+1}} - 2\sum_{n=1}^{\infty}\frac{1}{\sqrt{(2n\eta)^2+2}}\right]^{-1}$$

$$(2-35)$$

式中，F_{sun} 为孙以材首次推导出的采用方形探针测量有限厚度样品体电阻率的修正系数。

2.4.2.2　样品薄层电阻 R_s 及其厚度修正系数 F_{sun}^* 的推导

因为样品的薄层电阻 R_s 与体电阻率 ρ 之间有如下关系：

$$R_s = \rho/\delta \qquad (2-36)$$

由方形探针薄层电阻测试公式可得有限厚样品的修正公式为：

$$R_s = \frac{2\pi}{\ln 2} \times \frac{V_{34}}{I} \times F_{sun}^* \qquad (2-37)$$

式中，F_{sun}^* 为孙以材首次推导出的以方形探针测量有限厚度样品方块电阻的厚度修正系数。

由式（2-34）、式（2-36）和式（2-37）得

$$F_{sun}^* = \frac{a\ln 2}{(2-\sqrt{2})\delta}F_{sun} \qquad (2-38)$$

2.5　小结

四探针技术是测试薄层电阻最为广泛的测试方法之一，本章再次对薄层电阻测试的重要性进行了探讨的基础上，对四探针测试方法进行了综述。进而详细讨论了常规直线四探针法、改进的范德堡法和斜置式方形 Rymaszewski 四探针法的基本原理，测准条件和测量电流的选择问题，还分析了厚度效应的修正问题。指出改进的范德堡法和斜置式 Rymaszewski 方形四探针法适用于微区薄层电阻测量，本课题研制的方形四探针测试仪正是基于这两种方法的原理，并实际应用 Rymaszewski 方形四探针法（后者）对样品进行测试的。

参 考 文 献

1　吴德馨，钱鹤，叶甜春，等 . 现代微电子技术 . 北京：化学工业出版社，193 ~
　　201

2　宿昌厚 . 双位组合四探针法测量硅薄片电阻率如何进行厚度修正 . 全国半导体集
　　成电路与硅材料学术年会，杭州，1993：518 ~ 519

3　孙以材，范兆书，孙新宇，宁秋凤 . 电阻率两种测试方法间几何效应修正的相关
　　性 . 半导体技术，2000，25（5）：38 ~ 41

4　石俊生，孙以材 . 四探针测试技术中边缘修正的有关方法 . 半导体杂志，1997，
　　22（1）：35 ~ 42

5　孙以材，石俊生 . 在矩形样品中 Rymaszewski 公式的适用条件的分析 . 物理学报，
　　1995，44（12）：1869 ~ 1878

6　Van der-Pauw，A Method of measuring specific resistivity and hall effect of discs of arbi-
　　trary shape，J. Philips Researc Reports，1958，13（1）：1 ~ 9

7　孙以材，张林在 . 用改进的 Van der-Pauw 法测定方形微区的方块电阻 . 物理学
　　报，1994，43（4）：530 ~ 539

8　孙以材 . 半导体测试技术 . 北京：冶金工业出版社，1984：10

9　孙以材 . 半导体测试技术 . 北京：冶金工业出版社，1984：13 ~ 25

10　孙以材 . 半导体测试技术 . 北京：冶金工业出版社，1984：28

11　Swartzendruber L. J. Solid-State Electron.，1964，7：413 ~ 422

12　孙以材，刘新福，高振斌，等 . 微区薄层电阻四探针测试仪及其应用 . 固体电
　　子学研究与进展 . 2002，（1）：93 ~ 99

13　Beuhler M. G.，Grant S. D.，Thurber W. R. An experimental study of various cross
　　sheet resistor test structures. J. Electrochem. Soc.，1978，125（4）：645 ~ 654

14　Rymaszewski R. Empirical Method of Calibrating A 4-point Microarry for Measuring
　　Thin-film-sheet Resistance. Electronics Letters. 1967：3（2）：57 ~ 58

15　孙以材，田立强，王静，等 . 传感器非线性信号多项式拟合的规范化 . 第八届
　　全国敏感元件与传感器学术会议论文集，北京：STC2003. 11：983 ~ 987

3 四探针测试技术中的共性问题

本章将探讨四探针技术测量薄层电阻中遇到的共性问题,主要包括测试探针、测试设备的校准及其环境对测量的影响和测量有限尺寸样品时的边缘修正问题。

3.1 测试探针

直线四探针的测准条件分析均适用于整个四探针测试技术。探针是四探针测试技术中的关键元件,它的设计主要在于保持精确的间距(对于直线四探针和方形四探针都是一样的),承受适当的负载,并将接触电阻减到最小。通常许多具有高杨氏模量的金属是十分适用的。可应用碳化硅,它的硬度高,但同时它的接触电阻也很高,还可选用钨针,可通过电解成型容易得到细的针尖。

另外,为了使表面损伤减至最小,可以做成液态金属探针,已经应用在金属尖上保持一水银柱和水银球。也可使用液态镓,但测量温度要稍高于室温,因镓的熔点是 29.8℃。应注意探针和半导体相互发生化学反应的可能性不仅限于高温范围。留在半导体表面的偶然污垢,会引起表面腐蚀;高温度和高电压同时存在时,会使探针材料电解迁移至半导体表面。

为了使探针在保持较细的针尖下有一定的刚性,从前已经设计出了许多导向和加载装置[1~9]。通常它们或者用弹簧加载,或在杠杆一端具有衡重。探针的负荷量取决于被测量的材料和探针尖端的直径。尖端半径为 5μm 时,锗将需要 25 ~100g 重,硅需要 100 ~200g 重。一般导向支撑尽可能接近探针尖端。设计中考虑每一探针单独移动并可调整是非常必要的,本课题的仪器就将探针做成了三向可调的探针（见第 4 章 4.1 节），但也有将某些探针是成对固定装配的（多为直线四探针）。当需要高温操作时，导向装置和支架可用陶瓷制成。

为了测量的快速，并且测量中不抬起探针，还可以使用滚珠探针（像圆珠笔那样），就可以连续地读出电阻率的数值[9]。

3.2 测试设备的校准及环境对测量的影响

3.2.1 测试设备的校准

设备的校准很重要，可采用两种方法。一是保存被测量材料的样品，定期检测它的数值，但应注意要在同一温度下进行，使用固定的夹具，样品要具有均匀性，或始终在同一点上进行测量。二是使用一个已知数值的电阻器。这个电阻器连续在探针之间，或代替探针，以检测电压表和安培表的校准电路。

电阻率的测量随几何形状而变，对边界条件十分敏感。由于这种敏感，计算出了许多校正因子，在 3.3 节将重点讨论边缘修正问题。

3.2.2 环境对测量的影响[9]

表面光照可引入虚假的光电压，从而影响测试的结果，因此应该尽量避免。由于半导体有相当大的电阻率温度系数，又没有对环境变化进行补偿，或者在测试时无意中加热了试样，就可能导致百分之几的误差。在低阻材料中，后者最易发生，因为要得到较大的被测电压，需要用较大的电流。美国国家标准 NBS 推荐，应把测试样品放在装有温度计的大铜块上进行测试。对 $10\Omega \cdot cm$ 和电阻率更高的试样，5℃的温差会产生 4% 的电阻率读数的差异。

为避免热电效应，不产生温差电压，尽量使用较小的测试电流以使此效应减小。

3.3 四探针测试中的边缘修正问题

在集成电路和各类半导体器件的科研与生产中，四探针技术在测量扩散层和其他薄膜的薄层电阻中，得到了广泛的应用。直线四探针和方形四探针都是最常用的。

使用四探针方法，薄层电阻可从下面的公式求得：

$$R_s = K \cdot \frac{V}{I} \qquad (3\text{-}1)$$

式中 I——通过两电流探针的电流强度；

      V——两电压探针间的电势差；

      K——修正系数，是与样品的形状、大小以及探针在样品上的位置有关。对无穷大测试样品，又是一个确定的值，如方形四探针，$K = 9.063$。无论是直线四探针或方形四探针还是任意四探针，在测量有限尺寸的样品时都需要确定这个系数，才能保证测量的准确性。关于这个修正系数的确定，人们就不同形状的样品、不同的探针阵列以及不同的探针位置等问题做了大量的工作，采取了不同的方法，其中典型的方法有两种，分别是镜像源法[10~14]和保形变换法[15~18]，此外还有格林函数法[19]。

在大规模集成电路技术发展的今天，测量样品的尺寸小到毫米级，甚至微米级。目前仍采用的四探针法，是根据范德堡原理[20]制成各种测试结构[21~22]，如图 1-7 和图 1-8 所示。这种测试结构是从要测量的区域引出长臂，在长臂的末端制备金属电极及引线孔。这样除了被测区的隔离扩散外，还需要引线孔附近的扩散，氧化制备引线孔以及金属化工艺。这种方法虽然测量中心区可以小到 $10\mu m$，但还要考虑臂长和臂宽以及臂电阻的影响。文献［23］提出改进的范德堡方法，该方法无需伸出测试臂，也无需氧化制备引线孔及金属化接触电极，只要求四个探针在一定的区域,探针在这一区域游移没有影响。测量可达到的微区大小取决于探针尖的直径。例如当探针半径为 $2\mu m$ 时可测到 $20\mu m$ 的微区。采用这种方法对不同形状测试样品放置探针的区域的确定,实质上就是边缘影响的计算。为了测到更小的尺寸要采用各种测试结构[24]。对于这样复杂的形状,采用上面提到镜像源法和保形变换法将是非常复杂的,实际上是无法计算的。无论对什么样形状的样品、探针阵列以及探针如何放置,计算四探针测量薄层电阻边缘修正系数实质上是一个二维电场问题。计算机技术的发展和有限元方法的出现,这样的二维电场问题采用有限元方法解决是非常简单的,并且对任意形状的样品和任意探针放置计算程序是通用的。

3.3.1 边缘修正的镜像源法[10]

  Vaughan(1961)采用镜像源法,研究了任意放置探针测量圆形样品的边缘修正,如图 3-1。镜像源法是将电流探针流入和流出分别看作一点,分别称"汇"和"源",为满足边界条件,找到汇和源的像,例如图 3-1 中对圆形边界,源 M_1 和汇 N_1 的镜像

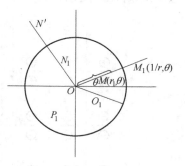

图 3-1 Vaughan 的镜像源法

分别是 M_1' 和 N_1',像在圆外且和源在一直线上。这样就将圆形边界变成一个无穷大平面的问题,源在无穷大平面上任何一点产生的电势为:

$$\phi - \phi_0 = -\frac{IR_s}{2\pi}\ln r \qquad (3\text{-}2)$$

式中 ϕ——任何一点相对于参考点的电势;

   ϕ_0——参考点的电势;

　　　　I——源的电流强度;

　　　　R_s——样品的薄层电阻;

　　　　r——所求点到源的距离。这样可求出电压探针 P_1 和 Q_1
　　　　　　在任意位置的电势差。

　　Smits (1957) 研究了直线四探针对称放置在矩形样品中央
的边缘修正[25]。为满足边界条件,其镜像源是无限系列的,如
图 3-2。Keywell (1960)[26],Martin (1976)[14] 用无限系列镜像
源研究了方形四探针测量方形样品的边缘修正系数,如图 3-3 所
示。Logan (1961)[13] 用无限系列镜像源研究了直线四探针测量
方形样品时探针放置在中间的边缘修正系数,如图 3-4 所示。
采用无限系列镜像源虽将方形和矩形边界变成无限大平面,但
电势的求解比较复杂。

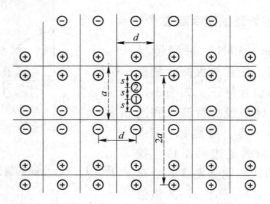

图 3-2　Smits 的无限系列镜像源法

　　由上述看出,采用镜像源法具有以下几个特点:

　　(1) 测量样品的形状必须是特殊的,如圆形、方形和矩形;

　　(2) 计算电势复杂,特别是对于无限系列镜像源,计算更
复杂;

　　(3) 计算的不通用性。即不同形状的样品或不同探针阵列
采用一种具体的计算。

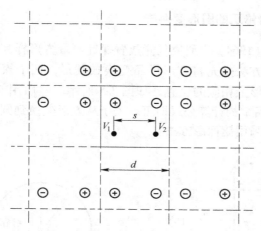

图 3-3　Keywell 和 Martin 的
无限系列镜像源法

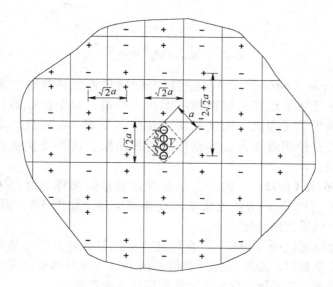

图 3-4　Logan 的无限系列镜像源法

3.3.2　边缘修正的图形变换法

Mircea（1964）[15]研究任意放置探针测量方形样品边缘修正系数，采用方法是先将方形样品变换成圆形，四个探针的位置也变换到圆形上相应的位置，如图 3-5 所示。然后用前面 Vanghan 圆形样品中的计算公式即可。关于从方形变换到圆形探针位置的确定是采用镜像源方法。

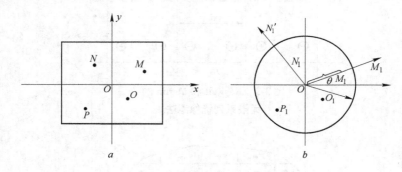

图 3-5　Mircea 图形变换法

Logan（1967）[16]研究任意四探针测量矩形样品时，采用的方法是将矩形样品变换到半无穷大平面，四个探针的位置也变换到了无穷大平面上相应的位置，如图 3-6 所示。变换的方法是使用复平面上的雅可比正弦函数，这种变换是相当复杂的。

Green（1972）[17]在研究任意探针测量矩形样品时是采用 Mircea（1964）的方法先将矩形变换到圆形。如图 3-7、图 3-8 所示，然后使用镜像源法。

孙以材教授（1992）[18]在计算方形探针测量方形样品的边缘修正系数时，是先将方形变换到圆形。再将圆形变换到半无穷大平面。其变换方法要比上面所用的方法简单。

同样，由图形变换法得出：

（1）测量样品的形状必须是特殊的，如圆形、方形和矩形。

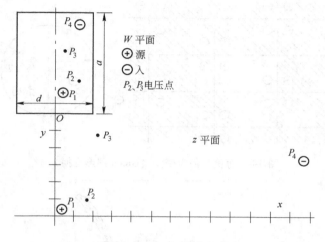

图 3-6　Logan 图形变换法

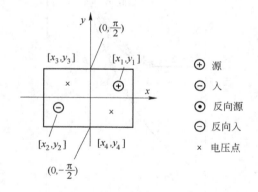

图 3-7　实际的几何学变换

（2）变换计算复杂。

（3）变换方法计算的不通用性。即不同形状的样品或不同探针阵列为简单而采用一种具体的变换。

需要强调指出，在对方形有限尺寸样品的修正系数计算中，文献［23］通过实验和计算证实 Keywell 得出的修正系数 K 与 r 曲线 A 的下部是不正确的，如图 3-9 所示，而认为 Mircea 的曲

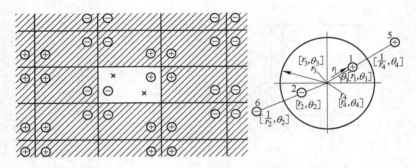

图 3-8　等价几何学变换（Green 图形变换）

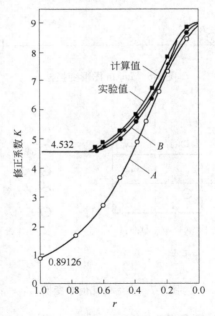

图 3-9　修正系数 K 与 r 的关系

线 B 更接近实验与计算的曲线（实验值和计算值如图 3-9 所示），其中曲线 B 是利用图形变换理论得到的（设有限尺寸方形样品的对角线长度的一半为 r_0，两通电流探针对称地置于对角线上，样品中心到它们之间的距离为 r）。曲线 A 与实验结果有很大偏差,说明前述的 Keywell 理论似不正确。$r = 0.707r_0$ 是内切圆的半径。由图 3-9 可以看出,$r \geq 0.707r_0$ 时经过计算和实验得到的平坦的修正系数线 K 近似为常数 4.532,而 Keywell 的曲线 A 是陡峭的。

3.3.3 边缘修正的有限元法[25]

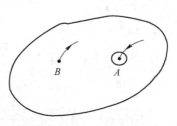

图 3-10 四探针测量
薄层电阻模型

用四探针法测样品的薄层电阻时,如图 3-10。电流从一探针 A 流入,流经平面样品后从另一探针 B 流出。围绕探针 A 在样品面上作任意封闭面,利用欧姆定律有:

$$\iint \boldsymbol{E} \cdot \mathrm{d}\boldsymbol{S} = \iint \frac{\boldsymbol{j}}{\sigma} \cdot \mathrm{d}\boldsymbol{S} = \frac{I}{\sigma} \qquad (3\text{-}3)$$

式中 σ——样品材料的电导率;

I——由 A 点注入并流经样品的电流强度。

由奥-高定理,则在探针 A 处有正电荷:

$$q_A = \frac{I}{4\pi\sigma} \qquad (3\text{-}4)$$

同样在探针 B 处应有电荷:

$$q_B = -\frac{I}{4\pi\sigma} \qquad (3\text{-}5)$$

这样可把电流场问题转化成静电场问题进行处理,电流场中电势分布即为静电场中的电势分布。整个区域的边值问题为:

$$\nabla u = -f = -4\pi\rho_r \qquad (3\text{-}6)$$

$$\frac{\partial u}{\partial n} = 0 \qquad (3\text{-}7)$$

式中 n——边界的单位法向矢量;

ρ_r ——电荷的面密度。

在我们所用有限元方法中，为了计算方便，假设电荷 q_A、q_B 均匀分布在探针节点周围的六个三角形单元中，设 S 是这些三角形单元面积的总和，如图 3-11 所示，则有：

$$\rho_r = \begin{cases} q_A/S \\ q_B/S \\ 0 \end{cases} \qquad (3\text{-}8)$$

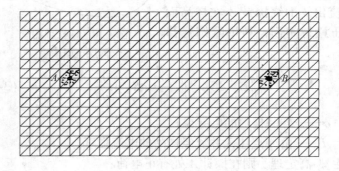

图 3-11　单元剖分和电流在单元中的分布

式（3-8）中第一种情况为电流流入单元中，第二种情况为电流流出单元中，第三种情况为其余单元中相对应的结果。有限元方法采用变分原理将上面边值问题转化成泛函 $I(u)$ 极值问题：

$$I(u) = \int_v \frac{1}{2}(\nabla u)^2 \mathrm{d}v - \int_v fu\mathrm{d}v = \min \qquad (3\text{-}9)$$

其中第二类边界条件 $\dfrac{\partial u}{\partial \boldsymbol{n}} = 0$ 自然满足。

在区域中找出 n 节点，任意一点的函数值 u 近似用节点函数值 u_1，u_2，$\cdots$，u_n 展开。

$$u = \sum_{i=1}^{n} u_i N_i \quad (i = 1,2,\cdots,n) \tag{3-10}$$

式中 N_i ——基函数，只与剖分单元形状有关。

求泛函极小：

$$\delta I(u) = 0 \tag{3-11}$$

相当于 $\dfrac{\partial I}{\partial u_i} = 0$ ，将式（3-10）、式（3-11）代入上式后便有：

$$\sum_{j=1}^{n} S_{ij} u_i = F_i \quad (i = 1,2,\cdots,n) \tag{3-12}$$

式中，$S_{ij} = \int_v \nabla N_i \cdot \nabla N_j \mathrm{d}v \cdot F_i = \int_v f N_i \mathrm{d}v$ 这是一个 n 阶线性方程组，写成矩阵形式如下：

$$|S_{ij}| \begin{vmatrix} u_1 \\ u_2 \\ \vdots \\ u_n \end{vmatrix} = \begin{vmatrix} F_1 \\ F_2 \\ \vdots \\ F_n \end{vmatrix} \tag{3-13}$$

这样把关于函数 u 的微分方程变成关于 u_1，u_2，$\cdots$，u_n 线性方程组。

有限元方法首先对样品图形自动剖分，将平面分成有限个三角形单元和有限个节点。当两个电流探针分别置于两个节点上，求得各节点的电势 u_1，u_2，$\cdots$，u_n，这样即可得到任意两个节点间的电势差 V。为了计算方便，计算机输出电压探针在任意两个节点的电势差 U 以 IR_s^0 为单位。其中 R_s^0 为设置样品的薄层电阻。如果单次测量使用公式（3-1），有：

$$R_s = K \frac{V}{I} = K R_s^0 U \tag{3-14}$$

式中，R_s 是测量出的薄层电阻值，应该等于样品的实际值 R_s^0，

即 $R_s = R_s^0$。所以修正系数为 $K = 1/U$。

文献［26］用这一方法研究了直线四探针测量矩形样品采用电流轮换两次测量方法时边缘的影响，如图 3-11 所示为剖分图。将长宽比为 2 的长方形剖分成 31×16 个节点、900 个三角形单元。文献［27］用这一方法研究了采用改进的范德堡法测量十字形微区时置探针区域，如图 3-12 所示。计算要对四个探针分别在各自的区域不同位置上计算边缘的影响，所以探针放置状态非常多，然而有限元法对不同的探针放置是同样计算程序，计算速度也很快。文献［24］研究了苜蓿花形和风车形的微区结构。图 1-4 中阴影区即是采用改进的范德堡法置探针区域。

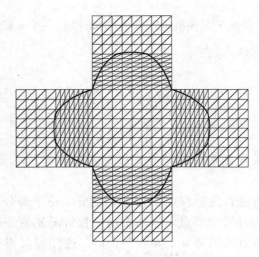

图 3-12   十字型样品的单元剖分

3.3.4   结论

从上面列出的三种方法看出，有限元法对任何形状的样品都具有相同的计算程序，而对任意图形，有限元程序都可以自动剖分。因此，有限元方法不仅仅可研究四探针边缘修正问题，也可研究四探针测试的其他问题，如探针游移、探针不等距对测量结果的影响等，特别是对微区的测试方法的改进以及确定好的微区测试结构提供了理论依据。

3.4 小结

本章重点对四探针测试技术中的共性问题进行了探讨，主要对探针的选择问题，测试设备的校准，环境对测试的影响以及测试有限尺寸样品时的边缘修正等问题进行了重点讨论，因为这些问题对测试的正确性和准确性影响很大，同时对边缘修正的镜像源法、边缘修正的图像变换法和边缘修正的有限元法进行了对比分析，有限元法不失为一种较好的寻求解决边缘修正问题的有效方法。

参 考 文 献

1 Gasson D. B. , A Four-point probe apparatus for measuring the resistivity, J. Sci. Instr. 1956, 33: 85

2 Paulnack C. L. and Chaplin N. J. minimal maintenance probe for precise resistivity measurement of semiconductors, Rev. Sci. Instr. 1962, 33: 873 ~ 874

3 John K. Kennedy, Four-ponit probe for measuring the resistivity of small samples, Rev. Sci. Instr. 1962, 33: 773 ~ 774

4 Alexander L. Macdonald, Julius Soled, and Carl A. Stearns, Four-probe instrument for resistivity measurement of germanium and silicon, Rev. Sci. Instr. 1953, 24: 884 ~ 885

5 A&M Fell, Ltd. , "Resistivity measurement literature"

6 Clerx P. P. , Mechanical aspects of testing resistivity of semiconductor materials and diffused layers, Solid state tech. 1969, 12: 16

7 Germann R. W. and Rogers D. B. , Four-probe device for accurate measurement of temperature dependence of electrical resistivity on small irregular shaped single crystals with parallel sides, Rev. Sci. Instr. 1966, 37: 273 ~ 274

8 Brice J. C. and Stride A A. A Continuous reading four-point resistivity probe, Solid State Electron. 1960, 1: 245

9 美 W. R. 鲁尼安著. 半导体测量和仪器. 上海：上海科学技术出版社，1980: 87 ~ 88

10 Vaughan, D. E. Brit. J. Appl. Phy. , 1961. 12: 414

11　Smits F. M. Measurement of sheet resistivity with the four-point probe. The Bell System Technical Journal, 1958, 37: 711

12　Keywell F, Dorosheski G. Measurement of the sheet resistivity of a square wafer with a square four-point probe. Review of Scientific Instruments, 1960: 31 (8): 833~837

13　Logan M. A. B. S. T. J. 1961, 40: 885

14　Martin G. B, Thurber W. R, Solid-State Electronics, 1977, 20: 403

15　Mircea A. J. Sci. Istrum. , 1964, 41: 679

16　Logan M. A. B. S. T. J. , 1967, 46: 2277

17　Green M. A, Gunn M W. Solid-State Electronics, 1972, 15: 577

18　Sun Y. C. , et al. Rev. Sci. Instrum. , 1992, 63: 3752

19　Mircea A. Solid-State Electron. , 1963, 6: 459

20　Van der-pauw, A Method of measuring specific resistivity and hall effect of discs of arbitrary shape, J. Philips Researc Reports, 1958, 13 (1): 1~9

21　David J. M. , Buehler M G. A numerical analysis of various cross sheet resistor test structure. Solid-State Electronics, 1977, 20: 539~543

22　Buehler M. G. Nat. Bur. Stand. Spec. Publ. , 1976, 39~46, 400~413

23　孙以材, 张林在. 用改进的 Van der-Pauw 法测定方形微区的方块电阻. 物理学报, 1994, 43 (4): 530~539

24　Sun Yicai. Several microfigures suitable to the measurement of sheet resistance for them. Materials and Process Characterization for VLSI, 国际会议文集, 昆明, 1994, 11: 124~126

25　宿昌厚. 双位组合四探针法测量硅薄片电阻率如何进行厚度修正. 全国半导体集成电路与硅材料学术年会, 杭州, 1993: 518~519

26　孙以材, 石俊生. 在矩形样品中 Rymaszewski 公式的适用条件的分析. 物理学报, 1995, 44 (12): 1869~1878

27　Sun Yicai, Shi Junsheng, Meng Qinghao. Measurement of sheet resistance of cross microareas using a modified Van der-Pauw method. Semiconductor Sci. & Tech. 1996, 11: 805~813

4 四探针仪测控系统及其实现

本章重点对我们自主研发的方形四探针仪的机械传动系统、自动控制系统（含信号测控系统）及光学监视控制系统进行探讨。

4.1 机械系统设计

4.1.1 总体布局设计

四探针测试仪的机械结构总体上设计成三层塔形结构。底层是样品平台，用来固定被测样品，其样品台面可沿 X、Y 轴做双向移动，并能绕台面中心作 360°旋转。它也是整个仪器的基座。中层是四探针机构，是仪器的测量部件，四个探针能独立按要求进行调整和移动。整个探针机构由其支架通过背面的弓形柱子与样品平台（基座）牢固连接组成仪器的基本构架。上层是由目镜和摄像头构成，是仪器的监控部件，通过它来监督样品被测点及探针的位置，然后通过计算机、控制器及驱动电机等进行调整。

仪器工作时应确保摄像机、目镜、四探针测量区中心和样品被测点中心保持在同一铅垂线上，按程序在一个样品位置测量、处理，完成后再自动调整更换测量位置，直到整个样品测量结束。探针架可通过步进电机带动一起实现上下移动调节。测试样品平台要求用步进电机驱动实现纵向、横向快速移动，测试仪选用 7 个步进电机（三种型号的产品）实现。总体布局如图 4-1 所示。

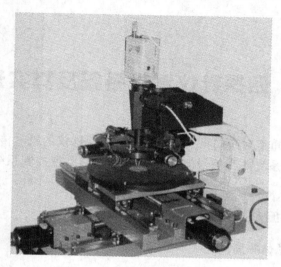

图 4-1　方形四探针测试仪器图

4.1.2　样品平台设计

测试样品的平台（工作台直径 250mm）要求能够实现 360°旋转，并设有刻度盘。测试平台可以实现纵、横向 250mm 直线快速移动，并能够在规定位置快速定位，重复定位精度较高。实际仪器的平台如图 4-1 下部所示，采用了上下布置的双层步进电机带动滚珠丝杠转动、移动导轨选用滚动导轨的方案，在测试工作区间内实现横（X）、纵（Y）向无间隙运转，经多次重复定位精度测试，横（X）、纵（Y）向 250mm 行程重复定位精度小于 2μm，定位精度较高，能够严格的控制被测试微区之间的间距。

4.1.3　探针系统设计

四个独立探针通过探针架布置在测试样品平台的正上方，以前、后、左、右十字交错布置，各针与水平成 60°倾斜并指向中心，四个探针尖构成方形，要求测试的方形区间可以进行调节，每个探针能够实现手动三维移动调整，并能借助探针自带的步进电机实现前后快速移动调整，能够实现最小移动步距 2.5 μm。四个探针固定在一个平台架上能够快速手动移动将四探针抬起和放下，并能够实现用步进电机驱动快速上下移动，以便实现自动测试时的自动抬起和放下探针的操作。

在四探针架升降系统的试验过程中，初始设计自动升降系统的高度为 0.7mm，虽然手动调节能够补偿 15mm，并且通过手动机构可以实现升降近 20mm 的距离，但在自动测试过程中，仅有 0.7mm 升降空间也是非常小的可用工作行程，加上探针及探针架均要求多处可以调整，探针系统的整体弹性变形就较大，另外，在 0.7mm 的升降空间中寻找其最低点的定位也非常困难。因此，我们通过重新对机构进行改进，经选用合适的轴承和重新设计偏心凸轮，实现自动升降 3mm，满足了自动测试的需要。

4.2 四探针仪测试系统设计

4.2.1 自动测试系统功能

微区薄层电阻自动测试仪最重要的功能就是自动完成测试硅芯片电阻率的工作。在自动测试的过程中，为了保证测试电阻率的准确性，采用了图像分析的监控方案（将在第 6 章和第 7 章详细介绍），实现监控测试微区的探针位置的功能，保证自动测试工作的完成。探针仪图像采集与控制的总体功能框图如图 4-2 所示，采集与控制系统主要由运动平台、显微镜、CCD 摄像机、图像卡、计算机、控制箱及 1~7 号 7 个步进电机等组成。

仪器的自动测试系统是由 5、6、7 号步进电机及信号测量系统和监控系统（使用 1~5 号步进电机）来完成的，自动测试样品工作流程图如图 4-3 所示。而监控系统由光学监视控制系统（第 4 章

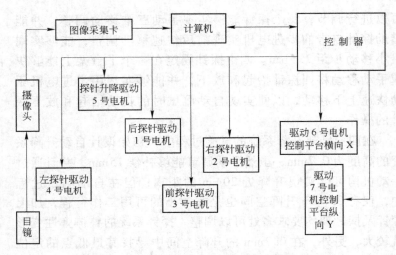

图 4-2　四探针仪图像采集与控制总体功能框图

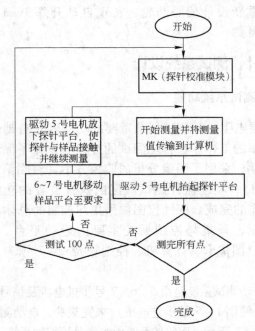

图 4-3　自动测试样品的工作流程图

4.3节介绍），以及1~5号步进电机来完成，主要由图4-4构成的探针校准模块（MK）组成。

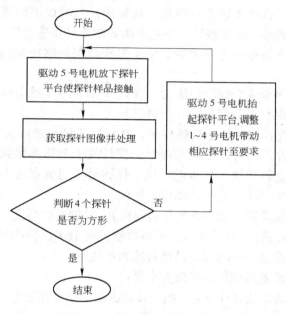

图4-4 探针校准模块

4.2.1.1 自动测试预备工作

自动测试之前，应首先进行测试的准备工作，由于仪器中的探针不一定处于合适的水平，需要调节探针与被测样品之间合适的压力，而且所测量的样品会各不相同，所以需要考虑以下工作。

（1）调节四个测试探针的水平：

①目测4个探针调节水平；

②通过显示器观察4个探针的运动轨迹，应能够沿垂直、水平方向运行，必要时要调节目镜的焦距；

③驱动1~4号步进电机，或手动调节各探针自带的手动旋钮，使4个探针处于初步的方形；

④点动 Z 轴 5 号步进电机，观察探针与测试平面图像（首先聚焦到探针顶端）。测试平面清晰时，探针与平面已很接近；

⑤继续点动 Z 轴步进电机，观察探针与测试平面接触时的变形，找到第一根接触针，停止点动 Z 轴 5 号步进电机；

⑥调节各探针上下位置，使 4 根探针都能够接触到测试平面。

（2）调节 4 个探针的压力，设置 Z 轴 5 号步进电机最大步进量（步距）及升起高度（步进量）：

①首先让探针处于最低位置，然后让 5 号步进电机正转 60 步升起探针，此时人工调节探针使探针处于与样品微接触；之后，反转点动 Z 轴 5 号步进电机，找到最佳测试点压力（一般介于 40～50 步），记录 Z 轴步进量；

②升起 Z 轴（驱动 5 号步进电机），控制升起高度（一般设定 250 步合适，400 步可使 5 号电机轴转动 180°，使探针从最低（0）升至最高 3mm 处），以备自动测量使用。

（3）设置测试样品的最大半径：

①驱动 X 轴 6 号步进电机，移动到测试圆平面边缘，（光斑照到边缘）反复移动 Y 轴 7 号步进电机，寻找切点。找到切点后，X 轴 6 号步进电机反方向移动到另一侧，重复寻找切点的过程。两个切点确定，X 轴步进电机移动的步数，即为 X 轴直径 ϕ_X；

②与上述步骤类似，可以确定 Y 轴 7 号步进电机移动的步数，即为 Y 轴直径 ϕ_Y；

③由 X、Y 轴步进电机移动的步数可以确定圆心坐标、最大半径≤max（$\phi_X/2$，$\phi_Y/2$）。

（4）设定测试微区的间距，计算 X、Y 轴步进电机移动位置，设置自动测试探针方形位置调节的间隔次数（如 100 次，利用图像处理监控一次）等，将相关数据输入程序，准备自动测试。

4.2.1.2　自动测试样品的工作流程

在自动测试预备工作完成后，将各相关量输入计算机程序中，可以按照图4-3所示的工作流程进行测试。测试之前，为了保证测量结果的准确性，应该先用监测相邻两个探针间的电压值的方式，保证其电压值之比小于某一数值，就可以保证测试结果的精确（详细的方案在第5章5.3节探讨），也可以应用第7章7.2及7.3的方法通过监控探针的位置的方法控制测量精度。在测试进行过程中，通过监视测量结果，如发现某一值偏差太大，应该立即中断，重复测量同一微区，并且应在测试的任何位置可以中止测量或连续测试。

4.2.2 信号测量系统原理

薄层电阻测量电路中采用微机系统[1~3]可明显的提高测量速度和精度，本课题用单片机进行测量控制和数据采集，由上位计算机处理数据，可以很快得到与样品的电阻率相关的探针间电压的测试数据，并进一步计算出样品的电阻率及其分布情况。信号测试系统的组成框图如图4-5所示。

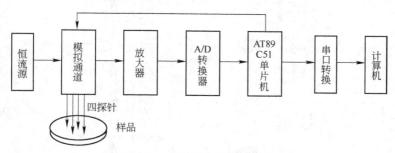

图4-5 测试系统的组成框图

由斜置式方形四探针 Rymaszewski 法测量薄层电阻的原理可知，测量过程中四根探针分别需四次轮换供给恒流和测量电压，即每一次让相邻两根探针如1、4经样品流过恒流，从另两根探针2、3便测量出与样品接触点之间的电势差。为此电路中选用3片 CD4052 设计成模拟通道，对其控制端进行操作以选择不同的通道，完成四次轮换。然后将输出端的微弱电压信号放大，

送入 A/D 转换器 ICL7135 进行模数转换，通过 MAX232 将
89C51 串行口电平转化为标准的 RS-232 电平，完成与上位机的
数据通信（其组成框图如图 4-5 所示），用 C51 语言编写程序，
最后在计算机相应界面上显示测量结果。

4.2.2.1 微处理器的选择[4]

为提高系统的抗干扰性，并降低功耗，在本系统中我们选
用性能优越的 AT89C51 芯片为现场控制核心。AT89C51 单片机
具有较高的抗干扰能力和较好的温度特性，数据不易挥发，可
长时间保存；编程/擦除速度快，全部 4KB 闪速存储器编程只需
3s，擦除时间约用 10ms，并且 AT89 系列可实现在线编程[5]，
AT89C51 引脚配置如图 4-6 所示。

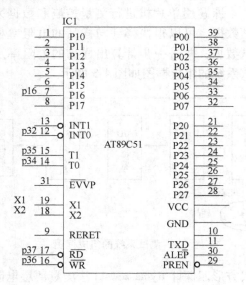

图 4-6   AT89C51 引脚配置

4.2.2.2 多路模拟开关设计

（1）恒流源的设计

考虑到成本和精度，我们选用自制的恒流源。将两个基本

镜像电流源电路级联而构成的电路
称为级联型电流源电路[6]，如图 4-7
所示。由图可见，在四管构成的回
路中：

$$V_{BE3} + V_{BE1} = V_{BE4} + V_{BE2}$$

若 β 足够大，近似认为：

$$I_{c1} = I_{c4} = I_{c2} = I_{c3}$$

$$V_{BE1} = V_{BE2} = V_{BE3} = V_{BE4}$$

上式表明，不论外电路加在电
流源上的电压如何变化，级联电路
总是强制地保持

$$V_{BE1} = V_{BE2} = V_{BE3} = V_{BE4}$$

这样，使 I_0（其值取决于 I_{c2}）
几乎与负载电阻大小无关。可以证
明，当各管 β 相同时 I_0 与 I_R 的关系
为：

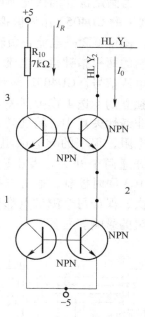

图 4-7 恒流源

$$I_0 = \left(1 - \frac{4}{\beta}\right) \times I_R \tag{4-1}$$

此恒流源的大小可通过改变 R_0 来实现，最大值受外界电阻
的影响。测量时，电流固定为某一数值。

（2）电源设计

电源方案采用体积小，重量轻的 AC-DC 模块，交流输入电
压范围 165 ~ 265V，输出两组电源，分别为 VCC，GND（+5V/
250mA）和 +5V，GND2（+5/150mA），较简单地完成电源方
案设计。

（3）多路模拟开关

为满足探针四次轮换电压、电流测试的需要，使用 3 个双
4 选 1 的 CD4052 作为模拟开关^[7,8]组成模拟通道，如图 4-8 所
示。图中 IC2 是电流正负转换开关，控制 A、B 即可实现；IC1
控制的两根指针得到电流，而另外两根指针则通过 IC3 输出采
样电压信号。CD4052 是双 4 选 1 多路开关，其内部有两个完
全独立的 4 选 1 模拟开关。它是 CMOS 多路模拟开关电路，传
输非线性失真小、精度高、功耗低、无残留电压，有很高的断
开电阻，很小的导通电阻。CD4052 通过控制 A、B 的高低电
平开通两个开关。表 4-1 即是对 CD4052 输出端的控制。IC1
和 IC3 同时控制，通道选择每变换一次，IC2 电流方向也转换
一次，保证每个测试点都有正、负两次测量电压，以消除接触
电阻的影响。

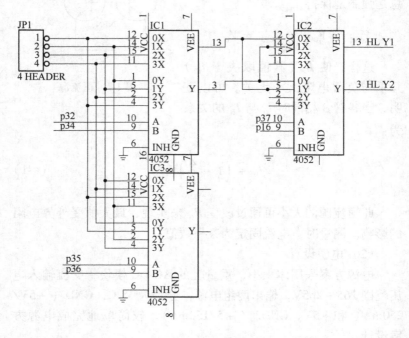

图 4-8　模拟通道

表 4-1 CD4052 功能表

输入控制		输出端		输入控制		输出端	
INH	BA	X	Y	0	10	X2	Y2
0	00	X0	Y0	0	11	X3	Y3
0	01	X1	Y1	1	XX	不	通

（4）放大器设计：

由于从模拟通道输出的采样电压是毫伏级的，因此需要将其放大到 A/D 转换器输入量程范围内。本电路选取 AD623[9] 完成此功能。

放大器 AD623 是一个集成仪表放大器，它能在单/双电源（3～12V）下工作。AD623 低的输出输入电压失调，绝对的增益精确性，并且只需一只外接电阻即可增益设置，优越的特性已使它成为同类产品中最通用的仪表放大器之一。如图 4-9 所示在引脚 1 和 8 之间外接电阻后，AD623 可编程设置增益，其增益最高可达 1000 倍。其输出增益为：

$$\frac{V_0}{V_C} = \left(1 + \frac{100k\Omega}{R_G} \right) \tag{4-2}$$

它通过提供极好的增益，而较大的交流共模抑制比保持最

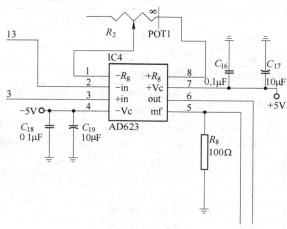

图 4-9 放大器

小的误差，且线路噪声及谐波由于共模抑制比在高达 200Hz 时仍保持恒定而受到抑制。AD623 具有较宽的共模输入范围，它可以放大具有低于地电平 150mV 共模电压信号。输出信号表现为输出引脚与 REF 上外接电压的差值。当输出以地为基准时，REF 脚必须接地。测量时应用放大倍数为 10 倍的增益。

4.2.2.3　A/D 转换电路设计

采样的电压经过放大以后，送入 A/D 转换器进行 A/D 转换。A/D 转换器是数据采集系统的关键部件，它的性能直接影响整个系统的技术指标。在设计时选用 MAXIM ICL7135 芯片[10~11]，如图 4-10 所示。ICL7135 是 MAXIM 公司生产的高精度四位半 CMOS 双积分型 A/D 转换器，具有如下特点：（1）转换速度为 3~10 次/s，分辨率相当于 14 位二进制数，转换误差为 ±LSB，转换精度高。（2）量程范围 0~1.9999V。（3）对输入的模拟信号过（欠）量程能够识别；具有自动转换和自动调零功能，可保证零点在常温下的长期稳定性。（4）与单片机可直接连接，不需地址选择信号。MAXIM ICL7135 芯片的封装形式为 DIP28，引脚功能如表 4-2 所列。

表 4-2　MAXIM　ICL7135 部分引脚功能

引　脚	名　称	功　　能
2	Vref	基准电压端
9	INLO	被测电压输入端（-）
10	INHI	被测电压输入端（+）
12、17~20	D5~D1	位驱动输入端，一次 A/D 转换后，顺序在 D5~D1 发出正脉冲
13~16	B1 B2 B4 B8	BCD 码输出端，B8 为最高位，B1 为最低位
21	BUSY	忙输出端，为高表示在 A/D 转换，为低转换结束
23	POL	极性输出端，当 V1 >0 时，POL =1，反之 POL =0
25	R/H	运行/保持端，当 R/H =1 时，连续进行 A/D 转换
26	STB	选通信号输出端
27	OR	过量程信号输出端
28	UR	欠量程信号输出端

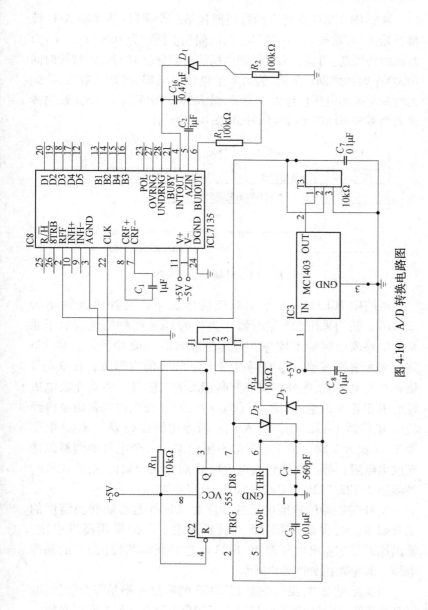

图 4-10 A/D 转换电路图

MAXIM ICL7135 每个测量周期包括三个阶段:从启动 A/D 转换开始为"自动校零(A/Z)"阶段,时间长度固定为 $10001T_{c1}$。T_{c1} 为外加时钟周期。其后,为对被测电压信号积分(INT)阶段,持续时间 10000 个时钟周期。最后,为对基准电压反向积分(DE)阶段,持续的时间与被测电压信号大小有关,最大为 $20001T_{c1}$。一个完整的转换周期需要 40002 个时钟脉冲,如图 4-11 所示。

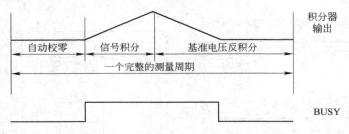

图 4-11　每个转换周期的分配图

电路中 ICL7135 工作于双极性情况下, 时钟最高频率为 125kHz, 我们采用 555 定时器作为它的 CLK 时钟输入。由于原来的电路输出时钟不理想, 将其改进如图 4-10 中所示, 将 555 连接成多谐振荡器, 为取得占空比为 50% 的方形波, 在 6 与 7 端和 6 与电阻 R_{14} 间分别安装方向相反的二极管, 使其充放电所经电阻相等 (占空比 $= R_充/(R_充 + R_放)$)。充电电路是由电源经 R_{11}、电位器 1-2、D_2, 流入 C_4;放电电路途经 D_3、R_{14}、电位器 3-2 流入 7 端。由于电阻值不精确加入一个电位器调整以使充放电电阻相等。此处充放电电阻分别为 10.5kΩ, 由公式得时钟频率为 122.7kHz ($T = 2RC\ln2$, $f = 1/T$)。

A/D 转换器的基准电压的精度和稳定性是影响转换精度的主要因素。为保证 ICL7135 的转换精度, 此处采用高准确度、低温漂的带隙基准电压源 MC1403 经过分压向其提供 1V 的基准电压。其电路图如图 4-9 所示。

在实际应用中,我们发现 ICL7135 的输出并不是完全线性的,经分析得知,非线性误差主要是由于积分电容存在漏电阻引起的。

A/D 转换器的等效原理电路如图 4-12 所示。

积分器的阶跃响应为：

$$V_0(t) = -\frac{R_C V_x}{R}\left(1 - e^{-\frac{t}{R_C C}}\right)$$

$$(t \geqslant 0) \qquad (4\text{-}3)$$

当 t 很小时，根据泰勒级数，有下列近似成立：

$$V_0(t) \approx -\frac{V_x}{RC}t\left(1 - \frac{t}{2R_C C}\right)$$

$$(t \geqslant 0) \qquad (4\text{-}4)$$

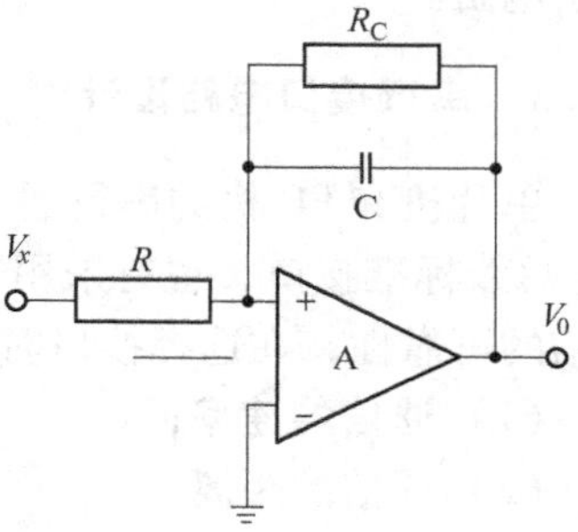

图 4-12　等效原理图

而理想条件下（$R_C = \infty$），积分器的输出为：

$$V_0'(t) = -\frac{V_x}{RC}t \quad (t \geqslant 0) \qquad (4\text{-}5)$$

根据双积分式 A/D 转换的工作原理及函数 $\ln(1 + x)$ 泰勒级数，可推导出 ICL7135 模数转换的近似关系为：

$$N_2 \approx \frac{V_x}{V_R}N_1 - \frac{V_x}{V_R}\frac{T}{2R_C C}N_2 - \frac{1}{2R_C C}\left(\frac{V_x}{V_R}\right)^2\left(T_1 - \frac{T_1^2}{2R_C C}\right)\frac{1}{T}$$

$$(4\text{-}6)$$

由此可见，积分电容的漏电阻 R_C 给 ICL7135 带来了一定的模数误差，R_C 越小，误差就越大，而且该误差随输入电压幅度 V_x 的增大而非线性地增加。可更加直观解释为：转换误差是由积分电容的漏电损耗造成的。

为了使 ICL7135 工作稳定，必须使时钟信号工作在方波状态下，为此我们采用了由 555 组成的方波发生器。此外，ICL7135 的转换精度还受积分电阻的影响，因此，积分电阻应采用精密电阻。积分电阻的确定依据是：

$$R_{INT} = \frac{V_M}{20\mu A} \qquad (4\text{-}7)$$

式中　V_M——满量程电压。

本系统的满量程电压是 2.00V，所以积分电阻应选用 100kΩ

精密电阻。

4.2.3　串行接口电路设计[2]

单片机和 PC 机的串行通信一般采用 RS-232，RS-422 或 RS-485 总线标准接口，也有采用非标准的 20mA 电流环的。为保证通信的可靠性，在选择接口时必须注意：

（1）通信的速率；

（2）通信的距离；

（3）抗干扰能力；

（4）组网方式。

由于 RS-232 接口电路简单、易行且成本较低，所以本系统硬件采用 RS-232 接口实现计算机与单片机的串行通信。

4.2.3.1　RS-232 电平转换

RS-232 是早期为公共电话网络数据通信而制定的标准，其逻辑电平与 TTL、CMOS 电平完全不同。逻辑"0"规定为 +5 ~ +15V 之间。逻辑"1"规定为 −5 ~ −15V 之间。由于 RS-232 发送和接收之间有公共地，传输采用非平衡模式，因此共模噪声会耦合到信号系统中，其标准建议的最大通信距离为 15m，但实际应用中我们用的通信距离不超过 10m。

4.2.3.2　计算机的接口电路

由于 RS-232-C 电路电平与 CMOS 电平不同，因此驱动器与 CMOS 电平连接时必须经过电平转换。本系统用 MAX232 芯片（传统上采用 ±12 或 ±15V 供电的 MC1488 和 MC1489 两芯片方案）完成这一功能，MAX232 具有一个专有的低压降发送器输出极，在其以双电荷泵 3.0 ~ 5.5V 供电时，可获得真正的 RS-232 性能。该器件只需 4 个 0.1μF 小型外接电解电容，可在维持 RS-232 输出电平的情况下确保运行于 120kB/s 数据率。因此十分适用于高速串行数据通信的场合。采用上述方案，使我们大大地简化了电路和电源设计，减小体积，降低功耗和成本。其电路连接图如图 4-13 所示。

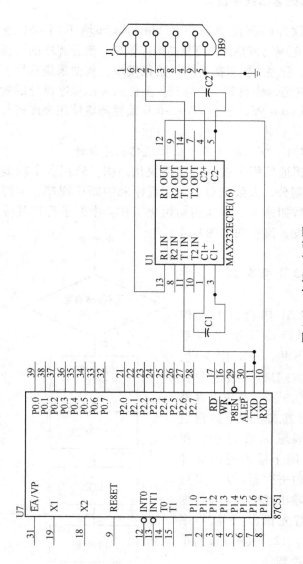

图 4-13 串行口电路图

4.2.4 系统通信程序设计

系统软件的下位机程序在 Windows 环境下用 C51 语言编写[12]，与汇编语言相比，可提高编程效率，改善程序的可读性和可移植性。程序主要包括系统初始化模块、数据采集模块、数据处理模块和通信模块等 4 个部分。上位机通信程序设计的软件平台为在 Windows 98，基于 VC + +6.0 编程环境使用类库进行的可视化编程。

4.2.4.1 下位机（单片机）通信程序设计

单片机通信程序设计采用模块化结构，依据各个功能部分进行模块划分，大致划分为：主程序和中断子程序，主程序完成通信参数如速率、格式的初始化工作，中断子程序具体完成数据的收发，流程图如图4-14所示。

A 单片机串口工作方式[2]

AT89C51 串行口的工作方式由串行口控制寄存器 SCON 的 SM0，SM1 位决定，共有四种方式来传送数据位：

（1）方式 0：移位寄存器输入/输出方式。串行数据通过 RXD 线输入或输出，而 TXD 线专用于输出时钟脉冲给外部移位寄存器。方式 0 可用来同步输出或接收 8 位数据（最低位首先输出），波特率固定为 $f_{ocs}/12$，其中 f_{ocs} 为单片机的时钟频率。

（2）方式 1：10 位异步

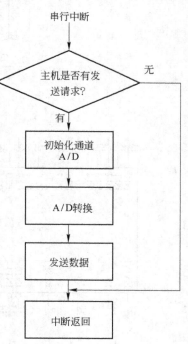

图 4-14 下位机通讯程序流程图

接收/发送。一个字符包括 1 位起始位（0），8 位数据位和 1 位停止位（1）。串行接口电路在发送时自动插入起始位和停止位。方式 1 的传送波特率是可变的，可通过改变内部定时器的定时值来改变波特率。

（3）方式 2：11 位异步接收/发送。除了 1 位起始位、8 位数据位、1 位停止之外，还可以插入第 9 位数据位。

（4）方式 3：同方式 2，只是波特率可变。

以上四种异步串行通信方式为设计通信程序提供了便利的条件。

B 单片机串口的控制方式

MCS-51 系列单片机对串口的控制是通过对串口控制寄存器 SCON 和功率控制寄存器 PCON 的设置来实现的。SCON 是一个可位寻址的特殊功能寄存器，通过设置 SCON 的 SM0 和 SM1，可以使单片机有四种不同的工作方式。在用于和 PC 机实现串行通信时，一般设置为方式 1 或方式 3，主要区别是方式 1 的数据格式为 8 位，方式 3 的数据格式为 9 位，可实现单片机的多点主从方式通信。REN 是允许串行口接收位。REN = 1 允许接收，REN = 0 禁止接收。它由软件置 1 或 0。功率控制寄存器 PCON 的 SMOD 位是串口波特率倍率控制位，当单片机的晶振为整数时，设置 SMOD 为 1 通常可获得更高的通信速率，但 SMOD 不能位寻址。本系统单片机被设定在工作方式 1。

C 单片机串口的速率设置

单片机与 PC 机通信时，其通信速率有定时器 T1 或 T2 产生，在 T1 工作在方式 2 时的通信速率的计算公式为：

$$波特率 = (SMOD \times Fosc)/(32 \times 12 \times [256 - TH1])$$

$$(4-8)$$

式中，Fosc 晶振频率，为获得准确的通信速率，Fosc 通常为 11.0592MHz。采用 T1 定时器通信的系统，速率不可能过高，一般情况下最高为 19200bit/s。如为了获得更高的通信速率可利用单片机的定时器 2，最高速率可达 115200bit/s。实际应用中在

12MHz 晶振的单片机系统中使用 4800bit/s 的速率就可满足本系统的需求。

D　单片机串口通信程序的实现方法

通信协议约定为 RS-232 标准串口协议，数据波特率设定在 4800，数据帧格式为不带校检位的 10 位 1 帧格式，其中包括 8 位数据位，1 位停止位，1 位开始位。

为保证通信可靠，单片机通信软件的编写采用中断方式，协议遵从双方约定的格式。主要包括主程序、A/D 转换程序、发送程序 3 个部分，其流程图如图 4-14 所示。

（1）主程序主要完成下位机的初始化和 A/D 转换两部分工作。系统初始化包括单片机工作方式的选择，波特率的设置，打开中断；在其完成后，主程序采用 While 循环命令，用查询方式等待 PC 机的发送请求。

（2）A/D 转换中断服务程序

ICL7135 与 AT89C51 的硬件接口电路已在 4.2.2 节给出。ICL7135 的 ST 选通信号与 AT89C51 的 INT1（P3.3）相连，AT89C51 响应 ST 的中断后将 A/D 转换后的数字信号 B1、B2、B4、B8 传送至 AT89C51 P1 口的 P1.0 ~ P1.3。依次进行四次传送，完成一次测量，置转换结束标志位，返回主程序。

（3）发送程序

AT89C51 单片机内部有一个功能强大的全双工的串口，该串口有四种工作方式。波特率可用软件设置，由片内的定时器/计数器产生。串口接收、发送数据均可触发系统中断，使用十分方便。它的串口有两个独立的接收，发送缓冲区 SBUF，可同时发送接收数据。

4.2.4.2　上位机通信程序设计

上位机通信程序设计的软件平台为在 Windows 98 下，基于 VC ++ 6.0 编程环境使用类库进行的可视化编程。

A　VC ++ 6.0 集成开发环境

VC ++ 6.0 是 Microsoft 公司在 1998 年推出的基于 Windows

9X 和 Windows NT 的优秀集成开发环境。

B　上位机通信软件的实现方法[13]

本系统采用 VC + +编程工具实现了该系统中 PC 机串行通信的软件设计。因为其具有更为强大的功能和更贴近人思维方式的操作以及优良的人机界面，所以 VC 是一种真正迅捷的编译器。我们可以脱离它的开发环境，快速独立地运行程序，此外，还可以利用它方便地实现生动良好的操作界面。数据采集方法如图 4-15 所示为编好的可视化界面。

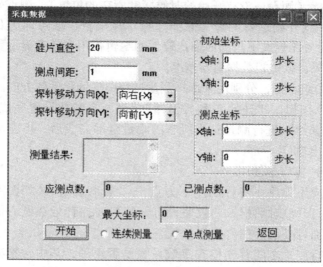

图 4-15　可视化界面

（1）窗口的布局。

窗体中有两个 Microsoft Communications Control 控件，分别控制 1 号串行口和 2 号串行口。其中 1 号串行口用来控制四探针测试仪的主控箱，2 号串行口用于采集测量结果。调用的 MFC库函数不仅提供了打开串口，设置通信端口的操作方法，还提供了众多的函数以支持对串行通信的各种操作；实现对串口查询方式下的通信。本文主要调用的 MFC 函数在表 4-3 中。程序运行打开此窗口，它们是不可见的。

表 4-3　调用的 MFC 函数

函　　数	功　　能	函　　数	功　　能
SetCommPort（　）	选择串口 1 或 2	GetInput（　）	读串口
GetPortOpen（　）	开串口	GetOutput（　）	写串口
GetPortClose（　）	关串口	SetSettings（　）	设置串口参数

2 个单选框，用来选择"单点测量"或"连续测量"。

7 个编辑框，可以输入硅片直径（mm）、测点间距（mm）、初始坐标（测量还没有开始的时候探针所在的位置）、测点坐标（从哪一点开始进行测量，假如选择单点测量，该点即为目标点）。另外靠近左下角的面积比较大的编辑框用来动态显示数据采集结果，以监视数据更新情况。

2 个组合框，分别用来选择测量过程中探针移动的方向。

2 个按钮，"开始"和"返回"。当所有参数设置完成后，点击"开始"进行测量；当所有的测量全部完成后，点击"返回"退出窗口。

（2）窗口的使用。

在应用程序主界面的左下方点击"采集数据"，如图 4-17 所示，打开该对话框。一般假设打开窗口时探针处在圆心的位置上，而且必须处在"抬起"状态。

进行测量之前首先检查参数设置是否正确，其中包括硅片直径（mm）、测点间距（mm）、X 轴和 Y 轴的坐标、X 轴和 Y 轴的移动方向以及测量起始点的坐标。

硅片半径和测点间距必须是大于 0 的浮点数，由于控制 X 轴和 Y 轴的步进电机每前进一步平台移动的距离是 0.125mm，所以为了减小误差强烈推荐输入测量间距时要选择 0.125 的整数倍。

初始坐标和测点坐标都是整数，以测量间距为单位。

探针移动方向（X）下拉列表框中有两个有效选择：向右（ +X），向前（ +Y）。选择其中之一。

探针移动方向（Y）下拉列表框中有两个有效选择：向下（＋Y），向上（－Y）。选择其中之一。这里所谓的探针移动是相对的，移动的其实是平台（坐标系），所以移动方向和"＋""－"和人们的习惯相反。

窗口打开时默认的测量方式是"单点测量"，如果要进行连续测量，点击"连续测量"单选框。

以上所有的设置都完成之后，点击"开始"，测量正式启动，此时"开始"变成"暂停"。在测量过程中可随时点击"暂停"打断测量，此时"暂停"又变成"开始"，点击"开始"就可恢复测量。

假如选择的是"连续测量"，随着测量的进行，可以看到测量过程中测量结果和初始坐标以及测点坐标在不断刷新，而且原点坐标和测点坐标是同步的。

当所有的测点都完成后，测量自动停止。退出该窗口返回主界面。在左下方点击"处理数据"进行数据处理。

假如处理数据时发现某些点的结果有明显的错误，关闭"数据处理窗口"并重新打开该窗口对这些点进行第二次测量，此时可看到刚才输入的"硅片直径"和"测点间距"以及 X、Y 轴探针移动方向还没有变。测量结束时的最后测量点的坐标还在"初始坐标"和"测点坐标"中显示着。此时在"测点坐标"中输入要测量的位置的坐标，点击"开始"进行测量。

（3）功能的实现。

在 Visual C++环境下完成窗体布局后生成一个对话框类 CollectData，基类是 CDialog。与之对应的有两个文件：Collect-Data. cpp 和 CollectData. h。

假设开始前探针处在"抬起"状态并且已经处在待测点的上方，测量一个点大致有以下过程：下落探针；Com2 发送采集指令；接收并存储数据（测量结果）；抬起探针。为了便于实现测量而且在逻辑上更清楚，我们把探针抬起作为测量一个点的最后一步和测量下一个点的开始，执行连续测量最多可以包括以下 8 个步骤：

    Step 1：移动 X 轴一个测量间距并刷新坐标显示；

    Step 2：移动 Y 轴一个测量间距并刷新坐标显示；

    Step 3：寻找移动 Y 轴后的第一个可测点；

    Step 4：探针下落；

    Step 5：发送采集指令；

    Step 6：等待接收测量结果；

    Step 7：等待接收测量结果；

    Step 8：抬起探针并存储测量结果。

测量一个点的流程图如图 4-16 所示

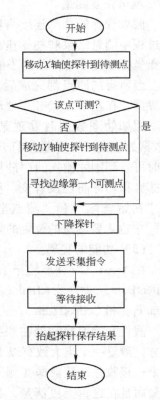

图 4-16　测量一个点的流程图

    移动 X 轴和 Y 轴、探针起降、采集数据都是通过计算机串行口对外部设备（数据采集器和测试仪主控箱）发送指令来实现的。外部设备接受到指令后执行需要一段时间，所以我们用定时器控制发送指令时间间隔和等待响应时间，即每隔一秒钟发送一条指令，两条指令之间的一秒钟间隔正好用来等待外设执行指令，而且绰绰有余。

    在 Step 1 中，移动 X 轴一个测点间距并刷新坐标显示后检查该点是否可测，假如可测，直接跳过 Step 2 和 Step 3，下一步执行 Step 4；否则，说明探针已经进入硅片的边缘。下一步需要执行 Step 2 移动 Y 轴。

    在 Step 3 中，由于刚刚移动了 Y 轴，需要寻找这条弦上最靠近边缘的可测点。这时又分两种情况：假如刚刚是向前移动了Y轴后Y坐标大于0或向后移动了Y轴以后Y坐标小于0，说明这条弦比前一条长，要检查当前点的外侧是否有可测点；假如是刚刚向后移动了Y轴后Y坐标大于0或向前移动了Y轴后Y坐标小于0，说明这条弦比前一条短，当前点肯定不可测，直接到这一点的内侧去寻找最近的可测点。然后给X轴调转方向。

由于数据采集器应答采集指令需要一段比较长的时间，所以要用2s的时间等待，所以在 Step 5 中发送了采集指令后，Step 6 和 Step 7 不执行任何操作。

在 OnInitDialog（　）中完成：

（1）串行口的激活和初始化，并设置5、6、7号电机的最佳速度，即不丢转的最高速度，它们的速度都是在调试过程中反复试验得到的。

（2）启动定时器，中断服务周期为50ms。

（3）给一些有关的标志位和变量设置初始值。其中包括：

Collect_ First_ Time：是否是第一次运行测试，初始值为 TRUE；

Collect_Step：测量步骤，初始值是0；

Collect_Start_Flag：测量开始标志，初始值是 FALSE；

Collect_ Pause _ Flag：测量中断标志。初始值是 FALSE。TRUE 表示当前时刻处在测量间隔期；FALSE 表示当前时刻要执行测量步骤。

假如选择"连续测量"点击"开始"后，首先读入输入的设置，之后检查是否是第一次运行数据采集程序以及输入的设置是否合法。假如原点坐标和测点坐标不重合，把探针移动到测点处。连续测量时探针每次的移动量一般都很小，而在这里移动有可能是一个相对比较大的移动量，和采集步骤控制程序不好兼容，所以这里单独有一段程序处理探针的移动，也就是说，假如原点坐标和测点坐标不重合，加上程序检测到 Collect

_First_Time 的初始值是 TRUE，就先移动探针到指定的测点位置，然后进入采集步骤控制程序，但是此时是从 Step 4 而不是 Step 1 进入。采集执行完最后一个步骤后清除 Collect_First_Time 标志，以后各点的测量都是从 Step 1 开始。

这样恰好可以把单点测量都当作连续测量的第一个点来处理。

4.3　光学监视系统

四探针设备能够完成自动测试工作，很重要的环节就是监视和控制系统处于良好的运行状态，采用目镜、摄像机、采集卡、计算机、显示器的显示方式，实现了对微区的观测和监视任务，通过 VC 编程实现的可视化窗口不仅可以用来人工监视手动调节探针，使之处于要求的方形微区测试位置，还可以实现在程序中设定探针之间的距离，通过图像处理选取合适的阈值，通过程序驱动步进电机以调节探针，使之处于合适的测试位置（将在第 7 章讨论）；并且，测试区域在小于 $1mm^2$ 的范围内可以实现任意调节，在探针处于良好状态下，容易实现对 $150 \times 150 \mu m^2$ 的区域电阻率的测试工作，用于监视的可视化界面如图 4-17 所示。

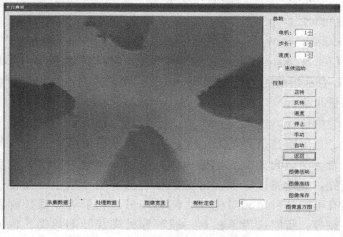

图 4-17　监视探针的可视化界面

4.4 小结

本章对测试仪器的机械系统、自动控制系统及光学监控系统进行了分析，重点讨论了信号测量系统的设计与实现方法，对系统通讯程序设计进行了讨论，对下位机通讯程序设计，及上位机采用 VC++的程序设计过程进行了探讨，并在自主研发的设计仪器上实现了上述方案。

参 考 文 献

1 陈汝全，刘运国．单片机实用技术．北京：电子工业出版社，1992

2 何利民主编．单片机应用技术选编（二）．北京：航空航天大学出版社，1994

3 胡汉才．单片及原理及其接口技术．北京：清华大学出版社，1995.6

4 孙新宇，王鑫，孙以材，等．微处理器在微区薄层电阻测试 Mapping 技术中的应用．半导体技术，1998，23（2）：18～23

5 洪志全，洪学海．现代计算机接口技术．北京：电子工业出版社，2000

6 谢嘉奎，宣月清，冯军．电子线路．北京：高等教育出版社，2000：196～199

7 张凤言．模拟集成电路应用．北京：中国铁道出版社，1990：103～114

8 王福瑞．单片微机测控系统设计大全．北京：北京航空航天大学出版社，1984：28～30

9 AD623 仪表放大器，武汉力源电子股份有限公司，1999

10 张毅刚，修林成，胡振江．MCS-51 单片机应用设计．哈尔滨：哈尔滨工业大学出版社，1996

11 王福瑞．单片微机测控系统设计大全．北京：北京航空航天大学出版社，1984：265～270

12 徐爱钧，彭秀华．单片机高级语言 C51 Windows 环境编程与应用．北京：电子工业出版社，2001.7

13 Davis Chapman 著．骆长乐译．学用 VC++6.0．北京：清华大学出版社

5 游移对测试结果的影响及测量薄层电阻的改进 Rymaszewski 方法

本章将讨论四探针技术测量中探针游移对测试结果造成的影响，分析方形四探针和直线四探针探针游移造成的误差，并在本章 5.3 节提出了解决探针游移问题的改进 Rymaszewski 公式和可操作的测试方法。

5.1 方形四探针测试中探针游移对测试结果造成的误差分析

本节主要对该方形四探针仪器测试系统的探针游移进行分析，推导出了探针游移与没有游移情况下的电势差计算公式，并进一步推导出了有游移条件下与无游移时的薄层电阻之比，做出了误差的理论分布图；同时进行了实际探针游移的误差测量，做出了实际测试误差分布图，应用自主研发的仪器完成了 6.25cm（4in）硅片样品的测试，并绘制出等值线 Mapping 图。

5.1.1 方形四探针测试系统游移造成的误差分析

测试系统中探针放置的测试位置是相当重要的。在测试样品时，设定了微区尺寸 $s \times s$ 后，如图 5-1 所示（图中边长 s 为 1），为保证探针放置在方形区域的四个角区，我们采用了显微镜和摄像头及通讯口传送到计算机显示器的观测方式，通过这套系统将被测试微区放大约 320 倍，可以很直观的在显示器上观测，一方面利于实际的人工调整，另一方面也有利于采用图像识别的方式，利用计算机进行自动测试的调整与控制。

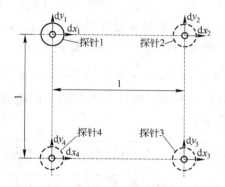

图 5-1   方形四探针探针游移产生的误差计算图

实际测试当中的理想位置如图 5-1 所示，设每个探针之间的距离为 1 个单位长度，探针分别置于正方形的四个角上，探针 4 为注入电流点，探针 3 为流出电流点，而探针 1、2 分别为样品中电势探测点，则 1、2 两点电势分别为：

$$\Phi_1 = \frac{IR_s}{2\pi}\ln\frac{1}{r_1} - \frac{IR_s}{2\pi}\ln\frac{1}{r_2} \tag{5-1}$$

$$\Phi_2 = \frac{IR_s}{2\pi}\ln\frac{1}{r_3} - \frac{IR_s}{2\pi}\ln\frac{1}{r_4} \tag{5-2}$$

式中　R_s——薄层电阻；

I——测试电流；

r_1、r_2——探针 1 到探针 4 和探针 3 的距离；

r_3、r_4——探针 2 到探针 4 和探针 3 的距离，$r_1 = r_4 = 1$，$r_2 = r_3 = \sqrt{2}$，因此有：

$$U_{12} = \Phi_1 - \Phi_2 = \frac{IR_s}{2\pi}\ln 2 \tag{5-3}$$

$$R_s = \frac{2\pi U_{12}}{I\ln 2} \tag{5-4}$$

如图 5-1 所示，设正方形边长为 s（图 5-1 中设为 1），探针

1 游移到 1′（$\mathrm{d}x_1$，$\mathrm{d}y_1$），探针 2 游移到 2′（$\mathrm{d}x_2$，$\mathrm{d}y_2$），探针 3 游移到 3′（$\mathrm{d}x_3$，$\mathrm{d}y_3$），探针 4 游移到 4′（$\mathrm{d}x_4$，$\mathrm{d}y_4$），探针 1 游移到 1′，探针 4 游移到 4′后，1′~4′的距离 r'_1：

$$r'_1 = \sqrt{(s - \mathrm{d}y_4 + \mathrm{d}y_1)^2 + (\mathrm{d}x_4 - \mathrm{d}x_1)^2} \qquad (5\text{-}5)$$

同理有 r'_2（1′到 3′的距离），r'_3（2′到 4′的距离），r'_4（2′到 3′的距离）分别如下：

$$r'_2 = \sqrt{(s - \mathrm{d}x_1 + \mathrm{d}x_3)^2 + (s - \mathrm{d}y_3 + \mathrm{d}y_1)^2} \qquad (5\text{-}6)$$

$$r'_3 = \sqrt{(s - \mathrm{d}x_4 + \mathrm{d}x_2)^2 + (s - \mathrm{d}y_4 + \mathrm{d}y_2)^2} \qquad (5\text{-}7)$$

$$r'_4 = \sqrt{(s - \mathrm{d}y_3 + \mathrm{d}y_2)^2 + (\mathrm{d}x_3 - \mathrm{d}x_2)^2} \qquad (5\text{-}8)$$

$$\Phi_1 = \frac{IR_s}{2\pi}\ln\frac{1}{r'_1} - \frac{IR_s}{2\pi}\ln\frac{1}{r'_2} \qquad (5\text{-}9)$$

$$\Phi_2 = \frac{IR_s}{2\pi}\ln\frac{1}{r'_3} - \frac{IR_s}{2\pi}\ln\frac{1}{r'_4} \qquad (5\text{-}10)$$

代入公式：并整理得：

$$U_{12} = \Phi_1 - \Phi_2 = \frac{IR_s}{4\pi}\ln\frac{(s - \mathrm{d}x_1 + \mathrm{d}x_3)^2 + (s - \mathrm{d}y_3 + \mathrm{d}y_1)^2}{(s - \mathrm{d}y_4 + \mathrm{d}y_1)^2 + (\mathrm{d}x_4 - \mathrm{d}x_1)^2} \times$$

$$\frac{(s - \mathrm{d}x_4 + \mathrm{d}x_2)^2 + (s - \mathrm{d}y_4 + \mathrm{d}y_2)^2}{(s - \mathrm{d}y_3 + \mathrm{d}y_2)^2 + (\mathrm{d}x_3 - \mathrm{d}x_2)^2} \qquad (5\text{-}11)$$

其中测试电流 I 和微小区域的电阻 R_s 认为是不变的，设 $s = 1$，U^0 为标准的方形四探针（各探针偏移量为 0）所对应的探针 1、2 间电势差，所以 $U^0 = IR_s\ln2/2\pi$，因此有：

$$U_{12}/U^0 = \frac{1}{2\ln2}\ln\frac{(1 - \mathrm{d}x_1 + \mathrm{d}x_3)^2 + (1 - \mathrm{d}y_3 + \mathrm{d}y_1)^2}{(1 - \mathrm{d}y_4 + \mathrm{d}y_1)^2 + (\mathrm{d}x_4 - \mathrm{d}x_1)^2} \times$$

$$\frac{(1 - \mathrm{d}x_4 + \mathrm{d}x_2)^2 + (1 - \mathrm{d}y_4 + \mathrm{d}y_2)^2}{(1 - \mathrm{d}y_3 + \mathrm{d}y_2)^2 + (\mathrm{d}x_3 - \mathrm{d}x_2)^2} \qquad (5\text{-}12)$$

令（dx_1，dy_1），（dx_2，dy_2），（dx_3，dy_3），（dx_4，dy_4）每项分别等于第一组（0.1，0），（0，0.1），（-0.1，0），（0，-0.1）和第二组（0.05，0），（0，0.05），（-0.05，0），（0，-0.05），利用编制的计算程序快速算出各对应的值，求出两组分别为256个值的结果。

由公式（5-4）很容易的推出 $R'_s/R_s = U_{12}/U^0$，经将两组256个值进行分组汇总后，由其数据作图得到图5-2和图5-3，其中横坐标为 R'_s/R_s 误差分布，纵坐标为相同误差值出现的次数。

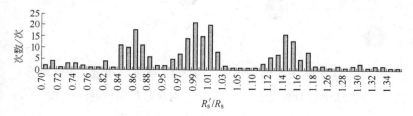

图5-2　探针游移0.1导致的 R_s 误差分布

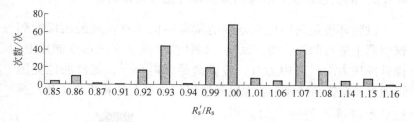

图5-3　探针游移0.05导致的 R_s 误差分布

由图5-2中可以看出，大部分数据分布在0.84~1.16之间，占80.5%；图5-3中则分布在0.92~1.08之间，占87.1%，并且分布没有呈现正态分布，原因是假定的游移仅仅是"特例"，而实际上游移是随机的、并且是连续分布的。由探针游移计算结果很容易发现，造成探针游移最坏的两种情况所对应的探针分布图形，如图5-4和图5-5所示。因此，可以在实际的测试过程中尽量避免图示情况的出现。

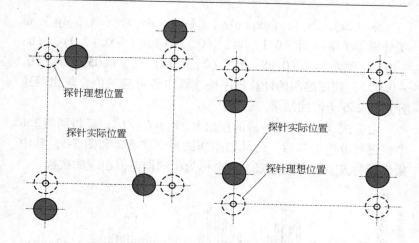

图 5-4　导致 R_s'/R_s 0.70 对应
的方形四探针位置图

图 5-5　导致 R_s'/R_s 最大误差 1.35
对应的方形四探针位置图

5.1.2　测试系统探针游移造成的探针定位误差试验

　　试验环境是利用自主开发的带有图像识别功能的四探针测试仪器上进行的探针游移试验。探针按照测试要求压在硅片上，探针的压力应以适中为宜，应做到尽可能小[1]，探针的位置图形通过显微镜和摄像头放大后经通讯口传送至计算机显示器，通过显示屏幕观测游移的大小，对实际探针投影经过二值化处理[2]（即使背景衬底消除，而探针图像更突出显明）后的图形如图 5-6 所示（图 5-6 中探针位置与图 5-1、图 5-4、图 5-5、图 5-7 中相差 45°）。

　　本探针仪器由于设计结构合理，机械结构在游动上已经对探针的自由度进行了限制，

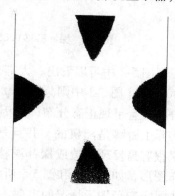

图 5-6　四探针二值化后的图像

因此其游动就限制在方形测试区域的对角十字线上，不会游离出此对角十字线的外面，即在结构上保证 $dx_1 = dy_1$，$dx_2 = dy_2$，$dx_3 = dy_3$，$dx_4 = dy_4$。因此保证了探针游移对测试误差影响的最小化，如图 5-7 所示，选择试验的方形区域为 $350\mu m$ 见方的区域，即 $s = 350\mu m$。

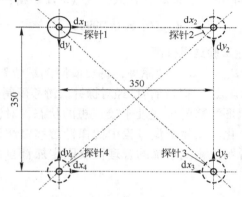

图 5-7　实际四探针探针游移（将顺着对角十字线方向）

测试系统探针游移造成的探针定位误差试验步骤如下所述。

（1）第一次调整后，测试游移变化。考察不同位置的情况进行测试，实际测试 100 次，得到的测量值都是该次调整后的一个固定值（探针位置调整好后非常稳定），测试结果分别如下：探针 1（20.8，-20.8），探针 2（-14.1，-14.1），探针 3（-14.1，14.1），探针 4（-14.1，-14.1）。代入公式(5-12)得：

$$U_{12}/U^0 = 0.999674$$

（2）第二次调整后，按照上述同样的方式，测试 100 次，测试游移为：探针 1(3.5，-3.5)，探针 2(0,0)，探针 3(0,0)，探针 4(0,0)。代入公式（5-12）得：

$$U_{12}/U^0 = 0.999926$$

（3）第三次调整后，同样测试 100 次，测试游移为：探针 1(2，-2)，探针 2(-3，-3)，探针 3(-3,3)，探针 4(3,3)。代入

公式(5-12)得:

$$U_{12}/U^0 = 0.999994$$

(4) 再次调整后,同样测试 100 次,测得游移为:探针 1 (18.4, −18.4),探针 2 (−15.6, −15.6),探针 3 (−15.6, 15.6),探针 4 (9.2, 9.2)。代入公式 (5-12) 得:

$$U_{12}/U^0 = 0.99916$$

(5) 实际试验结果作图

根据 $R'_s/R_s = U_{12}/U^0$ 的原理,得出实际测试位置误差分布,如图 5-8 所示。由于探针结构已经对探针的游移限制在一定的区域内,能够保证游移的位置处于较理想的状态,对测试结果的影响达到最小化。实际测量过程中的探针游移对测试结果几乎没有影响,说明该测试系统的合理性及限定探针自由度的有效性。

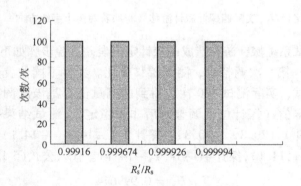

图 5-8　探针实际游移测得的 R_s 误差分布

5.2　方形四探针法与常规直线四探针法游移造成误差的对比分析

常规直线四探针法只能用于大于 3mm 区域的电阻率测量,无法应用于更小的微区,但测试的方法相对较成熟,为了掌握整个硅片的电阻率情况，经常应用该方法。

5.2.1 测准条件分析

文献［3］对方形四探针的测准条件进行了分析，认为当微区尺寸达到 3 倍牵引半径时，可以认为少子受电场的牵引影响便不大了。并经过试验，得出对 150μm 微区将测量电流从 90 逐渐增至 1000μA，所测薄层电阻相差在 ±4% 之内。

文献［4］对于直线四探针进行了分析，针距越大且越靠近边界，则测量误差越大，理论误差保证在 3% 范围内的允许放置探针区域的大小随针距而变。针距越大，要求探针越靠近中心线，则允许放置探针的区域越小，如图 5-9 所示。探针的纵向和横向游移都对测量有影响，且横向游移的影响更大些，游移度越大，则误差越大。

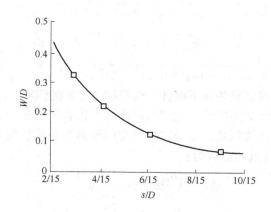

图 5-9　理论误差保证在 3% 之内的允许放置探针

区宽度 W 与针距 s 之间的关系曲线

5.2.2 常规直线四探针测试系统探针游移造成的误差理论分析

常规直线四探针探针游移的可能情况假定如图 5-10 所示，为了将各探针的相对位移量表示清楚，图中各探针所表示的游

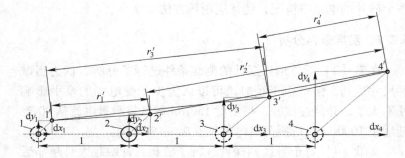

图 5-10　直线四探针探针游移产生的误差计算图

移量画得越来越大，实际上这种情况的出现将是特例。依据方形四探针探针游移误差计算的同样原理可以得到下列各式。

$$r_1' = \sqrt{(s_1 - \mathrm{d}x_1 + \mathrm{d}x_2)^2 + (\mathrm{d}y_2 - \mathrm{d}y_1)^2} \tag{5-13}$$

$$r_2' = \sqrt{(s_2 - \mathrm{d}x_2 + s_3 + \mathrm{d}x_4)^2 + (\mathrm{d}y_4 - \mathrm{d}y_2)^2} \tag{5-14}$$

$$r_3' = \sqrt{(s_1 - \mathrm{d}x_1 + s_2 + \mathrm{d}x_3)^2 + (\mathrm{d}y_3 - \mathrm{d}y_1)^2} \tag{5-15}$$

$$r_4' = \sqrt{(s_3 - \mathrm{d}x_3 + \mathrm{d}x_4)^2 + (\mathrm{d}y_4 - \mathrm{d}y_3)^2} \tag{5-16}$$

式中，s_1 代表理想条件下探针 1 到探针 2 之间的距离，s_2 代表理想条件下探针 2 到探针 3 之间的距离，s_3 代表理想条件下探针 3 到探针 4 之间的距离，图中实际设定的距离为单位长度 1。

2′，3′ 两点的电位为：

$$\Phi_2 = \frac{IR_s}{2\pi}\ln\frac{1}{r_1'} - \frac{IR_s}{2\pi}\ln\frac{1}{r_2'} \tag{5-17}$$

$$\Phi_3 = \frac{IR_s}{2\pi}\ln\frac{1}{r_3'} - \frac{IR_s}{2\pi}\ln\frac{1}{r_4'} \tag{5-18}$$

求两点电位差，令 $s_1 = s_2 = s_3 = 1$ 代入公式，得：

$$U_{23}' = \Phi_2 - \Phi_3 = \frac{IR_s}{4\pi}\ln\frac{[(2 - \mathrm{d}x_2 + \mathrm{d}x_4)^2 + (\mathrm{d}y_4 - \mathrm{d}y_2)^2]}{[(1 - \mathrm{d}x_1 + \mathrm{d}x_2)^2 + (\mathrm{d}y_2 - \mathrm{d}y_1)^2]} \times$$

$$\frac{[(2 - \mathrm{d}x_1 + \mathrm{d}x_3)^2 + (\mathrm{d}y_3 - \mathrm{d}y_1)^2]}{[(1 - \mathrm{d}x_3 + \mathrm{d}x_4)^2 + (\mathrm{d}y_4 - \mathrm{d}y_3)^2]} \tag{5-19}$$

设直线四探针各游移为 0 时的对应 2、3 探针电势差为 U^0，经简化后则有：

$$\frac{U'_{23}}{U^0} = \frac{1}{4\ln2}\ln\frac{[(2 - dx_2 + dx_4)^2 + (dy_4 - dy_2)^2]}{[(1 - dx_1 + dx_2)^2 + (dy_2 - dy_1)^2]} \times$$

$$\frac{[(2 - dx_1 + dx_3)^2 + (dy_3 - dy_1)^2]}{[(1 - dx_3 + dx_4)^2 + (dy_4 - dy_3)^2]} \quad (5-20)$$

由于 $R'_s/R_s = U'_{23}/U^0$，按照上述方形四探针游移的假定使直线四探针发生理论游移，位置分别为 (dx_1, dy_1)，(dx_2, dy_2)，(dx_3, dy_3)，(dx_4, dy_4) 每项分别等于第一组 $(0.1, 0)$，$(0, 0.1)$，$(-0.1, 0)$，$(0, -0.1)$ 和第二组 $(0.05, 0)$，$(0, 0.05)$，$(-0.05, 0)$，$(0, -0.05)$，利用编制的计算程序快速算出各对应的值，求出两组分别为 256 个值的结果，根据 $R'_s/R_s = U_{12}/U^0$，作图如图 5-11、图 5-12 所示。

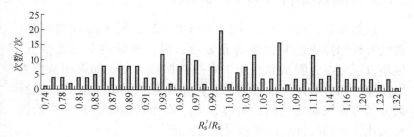

图 5-11　游移 0.1 导致的 R_s 误差分布（数据 2）

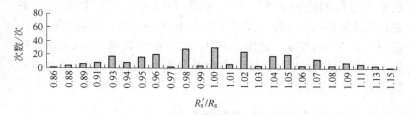

图 5-12　游移 0.05 导致的 R_s 误差分布（数据 2）

图 5-13 和图 5-14 为常规直线四探针两种产生最大误差的极

端情况，在实际的测试过程中应尽量避免出现。

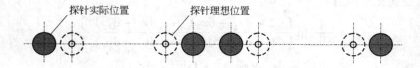

图 5-13　导致 R_s'/R_s 0.74 对应的直线四探针位置图

图 5-14　导致 R_s'/R_s 1.32 对应的直线四探针位置图

5.2.3　两种四探针游移误差分布对比

从总体看，由图 5-2、图 5-3 与图 5-11、图 5-12 比较可知，常规直线四探针游移误差分布要比方形四探针的分布范围宽，说明方形四探针测试方法优于直线四探针方法。如果用常规直线四探针和方形四探针排列的几何修正系数的有关表达式进行微分的方法来比较它们的游移误差，则已经证明常规直线四探针法比方形四探针法的游移误差大 4 倍[5~6]。

从具体的数据计算分析，图 5-3 中在 0.92 ~ 1.08 区域的数值占总数的比例为 87.1%；而图 5-12 中相应的数据占总数之比为 85.2%。另外，图 5-3 中在 0.99 ~ 1.01 之间的数据占总数之比为 37.5%，而图 5-12 中该分布的数据为 15.6%，可见，方形四探针大部分集中在中间分布，游移产生的误差相对集中在中间部分。

5.2.4　两种测试方法中的电势分布[4,7]

当方形四探针和直线四探针在没有游移的情况下，其电势分布分别如图 5-15、图 5-16 所示。

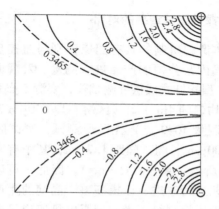

图 5-15 电流注入点在角隅时（$r = r_0$）的电势分布

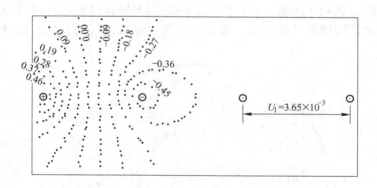

图 5-16 电流注入点在样品中央时第一次测量的电势分布

如图 5-15 所示，部分仅为局部的区域，对于无限大样品，方形四探针对应的其他区域应以电流注入点和流出点为坐标中心的对称分布（相当于图示电流注入样品点和流出点每个探针位置仅给出了 1/4 图示）；图 5-16 为有限尺寸矩形样品的电势分布，对无限大样品直线四探针测试方法中其分布也是成立的，但如图 5-16 所示，电势分布却与方形探针测试时的电势分布有较大差别。

5.2.5 两种四探针测试结果的对比

通过应用本课题研制的具有图像识别与监控功能的方形四探针测量仪对国内某公司的产品进行测量，发现原来用普通四探针仪（SZ-82 型指针式四探针测试仪，实测 5 点均接近 $34\Omega \cdot$ cm）测量非常均匀的 4in n 型（区熔）厚 $530\mu m$ 硅片，经过实际多点（实际测量 1049 点）无图形测试，测试区域（探针间距）为 $300 \times 300 \mu m^2$，测试间距 1.2mm，其中有多处并非很均匀，如图 5-17 所示（单位：$\Omega \cdot cm$），因此，可以借助于分析测试结果对工艺进行改进，以提高整个晶锭的生产质量。方形四探针仪由于采用控制纵、横向伺服电机实现平台的纵、横向移动，使硅片位置调整自动化，并且能够做到严格控制步进的距离，实现等间距移动。因此，用方形四探针仪不仅可以进行无测试图形样片的检测，来达到高精度测试微区的目标，而且

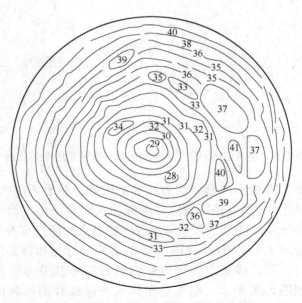

图 5-17   四探针仪测得的硅片电阻率等值线分布图

极大地提高了测试速度。

5.3 用改进的 **Rymaszewski** 公式及方形四探针法测定微区的方块电阻

5.3.1 现存问题的讨论

既然游移对四探针测试系统有较大的影响，因此应该寻求一种解决游移问题的新方案。本节将重点研究有游移情况下的测试结果计算问题。半导体电阻率的常规直线四探针测试方法[8]和 Rymaszewski 法（即双电测量法）均要求 4 根探针成一直线，而实际上探针在测量的样品上产生游移即横向或纵向的移动是难以避免的，尽管 Rymaszewski 法抑制偏移或游移的能力在一定程度上优于传统四探针法，但仍然存在横向（任意）游移的影响问题；改进的范德堡法[3,4]是在规定了测试图形的样品内进行的，优点是测试的微区尺寸比直线四探针方法小，但不能超出图形的边界测量，而且对所测样品需要专门制备光刻图形。为此，本节专门研究了用方形四探针法解决大型硅片无图形情况下样品中微区电阻率的测试问题，这对于分析样品的均匀性以及微区的电特性有重要意义。本节推导出方形四探针产生游移后微区电阻的计算公式，同时对探针游移导致的误差分布进行了量化与图示分析。基于上述分析，提出了可行的测试方案，对样品进行了测试验证。

5.3.2 基本原理及应用

Rymaszewski[9]曾对无穷大样品直线四探针法提出用两次测量，得出下列公式：

$$\exp\left(-\frac{2\pi V_1}{IR_s}\right) + \exp\left(-\frac{2\pi V_2}{IR_s}\right) = 1 \tag{5-21}$$

$$R_s = \frac{\pi}{\ln 2}\left(\frac{V_1 + V_2}{I}\right)f\left(\frac{V_1}{V_2}\right) \tag{5-22}$$

式中　　R_s——样品的薄层电阻；

　　　V_1，V_2——在 A、B、C、D 四个探针顺序排成直线的情况下，两次测量中的 C、D 和 B、C 探针间的电压；

$f(V_1/V_2)$——Van der-Pauw 函数[10]。

　　文献 [11] 考虑了四根探针的不等距，但仍然认为在四根探针完全成一直线的情况下，也可推导出上述公式，而事实上，基于探针组架的零件加工与装配及硅片平面度等多种原因，探针不可能组成非常完美的直线，产生一定的横向游移是难以避免的。直线四探针中探针的横向游移偏离矩形样品中心线对结果的影响更大[4]，因此，我们提出方形四探针法，在探针无游移时 Rymaszewski 的上述公式也同样成立；推导出当探针在任何方向有一定游移的情况下的计算方法，并且已制成斜置式方形四探针自动测试仪，针距可任意调整，样品平台可作 $X-Y$ 方向平移（并能够手动转动，且带有刻度盘），探针位置用摄像头监视。

5.3.2.1　改进的 Rymaszewski 公式的理论计算

　　有游移情况下对于无穷大样品的方形四探针测量，示意图如图 5-18 所示，图中 1′是探针 1 位置移动后的位置，2′、3′、4′

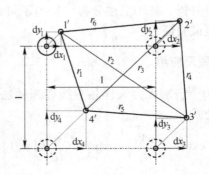

图 5-18　方形四探针探针游移产生的误差计算图

同样是探针 2、3、4 移动后的位置。有下式：

$$\exp\left(-\frac{2\pi V_{12}}{IR'_s}\right) + \exp\left(-\frac{2\pi V_{41}}{IR'_s}\right) = \frac{r_1 r_4}{r_2 r_3} + \frac{r_5 r_6}{r_2 r_3} = \frac{r_1 r_4 + r_5 r_6}{r_2 r_3} \quad (5\text{-}23)$$

上述各式中：s 为无游移的方形四探针的针间距（即边长）。图 5-18 中，$s=1$，$r_1 \sim r_6$ 分别为游移后各探针之间的距离：

$$r_1 = \sqrt{(s - dy_4 + dy_1)^2 + (dx_4 - dx_1)^2};$$

$$r_2 = \sqrt{(s - dx_1 + dx_3)^2 + (s - dy_3 + dy_1)^2};$$

$$r_3 = \sqrt{(s - dx_4 + dx_2)^2 + (s - dy_4 + dy_2)^2};$$

$$r_4 = \sqrt{(s - dy_3 + dy_2)^2 + (dx_3 - dx_2)^2};$$

$$r_5 = \sqrt{(dy_4 - dy_3)^2 + (s - dx_4 + dx_3)^2};$$

$$r_6 = \sqrt{(dy_2 - dy_1)^2 + (s - dx_1 + dx_2)^2}$$

R'_s 为样品的薄层电阻，dx_1，dy_1，dx_2，dy_2，dx_3，dy_3、dx_4，dy_4 分别为四个探针在 X、Y 坐标轴的独立游移量。V_{12}、V_{41} 是根据图 5-18 所示方形四探针计算得来的：

（1）当探针 4 向样品注入电流 I，探针 3 流出电流 I 时，探针 1、2 间电压值为 V_{12}；

$$V_{12} = \frac{IR'_s}{2\pi}\ln\frac{r_2 r_3}{r_1 r_4} \quad (5\text{-}24)$$

（2）当探针 3 向样品注入电流 I，探针 2 流出电流 I 时，探针 1、4 间的电压为 V_{41}。

$$V_{41} = \frac{IR'_s}{2\pi}\ln\frac{r_2 r_3}{r_5 r_6} \quad (5\text{-}25)$$

将式(5-24)、式(5-25)代入式（5-23）左部，则式（5-23）成立。

式（5-23）中当各游移为 0 时值等于 1，说明没有游移的条件下原来的 Rymaszewski 公式适用，而有游移之后该公式便不等于 1，也就是 Rymaszewski 公式不适用了。为此，对式（5-23）

进行如下的变换：对方程（5-23）的两边同时除以方程右边的式子，则方程右边等于 1，经变换后方程（5-23）如下：

$$\exp\left(-\frac{2\pi V_{12}}{IR'_{\mathrm{s}}} + \ln\frac{r_2 r_3}{r_1 r_4 + r_5 r_6}\right) + \exp\left(-\frac{2\pi V_{41}}{IR'_{\mathrm{s}}} + \ln\frac{r_2 r_3}{r_1 r_4 + r_5 r_6}\right) = 1$$

(5-26)

解方程（5-26），可以得到改进的 Rymaszewski 公式如下：

$$R'_{\mathrm{s}} = \frac{\pi}{\ln 2}\left(\frac{V_{12} + V_{41}}{I}\right)\cfrac{1}{\cfrac{1}{f\left(\cfrac{V_{12} - \cfrac{IR'_{\mathrm{s}}\ln\frac{r_2 r_3}{r_1 r_4 + r_5 r_6}}{2\pi}}{V_{41} - \cfrac{IR'_{\mathrm{s}}\ln\frac{r_2 r_3}{r_1 r_4 + r_5 r_6}}{2\pi}}\right)} + \cfrac{\ln\frac{r_2 r_3}{r_1 r_4 + r_5 r_6}}{\ln 2}}$$

$$= \frac{\pi}{\ln 2}\left(\frac{V_{12} + V_{41}}{I}\right)F\left(\frac{V_{12}}{V_{41}}\right)$$

(5-27)

式中，$F(V_{12}/V_{41})$ 为改进 Rymaszewski 公式的修正函数，将式（5-24）、式（5-25）代入 $F(V_{12}/V_{41})$ 函数内的范德堡函数 f 中，并化简得：

$$F\left(\frac{V_{12}}{V_{41}}\right) = \cfrac{1}{\cfrac{1}{f\left(\cfrac{V_{12} - \cfrac{IR'_{\mathrm{s}}\ln\frac{r_2 r_3}{r_1 r_4 + r_5 r_6}}{2\pi}}{V_{41} - \cfrac{IR'_{\mathrm{s}}\ln\frac{r_2 r_3}{r_1 r_4 + r_5 r_6}}{2\pi}}\right)} + \cfrac{\ln\frac{r_2 r_3}{r_1 r_4 + r_5 r_6}}{\ln 2}}$$

$$= \cfrac{1}{\cfrac{1}{f\left(\cfrac{\ln\cfrac{r_1r_4 + r_5r_6}{r_1r_4}}{\ln\cfrac{r_1r_4 + r_5r_6}{r_5r_6}}\right)} + \cfrac{\ln\cfrac{r_2r_3}{r_1r_4 + r_5r_6}}{\ln2}} \tag{5-28}$$

5.3.2.2　实际应用测试公式

实际测试过程中，能够测得的数据为 V_{12}、V_{41} 和电流 I，实际测试过程中应用下式来计算：

$$R_s = \frac{\pi}{\ln2}\left(\frac{V_{12} + V_{41}}{I}\right)f\left(\frac{V_{12}}{V_{41}}\right) \tag{5-29}$$

式中　R_s——测得的样品的薄层电阻。

将 V_{12} 和 V_{41} 的计算值代入式（5-29）的范德堡函数 $f\,(V_{12}/V_{41})$ 得：

$$f\left(\frac{V_{12}}{V_{41}}\right) = f\left(\cfrac{\ln\cfrac{r_2r_3}{r_1r_4}}{\ln\cfrac{r_2r_3}{r_5r_6}}\right)$$

考虑特殊情况，当各探针无游移时，$dx_1 = dy_1 = dx_2 = dy_2 = dx_3 = dy_3 = dx_4 = dy_4 = 0$，$r_1 = r_4 = r_5 = r_6 = 1$，$r_2 = r_3 = \sqrt{2}$，因此根据式（5-24）与式（5-25）有：

$$V_{12} + V_{41} = \frac{IR_s}{2\pi}\left(\ln\frac{r_2r_3}{r_1r_4} + \ln\frac{r_2r_3}{r_5r_6}\right) = \frac{IR_s}{\pi}\ln2 \tag{5-30}$$

由式（5-30）得：

$$R_s = \frac{\pi}{\ln2}\frac{V_{12} + V_{41}}{I} \tag{5-31}$$

上式相当于公式（5-29）中 $f\,(V_{12}/V_{41}) = 1$，即 $V_{12} = V_{41}$ 的特例，这也是改进 Rymaszewski 公式的一种特例（公式（5-27）

中的 $f(V_{12}/V_{41})=1$），也就是说在这种情况下，四个探针位置为严格的方形，没有任何游移产生，这是理想的情况，也是我们测试时力图实现的目标。

由式（5-29）与式（5-27）得：

$$\frac{R_s}{R'_s} = \frac{f\left(\dfrac{V_{12}}{V_{41}}\right)}{F\left(\dfrac{V_{12}}{V_{41}}\right)} = \frac{f\left(\dfrac{\ln\dfrac{r_2 r_3}{r_1 r_4}}{\ln\dfrac{r_2 r_3}{r_5 r_6}}\right)}{\dfrac{1}{f\left(\dfrac{\ln\dfrac{r_1 r_4 + r_5 r_6}{r_1 r_4}}{\ln\dfrac{r_1 r_4 + r_5 r_6}{r_5 r_6}}\right)} + \dfrac{\ln\dfrac{r_2 r_3}{r_1 r_4 + r_5 r_6}}{\ln 2}} \quad (5\text{-}32)$$

式中，设 $\dfrac{\ln\dfrac{r_2 r_3}{r_1 r_4}}{\ln\dfrac{r_2 r_3}{r_5 r_6}} = \beta_1$ ，$\dfrac{\ln\dfrac{r_1 r_4 + r_5 r_6}{r_1 r_4}}{\ln\dfrac{r_1 r_4 + r_5 r_6}{r_5 r_6}} = \beta_2$ ，则（5-32）式成为

$$\frac{R_s}{R'_s} = \frac{f\left(\dfrac{V_{12}}{V_{41}}\right)}{F\left(\dfrac{V_{12}}{V_{41}}\right)} = \frac{f(\beta_1)}{\dfrac{1}{f(\beta_2)} + \dfrac{\ln\dfrac{r_2 r_3}{r_1 r_4 + r_5 r_6}}{\ln 2}} \quad (5\text{-}33)$$

当 $\beta_i > 1$ 时取 $f(\beta_i)$；当 $\beta_i < 1$ 时取 $f(1/\beta_i)$。

$f(\beta_i)$ $(i=1,2)$ 为式（5-33）表示的范德堡函数，该式为通过孙以材教授提出的规范化非线性函数多项式拟合方法[12]研究出来的范德堡函数的显函数表达式[13]（经实际验算，范德堡函数的查表值或其隐函数计算值相差仅 0.3%），式（5-34）

用图形形式表示如图 5-19 所示（图中横坐标的 V_{n+1}/V_n 即为 β_i），与文献［14］中的范德堡函数图形完全一致。

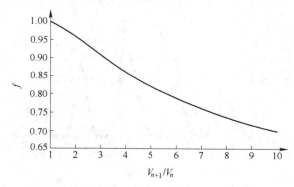

图 5-19　范德堡函数曲线（式中 V_{n+1}/V_n 即为 β_i）

$$f(\beta_i) = 1 + 0.03237715\beta_i - 0.04037679\beta_i^2 + 0.00857882\beta_i^3$$
$$- 0.00077693\beta_i^4 + 0.00002604\beta_i^5 + 0.00017171$$

$$(5-34)$$

因此，可以在给定误差游移的情况下，利用公式（5-33）和公式（5-34）计算游移导致的电阻率的变化分布情况。

5.3.3　理论计算数据及测试方案

5.3.3.1　探针产生游移后的电阻变化率分布

下面讨论游移变化造成的式（5-33）中 R_s/R_s' 分布情况。设 $s = 1$，使各个游移（dx_1，dy_1）～（dx_4，dy_4）分别产生对应游移量 (0.1, 0)，(0.1, -0.1)，(0, -0.1)，(-0.1, -0.1)，(-0.1, 0)，(-0.1, 0.1)，(0, 0.1)，(0.1, 0.1) 的变化（即让正方形边长产生 ±10% 的游移量），将各个 $r_1 \sim r_6$ 及游移值代入公式（5-32），经计算机计算可得到 4096 个（次数）对应的 R_s/R_s' 值，经过对相同比例的误差变化的值（次数）汇总，并进行整理后，得出不同 R_s/R_s' 比值的次数分布作图如图 5-20 所示。

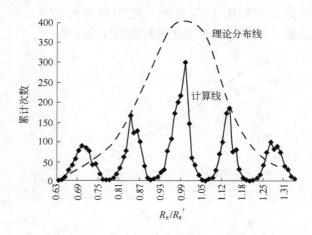

图 5-20   方形四探针边长产生 ±10% 游移导致的电阻率变化分布图

由图 5-20 计算出来的分布线结果很容易看出，虽然在 1 附近测试值较多，但变化量分布是较大的，最大的误差已经超过 30%（R_s/R_s' 比值最小 0.63，最大 1.34），不能满足测试的误差要求。图 5-20 中虚线为在任意方向产生游移的概率分布（符合正态分布），因为实际计算仅为 4096 次，并且是人为设定的位置，所以计算分布线图没有出现正态分布的形状。这说明对方形四探针当边长产生任意方向 ±10% 的游移时所测试的结果可能与实际值之间存在较大的误差。

5.3.3.2   测试方案

由图 5-20 可知，在有 ±10%s 游移的情况下测定电阻有可能带来较大的测试误差，必须限制游移在最小的情况下测定电阻，才能满足图 5-20 中接近于 1 的分布（比如，可设定误差 ≤ ±2%），即去掉正态分布中两边的曲线，只取 1 附近的分布线。因此，采用下面的测试方案：在利用斜置式四探针仪测试的过程中，首先通过仪器上方的视场探针尖位置在显示器中观察，先将四个探针置于测试区的四个角点，试测 V_{12}、V_{41}，计算其比值，当 $V_{12}/V_{41} = 1 \pm 0.15$（或根据需要设定更小的误差值），由式（5-33）或图 5-19 可知此时 $f\left(V_{12}/V_{41}\right)=1\pm0.005$，因此有 $0.995\leqslant R_s/R_s'\leqslant1.005$；也可以在设定 R_s/R_s' 精度的前提下，通过计算和查表反推出 V_{12}/V_{41} 的范围，最后再利用公式（5-29）计算，这样就保证了测试的准确性。在测试的过程中，一方面，通过图像处理手段保证四探针测试位置的准确，另一方面，用测试电压比值的方法使 V_{12}/V_{41} 的值在一定区域内，保证测试结果的准确（不产生游移），因而测试结果可靠，这样就保证了测试电阻均处于图 5-20 所示正态分布曲线的 1 附近线段（$0.995\leqslant R_s/R_s'\leqslant1.005$）。

5.3.4 实验测试及结论

在实际测量过程中，探针位置的准确确定是通过斜置式方形四探针自动测试仪进行的。该仪器带有物镜及摄像头，测试区由于可通过计算机显示器进行观察，探针的移动最小步长为 $2.5\mu m$。在探针定位时则可通过仪器本身带有的机构确保探针游移的最小化，探针只能进行前进、后退的单自由度移动；同时对电压的检测限定 $V_{12}/V_{41}=1\pm0.15$ 范围内，从而保证测试数据的准确性（$R_s/R_s'=1\pm0.005$），使最后的测试误差在 $\pm0.5\%$ 以内。当然，也可根据实际测试的要求来设定误差的范围（表 5-1）。

表 5-1 实际测试硅片直径的电阻数据（自左至右）

测试顺序	1	2	3	4	5	6	7	8	9	10
R_s/Ω	230.6	270.2	264.7	270.1	299.1	282.6	279.4	211.6	209.7	201.1
测试顺序	11	12	13	14	15	16	17	18	19	20
R_s/Ω	198.0	205.7	191.6	182.2	209.4	194.5	198.8	204.5	237.1	215.5
测试顺序	21	22	23	24	25	26	27	28	29	
R_s/Ω	211.3	198.0	245.4	275.6	275.7	253.7	233.9	260.5	238.2	

所测硅片为 p 型，直径 75mm，测试微区确定为 $366\mu m\times$

366μm，测量是从硅片的中线进行的，从离开边缘一定长度的距离（大于6倍的探针间距）开始检测，逐行测试，最后得到600余个测量电阻值，对结果均进行了厚度修正。表5-1 为实际测试硅片沿直径的分布，测试间距为 1.87mm，对应位置：左边缘—中间—右边缘。图5-21 为实测硅片直径上的电阻值变化情况，由图5-21 可看出，硅片直径上的阻值呈现两边缘处较大、中间较小的对称变化。这与已知硅片电阻分布一致。

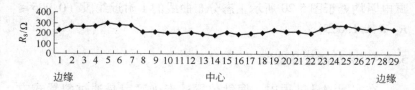

图 5-21　实测硅片电阻沿直径的分布（测点间距 1.87mm）

经实际整片测试，将测试结果做出等值线图如图5-22 所示。

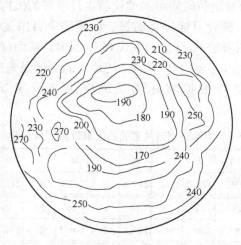

图 5-22　实测硅片整片薄层电阻分布（Ω）

测试过程中应该注意：由于当探针的位置处于菱形的情况下也可能满足 $V_{12}/V_{41} = 1 \pm 0.15$ 的条件，因此为确保测试的正确，依靠仪器自身携带的物镜及摄像头通过显示器观察是十分有必要的，这样可以判定四个探针是否在测试区的角点上，可以避免上述情况的出现。

经过理论计算，推导出有游移情况下的改进 Rymaszewski 公式（5-22）。为保证实际测量的电阻正确，讨论了 Rymaszewski 公式与实际应用公式的两个修正函数即 f（V_{12}/V_{41}）和 F（V_{12}/V_{41}）的关系，进而通过该图形关系拟定了控制误差的测试方案。实际采用的测试电阻公式是有游移情况下的改进 Rymaszewski 公式的一个特例，这在方形四探针测试方法中很容易实现，并达到精确测量的目标。即先检测 V_{12}/V_{41}，在其比值为 1 的条件下，则 f（V_{12}/V_{41}）=1，即 F（V_{12}/V_{41}）=1 再使用改进 Rymaszewski 公式就可以计算了；而不能随意的测量 V_{12}/V_{41}，就去查范德堡函数 f（V_{12}/V_{41}），那样误差就大了。最后通过应用该方法对样品进行了测试验证，与实际情况符合。

5.4 小结

本章研究了方形四探针和直线四探针有游移情况下对测量结果造成的影响，并进行了对比分析，认为：方形四探针在有游移情况下对测试结果的影响要小于直线四探针有游移情况下对测试结果的影响，这一结论与 Vaughan 和 Brit 通过对几何修正系数的有关表达式进行的微分的方法得出的结论一致[5]。在 5.3 节中提出用改进 Rymaszewski 公式并使用方形四探针法测试无图形大型硅片微区薄层电阻的方法，从理论上推导出方形四探针产生游移时的 Rymaszewski 改进公式，讨论了探针游移对测试结果的影响；并制定出可操作的测试方法，对实际 4in 和 3in 硅片样品进行测试验证，并绘制了等值线图。

参 考 文 献

1 Hannoe S, Hosaka H. Electrical characteristics of micro mechanical contacts. Microsystems Technologies, 1996, 3: 31

2 唐良瑞，马全明，景晓军，等．图像处理实用技术．北京：化学工业出版社，
   2002

3 Sun Yicai, Shi Junsheng, Meng Qinghao. Measurement of sheet resistance of cross mi-
   croareas using a modified Van der-Pauw method. Semiconductor Sci. & Tech. 1996, 11：
   805 ~ 813

4 孙以材，石俊生．在矩形样品中 Rymaszewski 公式的适用条件的分析．物理学报，
   1995，44（12）：1869 ~ 1878

5 Vaughan D E Brit J. Appl. Phys. 1961, 12：414

6 Wieder H. H．李汉达译．半导体材料电磁参数的测量．北京：计量出版社，1986：
   17

7 孙以材．半导体测试技术．北京：冶金工业出版社，1984：13 ~ 25

8 Rymaszewski R. Empirical Method of Calibrating A Four-point Microarry for Measuring
   Thin-film-sheet Resistance. Electronics Letters. 1967, 3（2）：57 ~ 58

9 Van der-Pauw, A Method of measuring specific resistivity and hall effect of discs of arbi-
   trary shape, J. Philips Research Reports, 1958, 13（1）：1 ~ 9

10 宿昌厚．用四探针技术测量半导体薄层电阻的新方案．物理学报，1979，28
    （6）：759 ~ 772

11 孙以材，田立强，王静，等．传感器非线性信号多项式拟合的规范化．第八届
    全国敏感元件与传感器学术会议论文集，STC2003. 11：983 ~ 987

12 王静，孙以材，刘新福．半导体学报，2003，24（8）：817 ~ 821

13 孙以材．半导体测试技术．北京：冶金工业出版社，1984：139

6 探针图像预处理及边缘检测

目前微区薄层电阻测量存在的问题是依据显微镜视力观察，用手工操作将探针定位于微区图形的阴影区[1]。这样，完成 ϕ200mm（8in）圆片杂质的扩散分布需要对很多图形进行测试，花费很长的时间，当测试 ϕ300mm 硅片时问题就更为突出。我们率先提出将图像识别引入四探针测试系统中，对采集到的原始探针图像进行预处理、边缘提取等操作，以便实现探针针尖位置的识别与测定，然后由电机控制实现探针的自动定位。这样测试系统可以自动进行测试，并通过计算机处理获得全片的薄层电阻分布，为超大规模集成电路检测杂质分布和扩散的均匀性提供信息。

本章将对采集到的原始探针图像进行预处理、边缘检测及亚像素边缘检测等处理，这是识别探针位置并给探针定位的基础。

6.1 探针图像的获取

图像采集装置的功能和作用主要是接受辐射，如光、声、电等信号，然后将信号进行模数转换，即进行采样和量化，输出数字图像。CCD 电容耦合器件是目前应用最多的图像采集装置[2]。四探针仪图像采集与控制系统的总体功能框图如图 4-2 所示，采集与控制系统主要应用了显微镜、CCD 摄像机、图像卡、计算机、控制箱、1~5 号 5 个步进电机等组成。图像采集的软件平台为在 Windows 98/2000 下，基于 VC ++ 6.0 编程环境，使用类库 IPL 和 OpenCV 进行的数字图像处理[3,4]。英特尔公司提供的 IPL 和 OpenCV 类库是在 VC ++ 环境下使用进行数字图像处理和计算机视觉编程的方法，其以方便使用和功能强大等优点，可以缩短相关程序开发周期，具有很强的实用价值。

在我们的四探针测试仪中，4 根探针斜置在探针架上，分别由 4 个电机控制前后运动。其机械装置可以实现三维微调探针，以确保它们处于同一水平面上。摄像头位于探针的正上方，其放大倍数为 320 倍。图 6-1 为采集的原始探针图像，图中背景为样品平台，探针的边缘不太清晰。

图 6-1　探针的原始图像

6.2　探针图像的预处理

在探针图像的采集和传输过程中，由于受多种因素的影响，如光学系统失真、系统噪声、曝光不足或过量、相对运动等，往往会发生图像失真，所得到的图像和原始图像有某种程度的差异。常把这种差异称为降质或退化。降质和退化的图像通常模糊不清，往往会影响人和机器对图像的理解，因此必须对降质的图像进行改善，这个过程被称为图像预处理。它主要是指按需要对图像进行适当的变换，突出某些有用信息，去除或削弱无用的信息，如改变图像对比度，去除噪声，或强调边缘的处理及伪彩色处理等。图像增强技术作为一大类基本的图像预处理技术,其目的是对图像进行加工,可以得到对具体应用来说视觉效果更好、更有用的图像。它不考虑图像降质的原因,将图像中感兴趣的部分加以处理或突出有用的图像特征,更便于计算机进行图像分析、处理、理解和识别等。

目前,图像增强技术根据其处理所进行的空间不同,可以分为两类:基于图像域的方法和基于变换域的方法[5]。前者直接在图像所在的空间即空域中进行数据运算,对像素的灰度值进行处理;而后者对图像的处理是通过在图像的变换域间接进行的。

对采集到的探针图像的预处理主要包括:空域变换增强,空域滤波增强和频域增强。基于点操作的空域变换增强也叫灰度变换,是进行图像增强的有效办法,能在一定程度上提高图像主观质量;而空域滤波增强和频域增强的目标则主要是抑制图像的噪声。我们采集到的探针图像是彩色图像,变换为灰度图像后主要考虑图像的灰度值和图像噪声的抑制。

6.2.1　探针图像的灰度级修正

探针图像的灰度级修正属于空域变换增强,常见的方法为:直接灰度变换、直方图处理。

直接灰度变换可使图像动态范围加大,对比度扩展,图像更加清晰,特征更加明显。灰度变换的方法很多,常用的有:

(1)图像求反,即将原图灰度值翻转,简单说来就是使黑变白,使白变黑。普通黑白底片和照片的关系就是这样。

(2)增强对比度,这实际是增强原图各部分的反差。实际中往往是通过增加原图中某两个灰度值间的动态范围来实现的。增强对比度后图中灰度级减少,但对比度最大时细节全部丢失了。

(3)动态范围压缩。有时原图的动态范围太大,超出某些显示设备的允许动态范围,如直接使用原图,则一部分细节可能丢失。解决的办法是对原图进行灰度压缩。一种常用的压缩方法是借助对数形式的增强操作。

经灰度变换的探针图像如图 6-2 所示。

图 6-2　经灰度变换的探针图像

直方图表示图像中每一灰度级与其出现频数间的统计关系，提供原始图像的灰度值分布情况，给出一幅图像灰度值的整体描述。可以通过改变直方图的形状来达到增强图像对比度的效果。这种方法是以概率论为基础的，包括直方图均衡化和直方图规定化。直方图均衡化的基本思想是把原始的直方图变换为均匀分布的形式，增加像素灰度值的动态范围从而达到增强图像整体对比度的效果。直方图规定化的优点是能自动的增强整个图像的对比度，但具体的增强效果不易控制。

通过比较上述方法，针对探针图像的特点，笔者对它进行了直方图均衡化，由图 6-3、图 6-4 可看出图像的对比度更强，细节更清晰。

6.2.2　探针图像的平滑

图像的平滑是一种实用的数字图像处理技术，主要目的是为了减少图像的噪声[6]。任何一幅未经处理的原始图像都存在着一定程度的噪声干扰。噪声恶化了图像质量，使图像模糊，甚至淹没其特征，给分析带来困难。图像噪声来源众多，如光

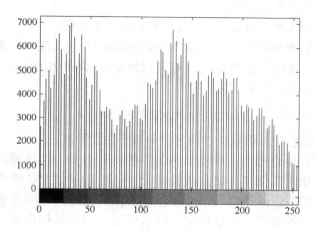

图 6-3 探针图像的直方图

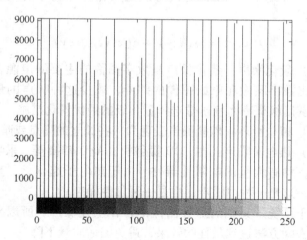

图 6-4 均衡化后的直方图

栅扫描、底片颗粒、机械元件、信道传输等，噪声种类复杂，如加性噪声、乘性噪声、量化噪声等[7]。平滑可以在空间域进行，也可在频率域进行。一种好的去噪方法应该既能消除图像中的噪声而又不会使图像中的有用信号去除，如果去噪不当就会使图像本身的细节如目标的边界轮廓、线条等变得模糊不清，从而使图像质量降低。

在图像处理过程中，常见的噪声有以下几种：

（1）加性噪声：加性噪声与图像信号 $g(x,y)$ 无关。在这种情况下，含噪声图像 $f(x,y)$ 可表示为理想无噪声图像 $g(x,y)$ 和噪声 $n(x,y)$ 之和，即：

$$f(x,y) = g(x,y) + n(x,y) \tag{6-1}$$

如系统中显微镜头上的灰尘等属于加性噪声。

（2）乘性噪声：乘性噪声与图像信号有关，往往随图像信号的变化而变化。一般分两种情况：一种是某像素处噪声只与该像素的图像信号有关；另一种是某像素点处的噪声与该像素点及其邻域的图像信号有关。例如用飞点扫描器扫描图像时产生的噪声以及胶片颗粒的噪声等。这类噪声和图像的关系可以表示为：

$$f(x,y) = g(x,y) + n(x,y)g(x,y) \tag{6-2}$$

（3）量化噪声：量化噪声是数字图像的主要噪声源，其大小显示出数字图像和原始图像的差异，减少这种噪声的最好办法是按灰度级概率密度函数选择量化级的最优量化措施。

（4）椒盐噪声：椒盐噪声表现为一些孤立的亮点或暗点。

（5）热电子噪声：在 CCD 摄像机、A/D 转换器、采集系统电路中，均有大量的电阻性器件。由于热电子起伏，产生热电子噪声，这是一种白噪声，也是一种加性噪声。

由于系统采集到的探针图像中存在上述噪声，所以要使用不同的去噪方法达到最佳的效果，避免图像质量下降。

6.2.2.1 邻域平均法

邻域平均法是一种局部空间域处理的算法。邻域的形状和大小根据图像的特点确定，一般取的形状是正方形、矩形及十字形等，邻域的形状和大小可以在全图处理过程中保持不变，也可以根据图像的局部统计特性而变化。图像邻域平均法的平滑效果与所用的邻域的半径有关。半径越大，则图像的模糊程度越大。

图像邻域平均法算法简单，计算速度快，但它的主要缺点是在降低噪声的同时使图像产生模糊，特别是在边缘和细节处，邻域越大，模糊越厉害。为了减少这种效应，可以采用阈值法，达到平滑的目的。这样平滑后的图像模糊度减小。当某些点的灰度值与各邻点灰度的均值差别较大时，它很可能是噪声，则取其邻域平均值作为该点的灰度值。

采用邻域平均法的均值滤波器适用于去除图像中的颗粒噪声。

6.2.2.2 空间域低通滤波法

由于图像中噪声空间相关性弱的性质，它们的频谱一般是位于空间频率较高的区域，而图像本身的频率分量则处于较低的空间频率之内。因此可以采用低通滤波的方法来去除噪声，而频域的滤波根据卷积定理，又很容易从空间域的卷积来实现。为此，只要适当设计空间域系统的单位冲激响应矩阵就可以达到滤除噪声的效果。即采用下式实现空间域的卷积运算：

$$g(x,y) = f(x,y) * h(m,n) \tag{6-3}$$

式中　$g(x,y)$——滤波结果图像；

　　$f(x,y)$——含有噪声的图像；

　　$h(m,n)$——滤波窗口（单位冲激响应阵列）。

滤波窗口的大小一般取 3×3、5×5 等，显然窗口越大计算量越大。根据上述原理，选择不同的滤波窗口就可以实现图像的低通、高通、带通等滤波操作。下面是几种不同性质的滤波对应的滤波窗口样板：

$$h_1 = \frac{1}{10}\begin{bmatrix} 1 & 1 & 1 \\ 1 & 2 & 1 \\ 1 & 1 & 1 \end{bmatrix} \qquad h_2 = \frac{1}{16}\begin{bmatrix} 1 & 2 & 1 \\ 2 & 4 & 2 \\ 1 & 2 & 1 \end{bmatrix}$$

$$h_3 = \frac{1}{9} \begin{bmatrix} 1 & 1 & 1 \\ 1 & 1 & 1 \\ 1 & 1 & 1 \end{bmatrix} \qquad h_4 = \begin{bmatrix} 0 & -1 & 0 \\ -1 & 5 & -1 \\ 0 & -1 & 0 \end{bmatrix}$$

$$h_5 = \begin{bmatrix} -1 & -1 & -1 \\ -1 & 9 & -1 \\ -1 & -1 & -1 \end{bmatrix} \qquad h_6 = \begin{bmatrix} 1 & -2 & 1 \\ -2 & 5 & -2 \\ 1 & -2 & 1 \end{bmatrix}$$

式中　　h_1 , h_2 ——低通空间域滤波的两种形式；

$\qquad\qquad h_3$ ——空间域均值滤波窗口；

$\quad h_4$, h_5 , h_6 ——高通空间域滤波的几种选择。

6.2.2.3 多幅图像平均法

多幅图像平均法是利用对同一场景的多幅图像取平均来消除产生的高频成分。设原始图像为 $g(x,y)$，图像噪声为加性噪声 $n(x,y)$，则含噪声图像 $f(x,y)$ 可表示为：

$$f(x,y) = g(x,y) + n(x,y) \tag{6-4}$$

若图像噪声是互不相关的加性噪声，且均值为 0，则

$$g(x,y) = E[f(x,y)] \tag{6-5}$$

式中，$E[f(x,y)]$ 是 $f(x,y)$ 的数学期望，对 M 幅含噪声图像经平均后有：

$$g(x,y) = E[f(x,y)] \approx \bar{f}(x,y) = \frac{1}{M}\sum_{i=1}^{M} f_i(x,y) \tag{6-6}$$

和

$$\sigma^2_{\bar{f}(x,y)} = \frac{1}{M}\sigma^2_{n(x,y)} \tag{6-7}$$

式中，$\sigma^2_{\bar{f}(x,y)}$ 和 $\sigma^2_{n(x,y)}$ 是 $\bar{f}$ 和 n 在点 (x,y) 处的方差。式 (6-7) 表明对 M 幅图像平均可把噪声方差缩小到 $1/M$，当 M 增大时，$\bar{f}(x,y)$ 更接近于 $g(x,y)$。

多幅图像平均法常用于摄像机的视频图像中，用以减少

CCD 器件所引起的噪声。通常选用 8 幅图像取平均，此种方法在实际应用中的难点在于如何把多幅图像配准。

6.2.2.4 中值滤波法

中值滤波是基于排序统计理论的一种能有效抑制噪声的非线性信号处理技术，1971 年 Tukey 在进行时间序列分析时提出中值滤波器的概念，后来人们又将其引入到图像处理中。这种滤波器的优点是运算简单而且速度较快，在一定条件下，可以克服线性滤波器所带来的图像细节模糊，在消除叠加白噪声、长尾叠加噪声、图像的椒盐噪声、脉冲噪声等方面显示了较好的性能。中值滤波器在滤除噪声的同时，能很好的保护图像的边界信息，如边缘、锐角等，但有时会失掉图像中的细线和小块的目标区域。此外，中值滤波器很容易自适用化，从而可以进一步提高滤波性能。因此，它非常适用于一些线性滤波器无法胜任的数字图像处理应用场合。

采样改进的二维中值滤波器分别对若干幅图像进行处理。根据选择的滤波窗口 ($A = N \times N$) 的大小，选择滤波排序参数，如采用中值，参数选 0 或 5；采用极大值选参数 9（即 $N \times N$）；此外还可以选用其他排序参数，如 3、4、6、7 等。选择不同的参数，滤波效果不同。在实际应用中，可根据实际滤波效果选用不同的滤波参数。采用不同的方法滤波效果有很大的差异，从总体看改进的二维中值滤波法效果最好。

6.3 探针图像的二值化及处理

在测量薄层电阻过程中，由于样品各异，需将四根探针调整为不同的形状。如果在采集到的样品和探针的图像中，二者的对比度大，则较容易确定探针针尖的具体位置。鉴于此，考虑将经过预处理的探针图像二值化，然后再进行一些相应的处理，让探针的边缘更清晰。图 6-5 为二值化后的探针图像。对于二值化图像进行进一步处理的操作有膨胀、腐蚀、开启和闭合等，这是用类比方法由二值数学形态学中的四个基本运算推广

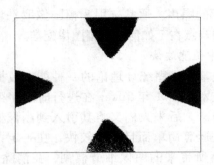

图 6-5　探针图像的二值化

到灰度图像空间得到的。与形态学不同的是，这里把运算的操作对象不再看作集合，而是看作图像函数。

　　设 $f(x,y)$ 是输入图像，$b(x,y)$ 是结构元素。灰度膨胀算法是指在由结构元素确定的邻域中选取 $f+b$ 的最大值，当结构元素的值都为正时，输出图像比输入图像亮。根据输入图像中暗细节的灰度值以及它们的形状相对于结构元素的关系，它们在膨胀中或被消减或被除掉。灰度图像膨胀的结果是比背景亮的部分得到扩张，而比背景暗的部分受到收缩。而灰度腐蚀算法是指在由结构元素确定的邻域中选取 $f-b$ 的最小值，当结构元素的值都为正时，输出图像比输入图像暗。如果输入图像中亮细节的尺寸比结构元素小，则其影响被减弱，减弱的程度取决于这些亮细节周围的灰度值和结构元素的形状和幅值。灰度图像膨胀的结果是比背景暗的部分得到扩张，而比背景亮的部分受到收缩。但是膨胀和腐蚀并不互为逆运算，不能互换次序。在腐蚀中丢失的信息并不能依靠对腐蚀后的图像进行膨胀而恢复。基本的形态学操作中，膨胀和腐蚀很少单独使用。将二者结合使用可得到开启和闭合，开启和闭合可用于对几何特征的定量研究，因为它们对所保留或除掉的特征的灰度影响很小。从消除比背景亮且尺寸比结构元素小的结构角度看，开启有些像非线性低通滤波器。开启一幅图像可消除图中的孤岛或尖峰等过亮的点。闭合则可将比背景暗且尺寸比结构元素小的结构除掉。开启和闭合结合起来可以消除噪声。如果用一个小的结构元素先开启再闭合一幅图像，就有可能将图像中小于结构元素的类似噪声结构除去。

图 6-6 和图 6-7 是经过膨胀和腐蚀的探针图像。

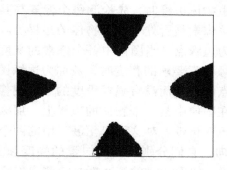

图 6-6　探针图像的膨胀

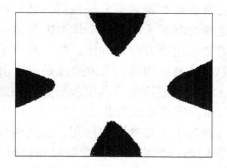

图 6-7　探针图像的腐蚀

6.4　探针图像的边缘检测

确定针尖的具体位置是很重要的一步工作，它的前提便是探针图像的边缘提取。图像的边缘是图像最基本的特征。所谓边缘，是指图像局部亮度变化最显著的部分，是图像局部特性不连续性如灰度突变、颜色突变、纹理结构突变等的反映，它标志着一个区域的终结和另一个区域的开始。边缘主要存在于目标与目标、目标与背景之间，是图像分割、形状特征提取等图像识别分析的重要基础。因此，物体或目标可以根据它不太完整的边缘而被识别出来。

确定图像中物体边缘时，先检测每个像素与其直接邻域的状态，以决定该像素是否处于一个物体的边界上。具有所需特性的像素被标为边缘点。当图像中各个像素的灰度级用来反映各像素符合边缘像素要求的程度时，被称为边缘图像，可以用仅表示了边缘点的位置而没有强弱程度的二值图像来表示。如果一个像素落在图像中某一个物体的边界上，那么它的邻域将成为一个灰度级变化带。对这种变化最有用的两个特征是灰度的变化率和方向，它们分别以梯度向量的幅度和方向来表示。从这个意义上说，提取边缘的算法就是检测出符合边缘特性的边缘像素的数学算子[8]。

边缘的检测常借助空域微分算子进行，通过将其模板与图像卷积完成。边缘检测算子检查每个像素的邻域并对灰度变化率进行量化，通常也包括方向的确定。两个具有不同灰度值的相邻区域之间总存在灰度边缘。灰度边缘是灰度值不连续（或突变）的结果，这种不连续常可利用求导数方便地检测到。一般常用一阶和二阶导数来检测边缘。

导数算子具有突出灰度变化的作用，因此图像中目标的边界可通过求取它们的导数来确定。导数可用微分算子来计算，实际上数字图像中求导数是利用差分近似微分来进行的。

6.4.1　空域微分算子

常用的空域微分算子有：梯度算子、Roberts 算子、Laplacian 算子、Prewitt 算子、Sobel 算子、Kirsch 算子、Nevitia 算子、Marr-Hildreth 算子、LoG 算子、Canny 算子、综合正交算子、Robinson 算子等。

在此，将重点讨论 Roberts 算子、Sobel 算子、LoG 算子和 Canny 算子，并给出试验结果。

（1）Roberts 算子：

Roberts 边缘检测算子是一种利用局部差分算子寻找边缘的算子[9]。它由下式给出：

$$g(x,y) = \{[\sqrt{f(x,y)} - \sqrt{f(x+1,y+1)}]^2$$
$$+ [\sqrt{f(x+1,y)} - \sqrt{f(x,y+1)}]^2\}^{1/2} \quad (6\text{-}8)$$

式中 $f(x,y)$——具有整数像素坐标的输入图像。其中的平方根运算使该处理类似于人类视觉系统中发生的过程。

（2）Sobel 算子：

Sobel 算子是一种梯度算子。梯度对应一阶导数，梯度算子是一阶导数算子。在边缘灰度值过渡比较尖锐且图像中噪声比较小时，梯度算子工作效果较好。对一个连续图像函数 $f(x,y)$，它在位置 (x,y) 的梯度可表示为一个矢量（其中 G_x 和 G_y 分别为沿 x 方向和 y 方向的梯度）：

$$\nabla f(x,y) = [G_x, G_y]^T = \left[\frac{\partial f}{\partial x}, \frac{\partial f}{\partial y}\right]^T \quad (6\text{-}9)$$

这个矢量的幅度（梯度）和方向角分别为：

$$\nabla f = \text{mag}(\nabla f) = (G_x^2 + G_y^2)^{1/2} \quad (6\text{-}10)$$

$$\phi(x,y) = \arctan(G_y/G_x) \quad (6\text{-}11)$$

以上各式中的偏导数需对每个像素进行计算，在实际中常用小区域模板进行卷积来近似计算。Sobel 算子的模板如下所示：

$$\begin{bmatrix} 1 & 2 & 1 \\ 0 & 0 & 0 \\ -1 & -2 & -1 \end{bmatrix} \qquad \begin{bmatrix} -1 & 0 & 1 \\ -2 & 0 & 2 \\ -1 & 0 & 1 \end{bmatrix}$$

x 方向算子 y 方向算子

利用梯度算子来检测边缘是一种较好的方法，它不仅具有位移不变性，还具有各向同性。由式（6-11）可以计算出灰度变化的方向，即边界的方向。边界的方向可以用于 LoG 算子和 Canny 算子提取边缘。在实际图像中，物体边缘的图像灰度变化有时并不十分陡峭，并且图像中也存在噪声，因此，直接运用梯度算子提取边界后，还需做某些处理后才能形成一条有意义的边界。

（3）LoG 算子：

LoG 算子即高斯-拉普拉斯算子，它通过寻找图像灰度值中二阶微分中的过零点（zero-crossing）来检测边缘点。LoG 算子的特点是首先利用高斯滤波器对图像进行平滑，消除空间尺度远小于高斯空间常数 σ 的图像强度变化（即去除噪声），利用拉普拉斯算子进行高通滤波并提取零交叉点。

最初的拉普拉斯算子是一种二阶微分算子，其定义式如下：

$$\nabla^2 f = \frac{\partial^2 f}{\partial x^2} + \frac{\partial^2 f}{\partial y^2} \tag{6-12}$$

应用拉普拉斯算子，对图像中的噪声相当敏感，它常产生双像素宽的边缘，此外也不能提供边缘方向的信息。基于以上的原因，拉普拉斯算子很少直接用于边缘检测，而主要应用于已知边缘像素后，确定该像素是在图像的暗区一边，还是在明区一边。另一方面，一些差分算子会在较宽范围内形成较大的梯度值，因此不适用于精确定位，而利用二阶差分算子的过零点，可以较精确地定义边缘。

在实际应用中，常采用高斯-拉普拉斯算子进行边缘检测。为了去除噪声的影响，首先用高斯函数对图像进行滤波，然后对滤波后的图像求二阶导数，用下式计算：

$$\nabla^2 [G(x,y) * f(x,y)] = \nabla^2 G(x,y) * f(x,y) \tag{6-13}$$

式中　$f(x,y)$ ——原始图像；

　　　$G(x,y)$ ——高斯函数；

　　$\nabla^2 G(x,y)$ ——高斯-拉普拉斯算子。

高斯-拉普拉斯算子经运算得：

$$\nabla^2 G(x,y) = \frac{1}{2\pi\sigma^4}\left(\frac{x^2 + y^2}{\sigma^2} - 2\right)\exp\left\{-\frac{x^2 + y^2}{2\sigma^2}\right\} \tag{6-14}$$

检测边缘就是寻找 $\nabla^2 G(x,y)$ 的过零点。边界点方向信息可由梯度算子给出。为了减少计算量，实际中可用高斯差分算子代替 $\nabla^2 G(x,y)$，高斯差分算子 $\mathrm{DOG}(\sigma_1,\sigma_2)$ 表达式为：

$$\mathrm{DOG}(\sigma_1,\sigma_2) = \frac{1}{\sqrt{2\pi}\sigma_1}\exp\left\{-\frac{x^2+y^2}{2\sigma_1^2}\right\} - \frac{1}{\sqrt{2\pi}\sigma_2}\exp\left\{-\frac{x^2+y^2}{2\sigma_2^2}\right\}$$

(6-15)

（4）Canny 算子：

Canny 边缘检测方法是一种比较新的边缘检测算子，具有好的边缘检测性能。Canny 边缘检测法利用高斯函数的一阶微分，能在噪声抑制和边缘检测之间取得较好的平衡。

其具体步骤如下：

1）用高斯滤波器对图像进行滤波，以去除噪声。

2）用高斯算子的一阶微分对图像进行滤波，得到每个像素梯度的大小 $|G(x,y)|$ 和方向 θ。

$$|G(x,y)| = \left[\left(\frac{\partial f}{\partial x}\right)^2 + \left(\frac{\partial f}{\partial y}\right)^2\right]^{\frac{1}{2}}$$

(6-16)

$$\theta = \tan^{-1}\left[\frac{\partial f}{\partial y}\bigg/\frac{\partial f}{\partial x}\right]$$

(6-17)

式中，f 为滤波后的图像。

3）对梯度幅值进行非极大值抑制。

非极大值抑制通过梯度线上所有非屋脊峰值的幅值来细化 $|G(x,y)|$ 中的梯度幅值屋脊。此算法将梯度的方向角 θ 的变化范围用四个区表示，分别以 $0°$、$45°$、$90°$、$135°$ 为区域的中心，标号分别为 0、1、2、3 区，对应着 3×3 邻域内元素的 4 种可能组合，如图 6-8 所示。

该算法使用一个 3×3 邻域作用于 $|G(x,y)|$ 幅值阵列的所有点，在每一个点上，邻域的中心像素 $|G(i,j)|$ 与沿着梯度线的两个元素进行比较。如果在邻域中心点处的幅值 $|G(i,j)|$ 不比沿梯度线方向上的两个相邻点幅值大，则 $|G(i,j)|$ 赋值为

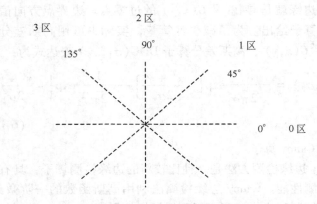

图 6-8　梯度方向划分示意图

零。这一过程可以把 $|G(i,j)|$ 宽屋脊带细化成只有一个像素点宽，并且保留了屋脊的高度值。但是采用非极大值抑制梯度幅值，图像中仍包含许多由噪声和细纹理引起的假边缘段。

4）用双阈值算法检测和连接边缘。

减少假边缘段数量的典型方法是对处理后的图像使用一个阈值，将低于阈值的所有值赋值为零。但是，阈值化后得到的边缘阵列仍有假边缘存在。解决的有效方法是采用双阈值算法。对非极大值抑制图像作用双阈值 τ_1 和 τ_2（并且 $\tau_2 > \tau_1$），得到两个阈值边缘图像 T_1 和 T_2。图像 T_2 是用高阈值得到的。含有较少的假边缘，但可能在轮廓上有间断，减少了有用的边缘信息。而图像 T_1 阈值较低，保留了较多信息。可以根据图像 T_1 把图像 T_2 中的边缘信息补充，从而得到完整的边缘检测结果。

采用上述 3 种算子进行了对比试验，试验结果见图 6-9。从图 6-9 可见，Canny 算子提取的边缘比较完整，而且边缘的连续性很好，效果优于 Sobel 算子和 LoG 算子。在本课题中，由于要求的边缘定位精度比较高，采用的边缘检测算法将在本章 6.5 节重点讨论。

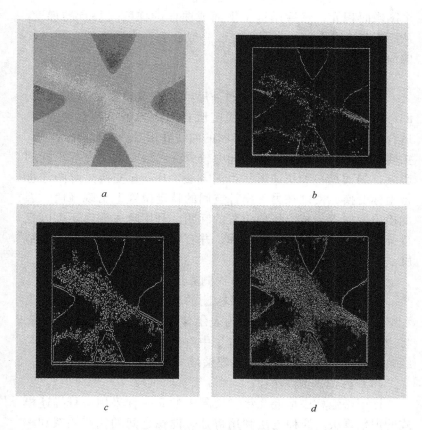

图 6-9 原始图像和像素级边缘检测图像

a—灰度图像；b—Sobel；c—Log；d—Canny

6.4.2 其他新边缘检测法

其他的新边缘检测法主要有以下四种，现分别简述如下。

（1）曲面拟合法：

如果说用微分算子进行边缘提取存在"提升噪声"缺陷的话，曲面拟合法可以在完成边缘检测的同时，较好地抑制噪声的干扰。曲面拟合法的基本思路是用一个平面或曲面去逼近一个图像面积元，然后用这个平面或曲面的梯度代替点的梯度，从而实现边缘检测。曲面拟合法一般分为一次平面拟合和二次曲面拟合。

（2）哈夫变换：

哈夫变换方法是利用图像全局特性而直接检测目标轮廓，即可将边缘像素连接起来组成区域封闭边界的一种常见方法。适合检测图像中的某些给定形状的曲线并用参数方程描绘出来。主要优点是，其检出曲线的能力较少受曲线中的断点等干扰的影响，因而是一种快速形状检测方法。Hough 变换是对图像进行坐标变换，使之在另一坐标空间的特定位置上出现峰值，因此检出曲线即是找出峰值位置的问题。利用哈夫变换还可以直接分割出某些已知形状的目标，并有可能确定边界到亚像素精度。

（3）基于积分变换的边缘检测算法[10]：

这种用于图像区域和边缘检测的积分变换引入了灰度尺度和空间尺度，从而将图像变为表示像素点相互吸引的向量场，将边缘检测问题转化为在向量场中寻找相分离向量的问题。与经典的边缘检测算法比较，其效果与 Canny 算法相似。

（4）标记松弛算法：

标记松弛算法是近几年发展起来的又一种采用符号描述模式的识别算法。这种方法利用待处理图像之间的相互关系和相容条件，逐步地对处理对象作出正确的描述。在这种方法中，处理对象一般称为目标，而描述目标的符号则称为标记。当从一个真实景象中测量到一组目标，总是先要描述它，即对这组目标给出一组合理的标记来描述它。由于最初一般并不能清楚地识别这组目标，它的属性是不明确的或者是含糊的。标记松弛算法就是利用目标之间存在的各种条件和关系来逐步地缩减甚至消除这种含糊性。先对目标给定一组不确切的（或者甚至是错误的）标记，通过迭代运算逐次更新标记，最后求得描述这组目标的较为确切的标记集。

松弛算法的本质是并行的，并且以迭代形式进行，这对从事模式识别的研究者来说有着巨大的吸引力。但其主要缺点是计算量庞大，只有采用并行处理的方法，标记松弛算法才能真正发挥作用。

6.4.3 几种新型边缘检测算法[11]

近年来，随着数学和人工智能的发展，出现了一些新的边缘检测方法，如数学形态法、小波变换法、神经网络法、模糊检测等。这些算法都在力图最大程度地抑制噪声和多尺度地探测特征边缘。

（1）小波分析法：

从信号处理的角度，边缘表现为信号的奇异性，而在数学上，奇异性由 Lipschitz 指数标志。小波理论已经证明，Lipschitz 指数可由小波变换的跨尺度的模值极大值计算而来，所以只要检测小波变换的模值极大值即可检测出边缘。

（2）数学形态学方法：

用于图像处理的两种基本运算是腐蚀和膨胀，它们的不同组合形成开和闭。图像经边缘强度算子作用后，在跳跃边缘处形成凸脊，在屋顶边缘处形成凹谷，再与原图像做差分得到边缘。

（3）模糊算子法：

模糊数学在各个领域的应用发展迅速。近年来，它在信号和图像处理中都有若干成功的应用。1995 年，出现了广义模糊集合的概念，并在图像处理领域取得了多方面的应用成果，边缘检测就是其中较成功的应用之一。它具有比常规处理方法更快速、更优质的特点。用 GFO 检测出来的边缘具有宽度小，信噪比大的优点。

（4）神经网络法：

近年来，由于神经网络算法强大的非线性表示能力及学习功能，在模式识别等多方面取得了较多成功的应用，用神经网络提取边缘也逐步得到了应用。其基本思想是：先将输入图像映射为某种神经网络，然后输入一定先验知识——原始边沿图，再进行训练，直到学习过程收敛或用户满意为止。由于神经网络提取边缘利用了原图的已有知识，是从宏观上认识对象，微观上提取细节，所以它具有很强的抗噪能力。但是如何得到先验知识却是一个难题。

6.5　亚像素边缘检测算法

6.5.1　亚像素细分算法的必要性与可能性

由于 CCD（charge-coupled devices，电荷耦合器件）摄像器件具有高灵敏度、高分辨率、高速度、宽光谱响应及测量的非接触性等优点，它在测量领域得到了越来越广泛的应用[12]。一般的二维图像测量系统主要由照明系统、被测物体、光学成像系统、信号处理电路和计算机组成。因此，影响系统精度的因素主要有：

（1）照明系统；

（2）光学成像系统；

（3）CCD 摄像器件；

（4）信号处理电路；

（5）软件算法。

要想提高系统的精度，通常可选用高分辨率的 CCD 摄像机、采样频率比较高的图像卡，或采用特殊的光源进行照明。这些方法的使用有时会受到某种限制，如当光学系统放大倍数太大时，图像的质量会下降，甚至会使有用的目标超出视场范围，而利用软件算法来提高系统的精度具有方法简单、有效的优点。因此，图像测量识别的软件算法越来越受到人们的重视。图像测量系统软件算法的一个重要的方面是边缘检测的算法。与被测目标有关的边缘点的定位精度往往直接影响到整个图像识别测量系统的精度，因此，研究边缘点的精确定位算法是很有实际意义的。

实际的 CCD 图像识别系统，有用相干照明系统的，也有采用非相干照明系统的，但非相干照明系统应用得多些。由于 CCD 感光元不但接收照射到自身感光面的光，还接收照射相邻感光元的光，尤其是对边缘点，因为所接收到的光来自于物体反射及背景，而物体和背景的反射特性是不一样的，这同样造成 CCD 器件对阶跃边缘的响应信号由明到暗（或由暗到明）存在一个渐变过程，边缘点的亚像素位置恰好存在于这一过渡的渐变阶段，这就使得有可能采用插值或曲线逼近的方法获得边缘点的亚像素位置。

6.5.2 基于矩保持的亚像素边缘检测

拟合是指用某个解析函数逼近实际数据。在对边缘建立模型的情况下，可设计相应的理想边缘对实际边缘进行拟合以确定边缘位置。由于拟合模型常根据一个小区域中所用像素来进行，所以得到的边缘位置在一定情况下可以算到像素的内部，或者说达到亚像素级。基于矩保持的边缘拟合便可用来进行亚像素级的边缘检测。这个方法从原理上既可用于拟合阶跃边缘也可用于拟合斜变边缘[13]。下面以阶跃边缘为例进行分析，先考虑 1-D 时的情况。

一个理想的阶跃边缘可以认为是由一系列具有灰度值为 s 的像素和一系列具有灰度值为 t 的像素相接而构成的。这个理想边缘由三个参数决定：边缘位置 e、边缘两边像素的灰度值 s 和 t。确定这三个参数的一种方法是分别计算实际边缘和理想边缘的前三阶矩，使它们相等而得到三个方程进行求解。解出三个参数就可用理想边缘去拟合实际边缘，把理想边缘的位置作为实际边缘的位置。

现在来看图 6-10，各离散点代表实际边缘点，折线表示理想边缘。

一个信号 $f(x)$ 的 p 阶矩（$p = 1$、2、3）定义为：

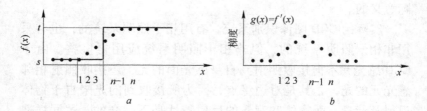

图 6-10　1-D 灰度图和梯度图

a—1-D 灰度图；b—梯度图

$$m_p = \frac{1}{N} \sum_{i=11}^{N} \left[f_i(x) \right]^p \qquad (6\text{-}18)$$

式中　　N——边缘的像素总个数。

并且 m_p 唯一地被 $f(x)$ 所确定，反之 m_p 也唯一的确定了 $f(x)$。如果用 e 表示理想边缘中灰度为 s 的像素个数，保持前三阶矩相等也等价于解下列方程（$p = 1$、2、3）：

$$m_p = \frac{e}{N} s^p + \frac{N-e}{N} t^p \qquad (6\text{-}19)$$

求得亚像素边缘位置：

$$e = \frac{N}{2} \left[1 + q \sqrt{\frac{1}{4+q^2}} \right] \qquad (6\text{-}19a)$$

其中　　　　　$q = \frac{m_3 + 2m_1^3 - m_1 m_2}{a^3} \qquad (6\text{-}19b)$

$$a = m_2 - m_1^2 \qquad (6\text{-}19c)$$

这样，如果认为第一个像素处于 $i = 1/2$ 处并设其他像素间的距离为 1，则用该方法算出的不为整数的 e 给出对边缘进行检测得到的亚像素位置。此方法算得的边缘位置不受图像平移或尺度变化的影响，对输入数据中的加性噪声和乘性噪声不敏感。

6.5.3　利用一阶微分期望值的亚像素边缘检测

亚像素边缘也可利用一阶微分期望值来计算[14]，这种方法的主要步骤为（考虑1-D情况）：

（1）对图像函数$f(x)$，计算它的一阶微分$g(x) = |f'(x)|$。在离散图像中，一阶微分可用差分来近似。

（2）根据$g(x)$的值确定包含边缘的区间，也就是对一个给定的阈值T确定满足$g(x) > T$的x取值区间$[x_i, x_j]$，$1 \leqslant i$，$j \leqslant n$。

（3）计算$g(x)$的概率函数$p(x)$，在离散图像中有：

$$p_k = \frac{g_k}{\sum_{i=1}^{n} g_i} \qquad (k = 1, 2, \cdots, n) \qquad (6-20)$$

（4）计算$p(x)$的期望值E，并将边缘定在E处。在离散图像中有：

$$E = \sum_{k=1}^{n} k p_k = \sum_{k=1}^{n} \left(k g_k / \sum_{i=1}^{n} g_i \right) \qquad (6-21)$$

这种方法与基于矩保持的亚像素边缘检测方法相比，由于使用了基于统计特性的期望值，所以可较好地消除由于图像中噪声而造成的多响应问题（即误检测出多个边缘）。

6.5.4 利用切线信息的亚像素边缘检测

前面介绍的两种亚像素边缘检测算法，基本上都是根据图像有一定模糊、噪声时目标边缘较宽的特点，通过统计方法，利用边缘法线方向的信息确定目标边界的亚像素位置。但是当被检测的图像目标边缘比较清晰时，这些方法反而效果较差，原因在于当边缘清晰时，边缘附近的点已不包含任何关于边缘位置的信息，使得能参加统计计算的点太少以致无法得到准确的亚像素边界[13,15]。如果所检测的目标形状已知且摄入的图像比较清晰，可以采用下面的基于切线方向信息的亚像素边缘检测算法。利用这种方法检测边缘可分为两步：

（1）检测出目标精确到像素级的边界；

（2）借助像素级边界沿切线方向的信息将其修正到亚像素

量级。

第一步与一般精度达到像素级的边缘检测方法类似。下面仅讨论第二步。

先以被检测的目标是圆为例来说明原理。设圆的方程为 $(x - x_c)^2 + (y - y_c)^2 = r^2$，其中 (x_c, y_c) 为圆心坐标，r 为半径。只要能测出圆在 x 和 y 方向上的最外侧边界点即可确定 (x_c, y_c) 和 r，从而检测出该圆。图 6-11 给出检测 x 轴方向最左侧点的示意图，其中在圆内的像素点标有阴影。考虑到圆的对称性只画了上半圆左侧边界的一部分。设 x_1 为 x 轴方向最左边界点的坐标，h 代表横坐标为 x_1 的列上边界像素的个数。列上相邻两像素与实际圆边界交点的横坐标之差 T（是 h 的函数）可表示为：

$$T(h) = \sqrt{r^2 - (h-1)^2} - \sqrt{r^2 - h^2} \qquad (6-22)$$

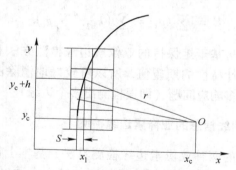

图 6-11   圆边界切向方向的示意图

设 S 为 x_1 与准确的亚像素边缘的差，即从像素边界修正到亚像素边界所需的修正值。由图 6-11 知，这个差可用于所有 $T(i)$（其中 $i = 1, 2, \cdots, h$），求和并加上 e 即求得下式：

$$S = r - \sqrt{r^2 - h^2} + e < 1 \qquad (6-23)$$

式中，$e \in [0, T(h+1)]$，取平均值为 $T(h+1)/2$。由式 (6-22) 算得 $T(h+1)$ 并代入式 (6-23)，可得：

$$S = r - \frac{1}{2}(\sqrt{r^2 - h^2} + \sqrt{r^2 - (h+1)^2}) \qquad (6-24)$$

这就是检测到像素级边界后为进一步获得精确到亚像素边界所需的修正值。

进一步考虑目标为椭圆时的情况（圆目标斜投影时就会变成椭圆）。先设目标为正椭圆，其方程是：

$$(x - x_c)^2/a^2 + (y - y_c)^2/b^2 = 1$$

式中，a 和 b 分别是其长短半轴的长度，这时在 x 方向的亚像素修正值 S 可按与前面对圆的推导类似得到：

$$S = a \left\{ 1 - \frac{1}{2} \left[\sqrt{1 - \left(\frac{h}{b}\right)^2} + \sqrt{1 - \left(\frac{h+1}{b}\right)^2} \right] \right\} \quad (6-25)$$

如果目标是斜椭圆也可类似直接推导但较复杂，可先利用坐标变换将斜椭圆转变成正椭圆，再借用式（6-25）求得修正值。

由上面的推导分析可知，该算法利用了目标像素级边界沿切线方向的信息来确定其亚像素级边缘的准确位置。根据同样的原理，对于已知形状的其他目标（在机器视觉应用中目标形状常常是预知的），在确定其像素级边界后，也可进一步算得相应的修正值而确定出它的亚像素级边界。

利用上面推导的修正值 S 校正像素级边界所得到的亚像素级边缘与精确值相比会有两方面的误差。一项是将 e 取平均值而产生的（设为 $|dS_e|$），由图 6-11 可见这项误差的最大值为：

$$|dS_e| = \frac{T(h+1)}{2} = \frac{1}{2} \left[\sqrt{r^2 - h^2} - \sqrt{r^2 - (h+1)^2} \right]$$

$$(6-26)$$

参见图 6-11 并借助式（6-23）右半部的不等关系可知：

$$h < \sqrt{2r-1} \quad (6-27)$$

将式（6-27）用泰勒级数展开并代入式（6-26），并化简得：

$$|dS_e| \approx \frac{2h+1}{4r} \approx \frac{1}{\sqrt{2r}} \quad (6-28)$$

另一项误差是由参数取整而带来的。在上述推导中，圆参数 r 被认为是准确的半径值。而在实际中，只能利用第一步检测出来的像素边界获得精确到像素量级的 r。设由于 r 的微小变化所引起 S 的偏差为 $|dS_r|$。对式（6-24）求微分并取绝对值，得：

$$\left|\frac{dS}{dr}\right| = 1 - \frac{r}{2}\left[\frac{1}{\sqrt{r^2 - h^2}} + \frac{1}{\sqrt{r^2 - (h+1)^2}}\right] \quad (6\text{-}29)$$

再借助式（6-27）可将式（6-29）化简为（dr 的平均值为 0.5 个像素）：

$$|dS_r| = \frac{1}{2}\left[\frac{h^2 + (h+1)^2}{4r^2}\right] < \frac{h^2 + h + 1}{4r^2} \approx \frac{1}{2r} \quad (6\text{-}30)$$

修正值的总误差为 $|dS_e|$ 和 $|dS_r|$ 之和，其中前一个为主要部分。换句话说，总误差基本上与边界曲率半径的平方根成反比。所以该算法在检测较大目标时比检测较小目标时效果好。在一般情况下此算法的性能受到被检测目标 3 个方面的影响：（1）目标尺寸；（2）目标中心位置；（3）非圆目标的朝向。

6.5.5　空间矩亚像素细分算法

空间矩亚像素细分算法是利用空间灰度矩来确定边缘的位置，其特点是方法简单、精度高，可适用于任意尺寸的窗口。同时该方法的精度不受图像灰度数据的加性、乘性变化的影响。

6.5.5.1　一维理想边缘的定位及校正[13,16]

如图 6-12 所示的归一化理想边缘，可以用参量（h、k、l）精确描述。若函数 $g(x)$ 表示原始函数，$f(n)$ 表示采样后的函数，则由于采样有限口径宽度的影响，存在关系：

$$f(n) = \int_{n-1/2}^{n+1/2} g(x)\,dx \quad (6\text{-}31)$$

下面的讨论以方形采样口径为前提，此时 $f(n)$ 的意义为口径范围内像素的平均灰度。因此，若在归一化坐标下对图 6-12 的

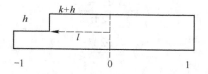

图 6-12 归一化理想边缘

理想边缘采样，得到图 6-13 的结果。此处 l_1，l_2 表示采样的间隔，而边缘真实位置 l 满足 $l_1 \leq l \leq l_2$，在 5 像素宽的采样前提下，$l_1 - l_2 = 0.4$，$l_2 \in \{-0.2, 0.2, 0.6\}$，此时式（6-31）变为：

$$f(n) = \frac{1}{l_2 - l_1} \int_{n+l_1}^{n+l_2} g(x) \, \mathrm{d}x \qquad (6-32)$$

在边界点处：

$$f(0) = h + \Delta k = \frac{1}{l_2 - l_1} \left(\int_{l_1}^{l_2} h \, \mathrm{d}x + \int_{l_1}^{l_2} k \, \mathrm{d}x \right) \qquad (6-33)$$

即

$$\Delta k = \frac{l_2 - l}{l_2 - l_1} k \qquad (6-34)$$

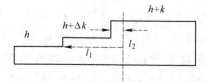

图 6-13 采样后的边缘

上式限定了平均灰度 Δk 与精确边缘位置 l 的关系。按照空间矩的定义，连续函数 $f(x)$ 的 p 阶矩可写为：

$$M_0 = \int x^2 f(x) \, \mathrm{d}x \qquad (6-35)$$

1）在理想采样条件下，边缘参量（h、k、l）与矩 M_0、M_1、M_2 的关系分别为：

$$l = \frac{3M_2 - M_0}{2M_1} \tag{6-36}$$

$$k = \frac{2M_1}{1 - l^2} \tag{6-37}$$

$$h = \frac{1}{2}[M_0 - (k - l)] \tag{6-38}$$

证明： 在理想采样前提下，即不考虑有限采样口径带来的像素灰度平均效应，此时可用图 6-13 的理想模型。按照矩的定义，其 0 阶、1 阶、2 阶矩分别为：

$$M_0 = h\int_{-1}^{1}\mathrm{d}x + k\int_{l}^{1}\mathrm{d}x = 2h + k(1 - l)$$

$$M_1 = h\int_{-1}^{1}x\mathrm{d}x + k\int_{l}^{1}x\mathrm{d}x = \frac{1}{2}k(1 - l^2)$$

$$M_2 = h\int_{-1}^{1}x^2\mathrm{d}x + k\int_{l}^{1}x^2\mathrm{d}x = \frac{2}{3}h + \frac{1}{3}k(1 - l^3)$$

解上面的方程组可得式(6-36)~式(6-38)。

2) 在离散采样条件下，按式 (6-35) 计算出的边缘位置 l_m 与精确位置 l 间的误差为：

$$B = \frac{(l_2 - l)(l_2 - l_1)^2(l_1 + l_2)(l_1 - l)}{(l_2 - l)(l_2 - l_1)(l_1 + l_2) + (l_2 - l_1)(1 - l_2^2)} \tag{6-39}$$

证明： 离散采样是非理想的采样，存在有限口径的平均灰度效应，此时使用图 6-13 的模型，根据空间矩定义：

$$M_0 = \int_{-1}^{1}h\mathrm{d}x + \int_{l_1}^{l_2}\Delta k\mathrm{d}x + \int_{l_2}^{1}k\mathrm{d}x = 2h + \Delta k(l_2 - l_1) + k(1 - l_2)$$

$$M_1 = \int_{-1}^{1}hx\mathrm{d}x + \int_{l_1}^{l_2}\Delta kx\mathrm{d}x + \int_{l_2}^{1}kx\mathrm{d}x = \frac{1}{2}k(l_2^2 - l_1^2) + \frac{1}{2}k(1 - l_2^2)$$

$$M_2 = \int_{-1}^{1}hx^2\mathrm{d}x + \int_{l_1}^{l_2}\Delta kx^2\mathrm{d}x + \int_{l_2}^{1}kx^2\mathrm{d}x = \frac{2}{3}h$$

$$+ \frac{1}{3}\Delta k(l_2^3 - l_1^3) + \frac{1}{3}k(1 - l_2^3)$$

仍按式（6-36）估算边缘位置

$$l_m = \frac{\Delta k [\, l_1(1 - l_1^2) - l_2(1 - l_2^2)\,] + k l_2(1 - l_2^2)}{\Delta k(l_2^2 - l_1^2) + k(1 - l_2^2)}$$

又

$$l = l_2 - \frac{\Delta k}{k}(l_2 - l_1)$$

则精确位置与计算位置的误差为：

$$B = l - l_m = \frac{\dfrac{\Delta k}{k}(l_2 - l_1)^2 (l_2 + l_1) \left(\dfrac{\Delta k}{k} - 1 \right)}{\dfrac{\Delta k}{k}(l_2 - l_1)(l_1 + l_2) + (1 - l_2^2)} \tag{6-39a}$$

由式（6-34）可得：

$$\frac{\Delta k}{k} = \frac{l_2 - p}{l_2 - l_1} \tag{6-39b}$$

将式（6-39b）代入式（6-39a），化简后可得式（6-39）。

6.5.5.2　二维边缘定位及其校正[17,18]

二维理想边缘模型如图6-14所示，理想采样区域为单位圆，边缘将整个圆域分为两部分，其中一个区域的灰度值为 h，另一个区域的灰度值为 $h + k$，连续函数 $f(x, y)$ 的矩为：

$$M_{pq} = \iint x^p y^q f(x, y) \, \mathrm{d}x \mathrm{d}y \tag{6-40}$$

公式（6-40）中的 p、q 为大于等于零的整数。设矩 M_{pq} 旋转 ϕ 角之后的复合矩为 M'_{pq}，则：

$$M'_{pq} = \sum_{r=0}^{p} \sum_{s=0}^{q} \binom{p}{r} \binom{q}{s} (-1)^{q-s} (\cos\phi)^{p-r+s} \times (\sin\phi)^{q+r-s} M_{p+q-r-s, r+s} \tag{6-41}$$

当旋转角 $\phi = 0$ 时，边缘垂直于水平方向，此时 $M'_{01} = 0$，利用公式（6-41），可以得出

$$M'_{00} = M_{00} \tag{6-42}$$

$$M'_{01} = -M_{10} \sin\phi + M_{01} \cos\phi \tag{6-43}$$

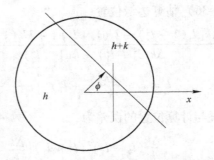

图 6-14　二维理想边缘模型

$$M'_{10} = M_{10}\cos\phi + M_{01}\sin\phi \qquad (6\text{-}44)$$

$$M'_{20} = M_{20}\cos^2\phi + 2M_{11}\cos\phi\sin\phi + M_{02}\sin^2\phi \qquad (6\text{-}45)$$

$$M'_{02} = M_{20}\sin^2\phi - 2M_{11}\sin\phi\cos\phi + M_{02}\cos^2\phi \qquad (6\text{-}46)$$

$$M'_{11} = (M_{02} - M_{20})\sin\phi\cos\phi + M_{11}(\cos^2\phi - \sin^2\phi) \qquad (6\text{-}47)$$

利用 $M'_{01} = 0$ 可得 ϕ 的计算公式为：

$$\phi = \tan^{-1}\frac{M_{01}}{M_{10}} \qquad (6\text{-}48)$$

在离散的情况下，矩的计算式（6-40）可改为相关运算，即模板与图像灰度相乘，若用 5×5 的图像窗采样单位圆，在图 6-14 中的图形区域内，利用公式（6-40）计算归一化的灰度矩，有关 6 个矩 M_{00}、M_{11}、M_{01}、M_{10}、M_{20}、M_{02} 的计算模板如表 6-1 所示[17]。

表 6-1　模板

M_{00} 的模板					M_{11} 的模板				
0.0219	0.1231	0.1573	0.1231	0.0219	−0.0098	−0.0352	0.0000	0.0352	0.0098
0.1231	0.1600	0.1600	0.1600	0.1231	−0.0352	−0.0256	0.0000	0.0256	0.0352
0.1573	0.1600	0.1600	0.1600	0.1573	0.0000	0.0000	0.0000	0.0000	0.0000

M_{00}的模板					M_{11}的模板				
0.1231	0.1600	0.1600	0.1600	0.1231	0.0352	0.0256	0.0000	-0.0256	-0.0352
0.0219	0.1231	0.1573	0.1231	0.0219	0.0098	0.0352	0.0000	-0.0352	-0.098
M_{10}的模板					M_{01}的模板				
-0.0147	-0.0469	0.0000	0.0469	0.0147	0.0147	0.0933	0.1253	0.0933	0.0147
-0.0933	0.0640	0.0000	0.0640	0.0933	0.0469	0.0640	0.0640	0.0640	0.0469
-0.1253	0.0640	0.0000	0.0640	0.1253	0.0000	0.0000	0.0000	0.0000	0.0000
-0.0933	-0.0640	0.0000	0.0640	0.0933	-0.0469	-0.0640	-0.0640	-0.0640	0.0469
-0.0147	-0.0469	0.0000	0.0469	0.0147	-0.0147	-0.0933	-0.1253	-0.0933	-0.0147
M_{20}的模板					M_{02}的模板				
0.0099	0.0194	0.0021	0.0194	0.0099	0.0099	0.0719	0.1019	0.0719	0.0099
0.0719	0.0277	0.0021	0.0277	0.0719	0.0194	0.0277	0.0277	0.0277	0.0194
0.1019	0.0277	0.0021	0.0277	0.1019	0.0021	0.0021	0.0021	0.0021	0.0021
0.0719	0.0277	0.0021	0.0277	0.0719	0.0194	0.0277	0.0277	0.0277	0.0194
0.0099	0.0194	0.0021	0.0194	0.0099	0.0099	0.0719	0.1019	0.0719	0.0099

利用图 6-14 的二维边缘理想模型,可得边缘的亚像素位置 L 的计算公式为:

$$L = \frac{4M'_{20} - M'_{00}}{3M'_{10}} \qquad (6\text{-}49)$$

另外

$$k = \frac{3M'_{10}}{2(1 - l^2)^{3/2}} \qquad (6\text{-}50)$$

6.5.6 试验结果及算法比较

下面讨论试验结果,并对几种算法进行比较。

(1) 1-D 边缘检测:

亚像素算法采用基于矩保持的检测算法和利用一阶微分期

望值的检测算法进行试验，并同像素级的一阶差分进行比较。试验结果见表6-2。从表中可以看出，亚像素算法可以将边缘位置定位于像素内部，提高了精度。

表6-2 输入序列和边缘位置

序 列	1-D差分的 边缘检测	基于矩保持的亚 像素边缘检测	阈值	一阶微分期望的 亚像素边缘检测
0 0 0 0.5 1 1 1 1 1	3 4	3.5060	0.4	3.50
0 0 0.25 1 1 1 1	3	2.8670	0.4	2.75
0 0 0 0 0 0.5 0.7 1 1 1 1 1	5 7	5.6946	0.4	5.80
0 0 0 0 0 0.25 0.45 1 1 1	7 7	6.4376	0.4	6.30
0 0 0 0.1 0.45 1 11 1 1	5 7	4.5760	0.4	4.45
0 0 0 0 0.7 0.8 1 1 1	4 7	4.2646	0.4	4.50

（2）2-D边缘检测：

图6-15给出了采用空间矩亚像素细分算法得出的边缘检测图像。为了比较说明，图6-16给出了其他采用亚像素级边缘检测的试验结果。从图中可以得出，亚像素细分算法的检测性能比较好。

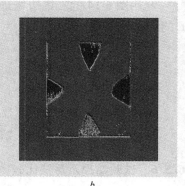

a   b

图6-15 二值化图像及亚像素边缘检测图像

a—二值化图像；*b*—亚像素边缘检测图像

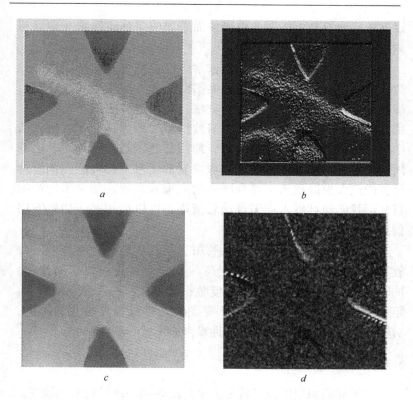

图 6-16 亚像素边缘检测的结果

a—灰度图像；b—灰度图亚像素边缘检测图像；c—原始图像；
d—原始图亚像素边缘检测图像

（3）结果分析：

论文中所阐述的各种亚像素边缘检测算法均可不同程度地提高图像测量的精度。实际应用中，主要根据计算量及精度等要求来选择软件细分算法。

由表 6-2 可得，一阶微分期望值法算得的亚像素边缘位置比矩保持法要稳定，特别是受输入序列长度的影响较小。另外，利用一阶微分期望值的亚像素边缘检测方法与矩保持法的亚像素边缘检测方法相比，由于使用了基于统计特性的期望值，所以可较好地消除由于图像中噪声而造成的多响应问题（即误检测出多个边缘）。

但是一阶微分期望值的亚像素边缘检测方法与矩保持的亚像素边缘检测方法基本上都是根据图像有一定模糊及噪声时目标边缘较宽的特点，通过统计方法，利用边缘法线方向的信息确定目标边界的亚像素位置。当被检测的图像目标边缘比较清晰时，这些方法反而效果较差，原因在于当边缘清晰时，边缘附近的点已不包含任何关于边缘位置的信息，使得能参加统计计算的点太少以致无法得到准确的亚像素边界。如果所检测的目标形状已知且摄入的图像比较清晰，可以采用基于切线方向信息的亚像素边缘检测算法。

空间矩亚像素细分算法是利用空间灰度矩来确定边缘的位置，其特点是方法简单、精度高、可适用于任意尺寸的窗口。同时该方法的精度不受图像灰度数据的加性、乘性变化的影响。矩保持法算得的边缘位置也不受图像平移或尺度变化的影响，对输入数据中的加性噪声和乘性噪声亦不敏感。

6.6　图像特征描述

为了准确识别图像，就要力求对图像的特征进行准确描述。

结合本论文所要识别的图像的具体特征，一般采用边缘检测方法从图像中检测出物体，下一步就可对物体进行识别和定位。在大多数工业应用中，摄像机的位置和环境是已知的，因此通过简单的几何知识就可以从物体的二维图像确定物体的三维位置。在大多数应用中，物体的数量不是很多，如果物体的形状和尺寸完全不同，则可以利用尺度和形状特征来识别这些物体。实际上在许多工业应用中，经常使用区域的一些简单特征，如大小、位置和方向，来确定物体的位置并识别它们。

在许多工业应用中，物体的位置起着十分重要的作用。物体通常出现在已知表面（如工作台）上，而且摄像机相对台面的位置是已知的。在这种情况下，图像中物体的位置决定了它的空间位置。确定物体的位置的方法有许多，比如用物体的外接矩形、物体矩心（区域中心）等来表示物体的位置。区域中心是通过对图像进行全局运算得到的一个点，因此它对图像的噪声相对来说是不敏感的。而对于尺寸，一幅需要识别的图像的尺寸可用区域的面积来表示。

方向也是识别目标的重要特征。物体的方向对于某些形状来说不是唯一的。为了定义唯一的方向，一般假定物体是长形的，其长轴方向被定义为物体的方向。通常，二维平面上与最小惯量轴同方向的最小二阶矩轴被定义为长轴。

6.7 小结

将图像识别引入四探针测试系统中是本课题的创新之处，这能明显提高调试探针和测试样品的速度。本章讨论了探针图像的预处理、灰度修正、直方图修正、二值化以及探针边缘检测处理等操作，接着在综述像素级边缘检测的基础上，重点讨论了亚像素边缘检测的几种算法，采取试验对比的方法比较各算法的效果，可以看出空间矩亚像素细分算法的效果要好一些，由图像处理的结果可以看出，二值化亚像素边缘检测图像明显优于原始图像处理后的亚像素边缘检测图像，这是下一步探针定位工作的基础，探针定位将在下一章研究。

参 考 文 献

1 孙以材，张林在. 用改进的 Van der-Pauw 法测定方形微区的方块电阻. 物理学报，1994，43（4）：530~539

2 王庆有. CCD 应用技术. 天津：天津大学出版社，1993

3 Intel（R）Image Processing Library Reference Manual. 2000. 8

4 Open Source Computer Vision Library Reference Manual. 2001. 12

5 章毓晋. 图像处理与分析. 北京：清华大学出版社，1999，72

6 Kenneth R. Castleman（著），朱志刚等（译）. 数字图像处理（Digital Image Processing）. 北京：电子工业出版社，2002

7 王耀南，李树涛，毛建旭. 计算机图像处理与识别技术. 北京：高等教育出版

社，2001，55~105

8　朱秀昌等．数字图像处理与图像通信．北京：北京邮电大学出版社，2002.2

9　L G Roberts. Machine Perception of Three-Dimensional Solids. Optical and Electro-Optical Information Processing, MIT Press, Cambridge, MA, 1965

10　王宇生，卜佳俊，陈纯．一种基于积分变换的边缘检测算法．中国图像图形学报，2002.2

11　刘翠响．面向微区电特性及其均匀性分析的图像测量系统，[硕士学位论文]．河北工业大学，2003.3

12　吴晓波．提高面阵 CCD 尺寸测量分辨率的新途径．精密仪器．1995

13　章毓晋．图像理解与计算机视觉．北京：清华大学出版社，2000，34~39

14　章毓晋．图像分割．北京：科学出版社，2001，9~30

15　傅倬，章毓晋．一种新的亚像素边缘检测方法及其性能研究．电脑应用技术，1995，35：1~5

16　贾云得．机器视觉．北京：科学出版社，2000，69~80

17　王建民，浦昭邦，尹继学．空间矩亚像素细分算法的研究．光学技术，1999，7（4）

18　王建民，浦昭邦，刘国栋．提高图像测量系统精度的细分算法的研究．光学精密工程，1998，6（4）

7 探针的图像分割、定位控制与检测精度分析

7.1 探针图像的分割

在对图像的研究和应用中，往往仅对各幅图像中的某些部分感兴趣。这些部分常称为目标或前景（其他部分称为背景），它们一般对应图像中特定的、具有独特性质的区域。为了辨识和分析目标，需要将这些有关区域提取出来，在此基础上才有可能对目标进一步利用，如进行特征提取和测量。图像分割就是把图像分成各具特性的区域并提取出感兴趣目标的技术和过程[1]。这里特性可以是灰度、颜色、纹理等，目标可以对应单个区域，也可以对应多个区域。图像分割是由图像处理进行到图像分析的关键步骤，这是因为图像的分割、目标的分离、特性的提取和参数的测量将原始图像转化为更抽象更紧凑的形式，使得更高层的分析和理解成为可能。图像分割多年来一直得到人们的高度重视，至今已提出了上千种类型的分割算法，而且近年来每年都有上百篇有关研究报道发表[2]。

对灰度图像的分割常基于像素灰度的两个性质：不连续性和相似性。区域内部的像素一般具有灰度相似性，而在区域之间的边界上一般具有灰度不连续性。所以分割算法可据此分为利用区域间灰度不连续性的基于边界的算法和利用区域内灰度相似性的基于区域的算法。另外根据分割过程中处理策略的不同，分割算法又可分为并行算法和串行算法。在并行算法中，所有判断和决定都可独立地和同时地做出，而在串行算法中，早期处理的结果可被其后的处理过程所利用。一般串行算法所

需计算时间常比并行算法长，但抗噪声能力也较强[3]。分割算法可根据上述两个准则分成四类：并行边界类、串行边界类、并行区域类、串行区域类。阈值分割法和像素分割法都属于并行区域类，而区域生长和区域分裂合并法属于串行区域类。如果将上述四类算法用不同的形式组合起来，还可构成混合算法[4,5]。由于目前没有通用的分割理论[6]，现在提出的分割算法大多是针对具体问题的，另一方面，给定一个实际图像分析问题要选择合用的分割算法也还没有标准的方法。因此对算法的性能评价[7]近年来得到广泛的重视[8]，而分割评价是改进和提高现有算法性能，改善分割质量和指导新算法研究的重要手段[9]。基于评价知识，还可以从许多图像分割算法中根据应用要求选择最优的方法[10,11]。下面着重讨论区域分割技术。

取阈值是最常见的并行的直接检测区域的分割方法，其他同类方法如像素特征空间分类可看作是取阈值技术的推广。对灰度取阈值后得到的图像中各个区域已能区分开，但要把目标从中提取出来，还需要把各区域识别标记出来。

利用取阈值方法分割灰度图像时，假设图像由具有单峰灰度分布的目标和背景组成，在目标和背景的内部的相邻像素间的灰度值是高度相关的，但在目标和背景交界处两边的像素在灰度值上有很大的差别。如果一幅图像满足这些条件，它的灰度直方图基本上可看作是由分别对应目标和背景的两个单峰直方图混合而成。此时如果这两个分布大小接近且均值相距足够远，而且均方差也足够小，则直方图应是双峰的。对这类图像可用取阈值方法来较好的分割。利用取阈值方法分割灰度图像的步骤：

（1）对一幅灰度取值在 g_{min} 和 g_{max} 之间的图像确定一个灰度阈值 T（$g_{min} < T < g_{max}$）；

（2）将图像中每个像素的灰度值与阈值 T 相比较，并将对应的像素根据比较结果（分割）划为二类：像素的灰度值大于阈值的为一类，像素的灰度值小于阈值的为另一类，这两类像素一般对应图像中的两类区域。其中，确定阈值是关键，如果能确定一个合适的阈值就可方便地将图像分割开来。如果图像中有多个灰度值不同的区域，则可以选择一系列的阈值将每个像素分到合适的类别中去。用一个阈值分割称为单阈值方法，用多个阈值分割则为多阈值方法。取单阈值分割后的图像可定义为：

$$g(x,y) = \begin{cases} 1 & f(x,y) > T \\ 0 & f(x,y) \leqslant T \end{cases} \qquad (7-1)$$

在多阈值情况下，取阈值分割可表示为：

$$g(x,y) = k$$
$$T_{k-1} < f(x,y) \leqslant T_k \quad (k = 0,1,2,\cdots,n) \qquad (7-2)$$

式中　　T_0、T_1、$\cdots$、T_k——一系列分割阈值；

　　　　　k——赋予分割后图像各区域的不同称号。

取阈值分割方法的关键是选取合适的阈值，阈值一般可写成如下形式：

$$T = T[x,y,f(x,y),p(x,y)] \qquad (7-3)$$

式中，$f(x,y)$ 是在像素点 (x,y) 处的灰度值；$p(x,y)$ 是该点邻域的某种局部性质。也就是说，T 在一般情况下可以是 (x,y)，$f(x,y)$ 和 $g(x,y)$ 的函数。一般将取阈值分割方法分成如下三类：

（1）如果仅根据 $f(x,y)$ 来选取阈值，所得的阈值仅与各个图像像素的本身性质相关（全部阈值）；

（2）如果阈值是根据 $f(x,y)$ 和 $p(x,y)$ 来选取的，所得的阈值就是与（局部）区域性质相关的（局部阈值）；

（3）如果阈值除根据 $f(x,y)$ 和 $p(x,y)$ 来选取外，还与 x，y 有关，则所得的阈值是与坐标相关的（动态阈值）。

近年来，许多取阈值分割的方法借用了神经网络、模糊数学、遗传算法、信息论等工具[12]，但这些方法仍可归纳到以上三种方法类型中[13]。

7.1.1　依赖像素的阈值选取

图像的灰度直方图是图像各像素灰度值的一种统计量。最简单的阈值选取方法就是根据直方图来进行的。如果对双峰直方图选取两峰之间的谷所对应的灰度值作为阈值就可将目标和背景分开。谷的两种选取方法如下所述。

7.1.1.1　极小点阈值

如果将直方图的包络看作一条曲线，则选取直方图的谷可借助求曲线极小值的方法。设用 $h(z)$ 代表直方图，那么极小点应该满足：

$$\frac{\partial h(z)}{\partial z} = 0 \text{ 和 } \frac{\partial^2 h(z)}{\partial z^2} > 0 \tag{7-4}$$

式中，Z 为图像灰度值。

这些极小点对应的灰度值就可用作分割阈值。

7.1.1.2　最优阈值

有时目标和背景的灰度值有部分交错，用一个全局阈值并不能将它们决然分开。这时常希望能减小误分割的概率，而选取最优阈值是一种常用的方法。设一幅图像仅包含两类主要的灰度值区域，它的直方图可看成灰度值概率密度函数 $p(z)$ 的一个近似。这个密度函数实际上是目标和背景的两个单峰密度函数之和。如果已知密度函数的形式，那么就有可能选取一个最优阈值把图像分成两类区域使误差最小。

7.1.2　依赖区域的阈值选取

在实际应用中，图像常受到噪声等的影响而使此时原本分离的峰之间的谷被填充。如果直方图上对应目标和背景的峰相距很近或者大小差很多，要检测它们之间的谷就困难了。因为此时直方图基本是单峰的，虽然峰的一侧会有缓坡，或峰的一侧没有另一侧陡峭。解决这类问题除利用像素自身性质外，还可以利用一些像素邻域的局部性质。常用的几种方法如下所述。

7.1.2.1 直方图变换法

直方图变换的基本思想是利用一些像素邻域的局部性质变换原来的直方图以得到一个新的直方图。这个新的直方图与原直方图相比，或者峰之间的谷更深了，或者谷转变成峰从而更易检测了。这里常用的像素邻域局部性质是像素的梯度值，它可借助前面的梯度算子作用于像素邻域得到。

7.1.2.2 灰度值和梯度值散射图

直方图变换法也可以靠建立一个 2-D 的灰度值对梯度值的散射图并计算对灰度值轴的不同权重的投影而得到[14]。这个散射图也有称 2-D 直方图的，其中一个轴是灰度值轴，一个轴是梯度值轴，而其统计值是同时具有某一个灰度值和梯度值的像素个数。当做出仅具有低梯度值像素的直方图时，实际上对散射图用了一个阶梯状的函数进行投影，其中给低梯度值像素的权为 1，而给高梯度值像素的权为 0。

7.1.2.3 基于过渡区的方法[15]

借助于图像中过渡区的阈值选取方法[12]，它同时利用了不同灰度值像素的梯度信息所以比较抗噪声和干扰。过渡区是介于图像中目标和背景间的一类区域。第一，尽管连续图中包括理想的阶梯边缘，如果根据香农定理对它采样，得到的离散图仍存在至少有一个像素宽的过渡区[3]，对物理上可实现的图像采集系统，所采集的图像必有过渡区存在。第二，过渡区在实际图像中可观察到，图像中各区域边缘的模糊处就属于过渡区。如果作出其剖线可明显看到想像中的阶梯边缘在实际中是坡状的。第三，过渡区在合成图像时也可利用平滑滤波模拟产生。对于实际图像采集系统来说，平滑是其固有特性，所以它们总会使图像产生过渡区。无论是从灰度值还是从区域着手，由于过渡区的确定保证了真实边界的范围，所以分割偏差太大的可能性很小。这种方法的稳定性较好，直方图变换法对真实图像进行分割的比较表明，它较少受噪声或图中目标区域的干扰影响[15]。

7.1.3　依赖坐标的阈值选取

当图像由于受照度影响有不同的阴影，或各处的对比度不同时，如果只用一个固定的全局阈值对整幅图进行分割，则由于不能兼顾图像各处的情况而使分割效果受到影响。有一种解决办法是用与坐标相关的一系列阈值来对图像进行分割。这种与坐标相关的阈值也叫动态阈值，这种取阈分割方法也叫变化阈值法[16]。它的基本思想是首先将图像分解成一系列子图像，这些子图像可以互相重叠也可以只相邻。如果子图像比较小，则由阴影或对比度的空间变化带来的问题就会比较小。然后可对每个子图像计算一个阈值。此时阈值可用任一种固定阈值法（依赖像素的阈值和依赖区域的阈值）选取。通过对这些子图像所得阈值的插值就可得到对图像中每个像素进行分割所需的阈值。分割就是将每个像素都和与之对应的阈值相比较而实现的。这里对应每个像素的阈值组成图像上的一个曲面，也称为阈值曲面。很早就有人提出和采用这样的方法[17]，其基本步骤如下：

（1）将整幅图像分成一系列互相之间有50%重叠的子图像；

（2）做出每个子图像的直方图；

（3）检测各个子图像的直方图是否为双峰的，如是则采用前面介绍的最优阈值法确定一个阈值，否则就不进行处理；

（4）根据对直方图为双峰的子图像得到的阈值通过插值得到所有子图像的阈值；

（5）根据各子图像的阈值再通过插值得到所有像素的阈值，然后对图像进行分割。

通过细分阈值比全局取阈值进行的图像分割，能够达到更好的分割效果，对于光照不均更敏感。

7.2 测试结构对测试结果的影响

基于探针尖构成的方形对角线，很容易由探针图像计算得到，如果能够找出两个对角线之间的关系与测试结果有关，则可以通过控制对角线的方式来控制整体测试结果的准确性，并因此在图像监控中就可以应用该方法。因此对探针构成的方形做了如下分析，Rymaszewski[18]曾用直线四探针法测量无穷大样品提出下列公式：

$$\exp(-2\pi V_1/IR_s) + \exp(-2\pi V_2/IR_s) = 1 \qquad (7\text{-}5)$$

由式（7-5）得：

$$R_s = \frac{\pi}{\ln 2}\left(\frac{V_1 + V_2}{I}\right) f\left(\frac{V_1}{V_2}\right) \qquad (7\text{-}6)$$

对于方形四探针，当其呈严格正方形时，如图 7-1 所示。在 5.3.2 已经推导出公式（5-23），式中，当各游移值为 0 时，有下式：

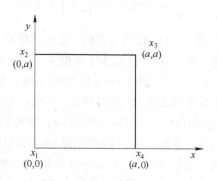

图 7-1 方形探针测试结构

$$\exp\left(\frac{-2\pi V_{34}}{IR_s}\right) + \exp\left(\frac{-2\pi V_{41}}{IR_s}\right) = 1 \qquad (7\text{-}7)$$

所以当探针呈严格正方形结构时，可应用公式（7-6）来计算被测样品的方块电阻。

　　但是当正方形测试结构发生形变，不能构成严格正方形时，如图 7-2 所示。

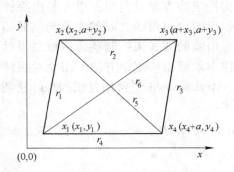

图 7-2　游移后的探针测试图

　　此时，得（与式（5-23）含义相同，只是代表的符号稍有差异）：

$$\exp\left(-\frac{2\pi V_{34}}{IR_s}\right) + \exp\left(-\frac{2\pi V_{41}}{IR_s}\right) = \frac{r_1 r_3 + r_2 r_4}{r_5 r_6} \tag{7-8}$$

　　也就是说，式（7-5）和式（7-6）在非方形探针情况下不再成立。计算表明，设正方形边长为 1（即 $a=1$），则 x_1、x_2、x_3、x_4 以及 y_1、y_2、y_3、y_4 分别等于 ±0.1 和 0 时，最大误差超过 10%（与第 5 章 5.3 节图 5-20 所得结论一致），同时经过计算只要将 $|r_5 - r_6|$ 控制在小于 $0.35a$ 的范围内，就可以保证测试结果的误差在 5% 以内。因此，为了达到测试精确的目标，可以利用图像识别技术通过控制 $|r_5 - r_6|$ 来保证探针定位准确性实现，这样就找到了图像识别技术与探针位置尺寸控制的结合点。

7.3　图像识别在探针自动定位与监控中的应用

　　为了让测试结果的误差可以控制，需要实时采集测试过程中的探针位置图像，通过对探针图像的识别、计算，并在必要的情况下通过控制步进电机带动探针的移动，来保证四探针的方形测试结构的精确性。

7.3.1 通过直方图选择边界阈值[19~21]

灰度直方图是数字图像处理中最简单、最有用的工具之一，是灰度级的函数，描述的是图像中具有该灰度级的像素的个数：其横坐标是灰度级，纵坐标是该灰度出现的频率（像素的个数）。如果一图像由两个不链接的区域组成，并且每个区域的直方图已知，则整幅图像的直方图是这两个区域直方图的和，也就是说直方图具有叠加性。由此出发，分别采得的纯基片图像，以及加载探针（斜置探针的针尖）以后的图像的直方图，如图7-3 和图7-4 所示。

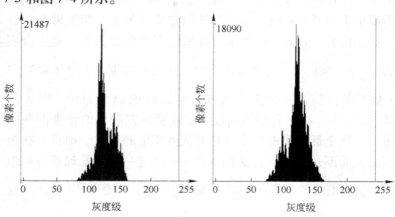

图 7-3　基片图像直方图　　图 7-4　加载探针后的基片直方图

分析上述直方图，发现加载探针后的直方图在低灰度级上新增加了一个波峰。因为采用的反射成像系统，探针对光的反射效果比基片差，所成的图像灰度级也就比基片的低，所以基片的图像产生了直方图上的右峰（见图7-3），而探针的图像就产生了直方图上的左峰（见图7-4）。两个峰值之间灰度级的像素数目相对较少，从而产生了两峰之间的谷，选择谷做阈值，可以合理的将探针图像从基片图像中识别出来。如图 7-4 所示可以将像素阈值取为 117，判断图像中点的灰度值，大于它的就是基片，小于它的就是探针，这样就可以识别出图像中的探针区域。

7.3.2　中心探测确定探针位置

首先要对探针进行粗调，使其轴线沿整个图形的中心线分布，如图 7-5 所示。由于探针的针尖成椭圆形，且处于斜置状态，所以定位探针针尖时，既不能认定其是探针沿轴线的第一个边界点，也不能依照各种质心算法，按质心的定位来确定针尖的位置。经多次实验验证，从整幅图像的中心位置出发，以一定的像素宽度（每个像素对应实物距离为 $0.955\mu m$）分别沿上下、左右四个方向进行扫描，如果某扫描范围内的像素灰度值都小于选定的阈值，则认为该扫描范围的中心位置即为探针的针尖位置。如图 7-6 所示，设探针定位图像的长、宽度分别为 m、n，从 $\left(\dfrac{m}{2},\dfrac{n}{2}\right)$ 点出发，以粗实线的宽度（7 个像素）向 4 个方向扫描，以图像中上方 1 号探针的识别为例，向上扫描，当 $y>y_1$ 时，如果该高度上虚线所示范围内的像素的灰度值，不能全部满足即小于设定的灰度阈值的要求，则将它视为基片，而不是探针，直到扫描到 $y=y_1$ 这一行，发现该行对应的扫描宽度内的点都在设定的阈值范围内，于是就将 $\left(\dfrac{m}{2},y_1\right)$ 这

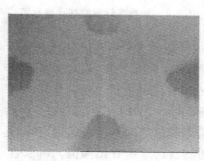

图 7-5　粗调后的探针图像

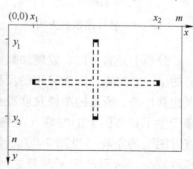

图 7-6　探针定位图

一点定位为 1 号探针现在的位置。同理，其他探针的定位与此相似。

识别的结果如图 7-6 中的短粗线所示，探针的位置就定位为 $\left(\dfrac{m}{2},y_1\right)$、$\left(\dfrac{m}{2},y_2\right)$、$\left(x_1,\dfrac{n}{2}\right)$、$\left(x_2,\dfrac{n}{2}\right)$。实验证明这种识别方式对探针针尖的定位是比较合理和精确的。

7.3.3　驱动步进电机调整探针的测试结构

完成上面所说的图像识别定位之后，驱动步进电机使探针移动并让探针按图像中心对称分布，并保证对角线相等，即可保证正方形的测试结构。

图像的可视宽度为 $800\mu m$，对应图像的宽度为 764 个像素，假设测试距离要求为 m，则测试结构要求探针距图像中心点的距离为 $m/2$，它对应的图像上的宽度 $k=\dfrac{m}{2}\times\dfrac{764}{800}$，将这个值与探针现在的定位位置距图像中心的距离 j（$j=n/2-y_1$）相比较即可确定探针的移动方向是前进还是后退，从而确定相应步进电机是正转还是反转，$|k-j|$ 值的大小可用来确定电机转动的步数。本系统选用的步进电机，每步的最小移动量为 $2.5\mu m$，对应的图像距离约为 2.4 个像素，将 $|k-j|$ 的值除以 2.4 即可得出探针的移动步数，虽然因为不能整除，可能要产生一些误差，但误差不会超过 $2\mu m$，这对于几百微米的测试宽度来说，是可以忽略不计的。图 7-7 是对图 7-5 所对应的测试图形进行调整后所得的结果。

7.3.4　试验结论

采用该方法进行的图像监控方案已经成功地应用于探针定位与监控之中。图像识别技术的应用使得测量结构的精确程度得到了可靠的保证，使得不需要人工干预的大型硅芯片微区薄层电阻的大数据测量成为可能。随着图像识别技术更加深入的

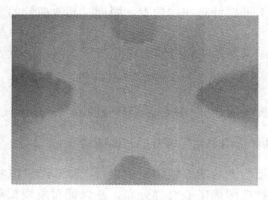

图 7-7 调整后的探针图像

应用，微区测试技术必将有更大的发展。

7.4 探针识别系统产生误差的因素

任何对图像特征的识别与描述都是带有误差的，因此还要进行特征识别误差分析。

图像是客观世界的映射，但是在数字图像测量分析中，由于各种因素的作用和影响，原始的和连续的信息有所丢失，只剩下它们的一个离散近似。从根本上来说，对特征的识别要从数字化的数据出发，精确的估计产生这些数据的原始模拟量的性质。在从场景到数据的整个图像处理和分析的过程中，有许多因素会对识别的精确度产生影响。因为这是一个估计过程，所以误差是不可避免的。实际和测量数据产生差异的常见原因有以下几点[22~23]：

（1）客观物体本身参数或特征的自然变化。

（2）图像量化过程（从连续到离散）的影响，又可分为空间采样和灰度量化的影响。

（3）不同的图像处理和分析手段。

（4）不同的测量方法和计算公式。

（5）图像处理和分析过程中噪声等干扰的影响。

图像分析中的几个关键步骤为：图像采集、目标分割和特征测量。在每个步骤中都有一些可能影响测量精确度的因素，其中主要影响因素有两个：一是图像采集的采样密度；二是目标分割的算法及特征量的计算公式。

（1）采样密度的影响：

采样定理指出：对一个有限带宽的信号，如利用两倍于其最高频率的频率间隔对其采样，就有可能从采样中完全恢复出原信号。然而这只适用于诸如滤波和重建等图像处理过程。如果要通过图像分析从图像中获取客观的数据信息，仅仅采用满足采样定理的图像采样率是不够的。从根本上说，这时并不能只从采样定理出发来选取采样率。

①采样定理的适用性：

通过证明，对任何一个信号 $f(x)$ 和其对应的傅里叶频谱 $F(\omega)$，或者是信号在空域有限，或者是频谱在频域有限，但不能同时有限。在实际中，由于摄像机的孔径是有限的，且计算机只采用有限的数据量，并不能像在理想情况下那样正常地应用采样定理。

②采样对目标特征测量的影响：

在实际中，当对图像中目标的某个性质进行测量时，是利用计算机内存储的数据——即数字图像，作为实际模拟图像的近似来进行的。因此，在实际中利用采样定理来指导采样率的选择并不可靠。原因如下：由于有限采样而使信息并没有全部利用；实际中不可能写出一个在有限步骤内能从采样数据中获得精确测量值的算法。

③采样密度的选择：

在实际应用中，空间分辨率和采样密度的选择非常重要。参阅有关文献、图像分辨率与采样密度有如下关系：传统的小于 $4\sim6\text{pixel}/\mu m$ 的采样密度在仅仅需要确定目标位置、计算它们的尺寸时是够用的；一般扫描系统的理论带宽是 $4\sim5\text{cycle}/\mu m$，这对应于 $10\sim15\text{pixel}/\mu m$ 的采样密度，但此时人眼看到的数字图像中的信息比显微镜图像中的信息要少；要想从数字图像中检测出被观察结构的细节，常需要用到 15 ~ 30pixel/μm 的采样密度；如果采样密度在 20 ~ 30pixel/μm 以上，调制转移函数的截断频率并不增加，图像内容信息基本不变，但计算费用会增加较快。

因此，利用数字图像分析系统检测细微结构所需的采样密度应在 15 ~ 30pixel/μm 之间。

（2）分割算法的影响：

采用不同的分割算法或同一算法中的参数选取不同都会导致分割结果的变化。分割结果的变化直接影响各种特征量的测量结果。分割质量越高，测量误差越小，因此，提高分割质量是获得精确测量的关键。此外分割质量也受各种因素的不同影响，如信噪比、目标尺寸等，因此又导致图像分析识别的误差。

7.5 探针图像检测误差分析

7.5.1 微区图像识别系统存在的误差

数字图像处理过程中，各个环节都存在误差影响。这些误差源主要有：照明视场噪声、热电子噪声、CCD 性能、镜头畸变、量化误差、温度、振动、视频馈线等[24]。

（1）照明视场噪声：

照明视场噪声有两类：一类是随时间变化的随机起伏噪声，由供电电源波动以及光源本身发光的不稳定而产生；另一类是随空间的起伏而变化，此种变化主要是由于照明系统光源本身不是点光源，而是一个具有不同发光强度的线光源或面光源，以及照明光学系统的不完善而引起。即使采用柯拉照明方式[22]，也不可能使整个视场达到严格的均匀照明，特别是在测量大工件时尤其明显。

解决办法：采用软件消除照明视场不均匀性的影响，这样可极大地降低对照明系统的要求，同时不降低系统的测量精度。

边缘检测十字窗口算法便可消除照明视场噪声[25]。

（2）热电子噪声：

已在 6.2.2 节进行了探讨。

（3）CCD 摄像机导入的噪声：

CCD 摄像机固定图像噪声：是由于暗电流分布不均，各光敏元大小、间隔不等所引起的空间分布噪声。由于固定噪声不随时间、空间变化，只要检测时分离出噪声便可清除。

CCD 像元响应非均匀性：实际的摄像机，对光的响应各像元互不相同，且一个像元的输出不仅依赖于其本身入射照度，而且依赖于相邻像元的入射照度。一像元的输出可能被在其区域光的特殊分布及落在相邻像元光亮所影响。响应的不均匀性一般为 1%。为了实现高精度，需要校正。

校正方法：采用测量和校正像素值之间的依赖于位置的线性关系：$V_{corrected} = \alpha V_{measured} + \beta$。

（4）镜头几何畸变：

几何畸变讨论图像点在图像平面的位置问题。通常考虑三种畸变，第一种畸变由缺陷镜头形状引起，并且只表现为径向位置误差；第二种和第三种，通常由不合适镜头以及摄像机的安装所产生点位置的径向和切向误差。

径向畸变：引起给定图像点从其理想位置向内或向外偏移，主要由镜头的径向弯曲曲线特性缺陷引起。

偏心畸变：实际光学系统镜头组的各光学中心不严格同心，这种畸变具有径向和切向畸变。

薄棱镜畸变：由镜头设计、制造的缺陷以及摄像机的装配引起。

（5）行抖动：

要消除抖动，需要将 CCD 摄像机的发送时钟频率作为图像采集卡中 A/D 的采集时钟频率。

（6）其他因素：

除以上因素外，还存在其他造成误差的原因，如量化误差、温度的影响、振动和电缆的影响。

7.5.2　亚像素细分算法的误差分析

对微区图像的检测，采用的空间矩亚像素细分算法，此算法存在以下原理误差。

公式（6-49）的推导，是基于图 6-13 的理想阶跃边缘模型的，但在实际中，由于 CCD 摄像机的感光元的大小是有限的，且是对连续边缘进行离散采样，又由于离散采样是非理想采样，存在有限口径的平均灰度效应，而且一般图像测量的光学系统是衍射受限系统。因此，在边缘附近，从背景到边缘或从边缘到背景必然存在一个过渡阶段，这就使得边缘模型应使用三个灰度来描述，即一个灰度代表背景，一个灰度代表目标，另一个灰度代表过渡阶段的灰度，由此导致了由公式（6-49）所计算出的亚像素位置存在原理误差。

在离散状态，由于非理想采样的影响，像素平均灰度可表示为：

$$g(n,m) = \frac{1}{(l_2 - l_1)^2} \int_{l_1}^{l_2} \int_{l_1}^{l_2} f(x,y)\,\mathrm{d}x\mathrm{d}y \qquad (7\text{-}9)$$

式中　$f(x,y)$——理想采样图像；

　　$g(n,m)$——经离散采样后的图像。

若按一维的方法推导误差的解析关系，在任意角度时是非常困难的。为了得到由像素平均灰度产生的计算误差，可采用另一个途径，即用一算法根据不同的 ϕ 和 l 值，模拟非理想采样过程，产生 5×5 的数字图像，再按表 6-1 的模板计算各阶矩，用公式（7-10）～公式（7-13）计算旋转后的矩：

$$M_{00}' = M_{00} \qquad (7\text{-}10)$$

$$M_{10}' = \sqrt{M_{10}^2 + M_{01}^2} \qquad (7\text{-}11)$$

$$M_{20}' = \frac{M_{10}^2 M_{20} + 2M_{01}M_{10}M_{11} + M_{01}^2 M_{02}}{M_{01}^2 M_{02}^2} \qquad (7\text{-}12)$$

$$M'_{02} = \frac{M_{10}^2 M_{02} - 2M_{01} M_{10} M_{11} + M_{01}^2 M_{20}}{M_{01}^2 + M_{10}^2} \tag{7-13}$$

然后用公式（6-48）、公式（6-49）分别算出 ϕ_M、l_M，则误差定义为：

$$B_1(l_M, \phi_M) = l - l_M \tag{7-14}$$

$$B_\phi(l_M, \phi_M) = \phi - \phi_M \tag{7-15}$$

用两个二维数组，分别存放边缘位置与边缘方向的校正表。表中的两个索引分别计算得到 l_M 和 ϕ_M。按不同的精度要求，l 与 ϕ 的间隔可以调整，当 l_M 或 ϕ_M 位于间隔之间时，用双线性内插计算校正值。

7.6　小结

本章在分析了取阈值分割技术的基础上，研究了在斜置式方形四探针测试系统中，如何应用图像识别技术判定探针在微区的位置，进而控制步进电机驱动探针移动，使探针自动定位成方形结构，从而保证测试位置的准确性，并对测试结构对测试结果造成的影响进行了探讨，综述了图像测量识别系统产生误差的因素，主要由采用密度及所采用的算法决定。然后针对微区图像识别系统，分析了产生误差的原因，并对所采用的空间矩亚像素细分算法进行了原理误差分析。

参 考 文 献

1　章毓晋．图像处理和分析．北京：清华大学出版社，1999，179

2　章毓晋．一种评价图像分割技术的新方法．模式识别与人工智能，1994，7（4）：299～304

3　Gerbrands J. J. Segmentation of Noisy Images. Delft University of Technology, The Netherlands. 1988

4　Haddon J F, Boyce J F. Image segmentation by unifying region and boundary information. IEEE PAMI-12, 1990, 929～948

5　Pavlidis T., Liow Y. T. Integrating region growing and edge detection. IEEE PAMI-12, 1990, 225～233

6　Haralick R. M. , Shapiro L. G. Computer and Robot Vision, Vol. 1. Addison-Wesley, 1992

7　Zhang Y. J. A survey on evaluation methods for image segmentation . PR, 1996, 29: 1335 ~ 1346

8　Haralick R. M. Performance characterization in computer vision. CVGIP-IU, 1994, 60: 245 ~ 249

9　Zhang Y. J. , Gerbrands J. J. Segmentation evaluation using ultimate measurement accuracy. SPIE, 1992, 1657: 449 ~ 460

10　章毓晋, 罗惠韬. 基于评价知识的图像分割算法优选系统. 高技术通讯, 1998, 8 (4): 21 ~ 24

11　罗惠韬, 章毓晋. 基于算法评价的分割算法优化思想及其系统实现. 电子科学学刊, 1998, 20 (5): 577 ~ 583

12　Xue J. H. , Zhang Y. J. , Lin X. G. Threshold selection using cross-entropy and fuzzy divergence. SPIE 3561, 1998, 152 ~ 162

13　章毓晋. 图像处理和分析. 北京: 清华大学出版社, 1999, 197

14　Weszka J. S. , Ronsenfeld A. Histogram modification for threshold selection. IEEE SMC − 9,1979, 38 ~ 72

15　Zhang Y. J. , Gerbrands J. J. Transition region determination based thresholding. PRL, 1991, 12: 13 ~ 23

16　Nakagawa Y. , Rosenfeld A. Some experiments on variable thresholding. PR, 1979, 11: 191 ~ 204

17　Chow C. K. , Kaneko T. Automatic boundary detection of the left ventricle from cineangiograms. Comp. And Biomed. Res. , 1972, 5: 388 ~ 410

18　Rymaszewski R. Empirical Method of Calibrating A 4-point Microarry for Measuring Thin-film-sheet Resistance. Electronics Letters. 1967, 3 (2): 57 ~ 58

19　Kenneth R. Castleman. 数字图像处理. 北京: 电子工业出版社, 2002, 2: 58 ~ 62

20　何斌, 马天予等. Visual C ++数字图像处理. 北京: 人民邮电出版社, 2001, 4: 394 ~ 400

21　傅德胜, 寿益禾. 图形图像处理学. 南京: 东南大学出版社, 2002, 252 ~ 255

22　章毓晋. 图像分割. 北京: 科学出版社, 2001, 9 ~ 30

23　王冬梅. 数字图像相关测量的误差分析及其改进措施. 实验力学, 1998, 9: 416 ~ 423

24　吴晓波. 图像测量系统中的误差分析及其提高测量精度的途径. 光学. 精密仪器, 1997, 2: 133 ~ 141

25　章毓晋. 图像理解与计算机视觉. 北京: 清华大学出版社, 2000, 34 ~ 39

8 电阻率的无接触测量及自动测试技术

8.1 利用等离子共振极小点测定半导体多数载流子浓度[1,2]

除了利用电学特性测量半导体中载流子浓度外，还可以利用光学性质对半导体中载流子浓度进行测量。例如，半导体的光学吸收系数和折射率就与其中自由电子或空穴浓度有关。从原理上说，可以借助于测量吸收系数或反射率来确定半导体中载流子浓度。光学方法的优点在于它是非接触和非破坏性的，适用于薄层半导体材料的测量。

利用等离子共振极小点测定半导体中载流子浓度是光学测量方法之一。对杂质半导体来说，其反射率与光的波长有关。波长比较短时，其反射率几乎不变，与载流子浓度无关，接近本征半导体的反射率。随波长增加，反射率减小。在波长 λ_{PR} 处出现极小点，称这种现象为等离子共振。当波长超过 λ_{PR} 反射率又很快增加到 1，λ_{PR} 的位置与半导体中自由载流子浓度有关。

在发生真正等离子共振时的波长 λ_P 与固体中的自由载流子浓度存在一定的严格关系。但是一般利用与等离子共振有关的反射率极小点的波长 λ_{PR} 来测半导体中载流子浓度。而 λ_P 与 λ_{PR} 不同，λ_{PR} 是极小点的波长，它比真正发生等离子共振时的波长更短一些。因此等离子共振反射率极小点波长和半导体中多数载流子浓度之间的关系是一种经验关系。如果利用霍尔效应或电阻率测定出某些半导体中的多数载流子浓度，并测定等离子共振反射率极小值时的波长，便可建立这种经验关系。以后就可以利用这种经验关系，由测定的 λ_{PR} 算出半导体中的多数载流子浓度。美国材料测试协会已经建立了自由载流子浓度为 $1.5 \times 10^{18} \sim 1.5 \times 10^{21}/cm^3$ 的 n-Si、$3 \times 10^{18} \sim 5 \times 10^{20}/cm^3$ 的 p-Si、$3 \times 10^{18} \sim 7 \times 10^{19}/cm^3$ 的 n-Ge、$1.5 \times 10^{17} \sim 1 \times 10^{19}/cm^3$ 的 n-GaAs 和 $2.6 \times 10^{18} \sim 1.3 \times 10^{20}/cm^3$ 的 p-GaAs 的多数载流子浓度与等离子共振反射率极小点的波长之间的关系。对于其他材料，也可以参照美国材料测试协会标准建立这种关系。

利用等离子共振效应来测定载流子浓度的方法也适用于体材料和扩散层。但当应用于表面垂直方向上有大的浓度梯度的情况时，因为入射辐射穿透层的深度约为 $1/\alpha$（α 是样品对辐射的吸收系数），而扩散层在这样的穿透深度内，杂质浓度有时可变化几个数量级，因而难以判定样品中的载流子浓度。此外，当测量层很薄或样品中载流子浓度很低时，此时反射率极小点将变得很宽。如果没有附加仪器来处理信号，就会降低确定极小点位置的精确度，从而影响测准样品中多数载流子浓度。为此，要设法降低仪器迹线的噪声并借助于迹线的电子微分来更精确地确定极小点的位置。由此可见，一般只对重掺杂半导体材料才用等离子反射率极小点波长来测定其多数载流子浓度。

另外，还能利用等离子共振效应来测量外延片衬底的载流子浓度，因为测量外延层厚度的红外干涉振荡曲线的包络线由于衬底的等离子共振也会出现极小点。这样可以利用极小点波长来校准衬底的载流子浓度。

8.1.1 测试原理[3,4]

首先解释一下什么叫等离子体。在固体中，等离子是指导带中自由电子与点阵上等量的正离子体的集合。其中自由电子是可动电荷，而正离子是不可动电荷。两者的电荷量是相等的。自由电子在入射辐射的电磁场的影响下会引起响应，称为电子气的介电响应。可以写出自由电子在电场作用下的运动方程式。导带电子在晶格中运动，因此可用有效质量代替电子的静止质

量。还假设导带电子在晶格中运动所受到的阻尼力正比于它的运动速度。自由电子的运动方程为

$$m^* \frac{d^2 x}{dt^2} + m^* v \frac{dx}{dt} = qE e^{i\omega t}$$

式中，v 为电子散射频率，每次散射时电子将其动量 $m^* \dfrac{dx}{dt}$ 传递给晶格，因此 $m^* v \dfrac{dx}{dt}$ 是电子运动的阻尼力项。如果外加电磁场的角频率为 ω，那么自由电子以频率 ω 作振荡，坐标 x 作正弦变化，其振幅为

$$x = -\frac{qE}{m^*(\omega^2 - i\omega v)}$$

自由电子引起的电极化强度 $P_{自由}$ 应为

$$P_{自由} = Nqx = -\frac{Nq^2 E}{m^*(\omega^2 - i\omega v)} \tag{8-1}$$

在有自由电子的半导体电介质中，电位移矢量为

$$D = \varepsilon_0 E + P_{束缚} + P_{自由} = \tilde{\varepsilon}\, \varepsilon_0 E \tag{8-2}$$

式中　$P_{束缚}$——束缚电荷引起的极化强度；

　　　$P_{自由}$——自由电荷引起的极化强度；

　　　$\tilde{\varepsilon}$——复介电系数。

当固体中不存在自由电子时，固体就是一种纯粹的电介质，此时电位移矢量为

$$D = \varepsilon_0 E + P_{束缚} = \varepsilon_r \varepsilon_0 E \tag{8-3}$$

式中　ε_r——固体中不存在自由电子时的相对介电常数；

　　　ε_0——真空介电常数。

由式（8-2）和式（8-3）可以得到

$$\tilde{\varepsilon}\, \varepsilon_0 E = \varepsilon_r \varepsilon_0 E + P_{自由}$$

$$\tilde{\varepsilon} = \varepsilon_r + \frac{P_{自由}}{\varepsilon_0 E} \tag{8-4}$$

将式（8-1）代入式（8-4）可以得到

$$\tilde{\varepsilon} = \varepsilon_r - \frac{Nq^2}{m^*\varepsilon_0(\omega^2 - i\omega v)} = \varepsilon_r\left[1 - \frac{Nq^2}{m^*\varepsilon(\omega^2 - i\omega v)}\right]$$

$$(8-5)$$

式中，$\varepsilon = \varepsilon_r\varepsilon_0$。为半导体的介电常数。现在定义等离子频率 ω_p，并用下式表示

$$\omega_p^2 = \frac{Nq^2}{m^*\varepsilon}$$

$$(8-6)$$

式中 N——单位体积中自由电子数，$1/cm^3$；

$\quad\quad m$ ——电子的有效质量；

$\quad\quad \varepsilon$ ——半导体的介电常数。

将式（8-6）代入式（8-5）中，于是得到

$$\tilde{\varepsilon} = \varepsilon_r\left[1 - \frac{\omega_p^2}{\omega(\omega - iv)}\right]$$

$$(8-7)$$

由电磁场理论知道，复介电系数与半导体的折射率（$n - ik$）的平方相等，这样

$$(n - ik)^2 = \varepsilon_r\left[1 - \frac{\omega_p^2}{\omega(\omega - iv)}\right]$$

$$(8-8)$$

现在再来看入射电磁波的频率改变时，复介电系数或折射率会发生什么变化。把式（8-7）作成如图 8-1 所示曲线。由图 8-1 可知，当 $\omega \leq \omega_p$ 时，折射率的平方为负值。这说明电磁波在半导体内不能传播，而要发生全反射。只有当 $\omega > \omega_p$ 时，折射率的平方才为正值，即 $(n - ik)^2 > 0$，电磁波才能透过半导体，不发生全反射。反射率 R 与折射率（$n - ik$）有如下关系

$$R = \frac{(n - 1)^2 + k^2}{(n + 1)^2 + k^2}$$

$$(8-9)$$

吸收性弱的材料，其吸收指数 k 比较小。因此在理想半导体中假设载流子的散射频率 v 和吸收指数 k 为零。这样反射率变为

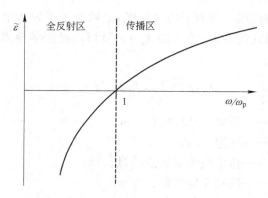

图 8-1 $\tilde{\varepsilon}$ 与 ω/ω_p 关系曲线

（ $\omega/\omega_p > 1$ 为传播区，$\omega/\omega_p < 1$ 为全反射区）

$$R = \frac{(n-1)^2}{(n+1)^2} \tag{8-10}$$

将式（8-8）代入式（8-10），得到 R 与 ω 的关系：

$$R = \left[\frac{\varepsilon_r^{1/2}\left(1 - \frac{\omega_p}{\omega}\right)^{1/2} - 1}{\varepsilon_r^{1/2}\left(1 - \frac{\omega_p}{\omega}\right)^{1/2} + 1}\right]^2 \tag{8-11}$$

如图 8-2 所示，实线表示 $\varepsilon_r = 16$ 在理想半导体情况下，R 与 ω/ω_p 的关系。由图可以看出，当 ω/ω_p 很大时，反射率接近 40%。当 ω/ω_p 降低时，反射率也随之降低。当 ω/ω_p 略比 1 大时，反射率降低到零，出现极小点。当 ω/ω_p 进一步降低，而在 $\omega/\omega_p = 1$ 时，反射率快速增加到100%。称反射率陡然升高为等离子边。称这种低频和高频反射率情况的跃变为等离子共振。在高频或短波长辐射情况下，由于电场变化太快，等离子跟不上响应，因此反射率接近于本征半导体的反射率值。而在低频或长波长辐射情况下，电场变化比较慢，等离子对电场有影响，因此反射率就很高。

实际半导体情况下，因为在式（8-10）中有损耗项，反射率与 ω/ω_p 的关系如图 8-2 中虚线所示。它代表大多数半导体的等离子共振曲线。等离子边的位置 ω_p 取决于半导体中自由载流子浓度。因此测量 ω_p 值（即 λ_p），就可以确定半导体中自由载流子浓度。

$$N = \frac{(2\pi c)^2 m^* \varepsilon}{q^2 \lambda_p^2} \quad (\text{m}^{-3}) \qquad (8\text{-}12)$$

式中　　λ_p——等离子共振波长，m；

　　　　c——光速，m/s；

　　　　m^*——自由载流子有效质量，kg；

　　　　ε——低频介电常数，F/m；

　　　　q——电子电荷，C。

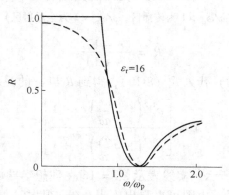

图 8-2　反射率 R 与 ω/ω_p 的关系曲线

实际应用中，利用反射率光谱曲线（图 8-2）上的极小点来测量半导体中的多数载流子浓度更方便些。因为确定等离子边 ω_p（或 λ_p）的位置比较困难，而极小点 ω_{PR}（或 λ_{PR}）的位置比较容易测准。由图 8-2 可以看出，$\omega_{PR} > \omega_p$（即 $\lambda_{PR} < \lambda_p$）。λ_{PR} 与 N（cm^{-3}）的关系可以表示为

$$N = (A\lambda_{PR} + C)^B \qquad (8\text{-}13)$$

这是一个经验公式，其中常数 A、B、C 列于表 8-1 中。这些经验常数是通过实验测定的，对于不同半导体材料，不同型

号，不同波长适用范围应选取不同的值。在图 8-4 至图 8-9 中直接给出了 λ_{PR} 和 N 的校准曲线，使用时可以直接查找，比较方便。

表 8-1 由 λ_{PR} 计算载流子浓度的公式中诸常量值

材 料	型 号	应用波长范围/μm	A	B	C
Si	n	2.8 ~ 42.5	3.039×10^{-12}	-1.835	-5.516×10^{-12}
Si	p	2.5 ~ 5.4	4.097×10^{-11}	-2.071	0
		5.4 ~ 32.4	8.247×10^{-16}	-1.357	-2.626×10^{-15}
GaAs	n	9.4 ~ 18.5	5.803×10^{-11}	-2.051	0
		18.5 ~ 30.4	2.405×10^{-8}	-2.898	0
		30.4 ~ 33.9	1.188×10^{-3}	-12.308	0
GaAs	p	30.0 ~ 3.7	5.566×10^{-12}	-1.884	0

8.1.2 仪器设备

测试需要的仪器设备有双光束红外光谱仪、反射率附件和铝镜等。

（1）双光束红外光谱仪：

这种光谱仪的波长范围应在 $2 \sim 40\mu m$ 之间，否则检测的半导体杂质浓度范围比较小。对某些材料，要求其能作 10 倍以下的刻度扩展。仪器的波长的再现性至少为 $\pm 0.05\mu m$。光谱的分辨率为 $2cm^{-1}$，在 $1000cm^{-1}$ 处小于 $2cm^{-1}$。

（2）反射率附件：

反射率附件应与光谱仪相配合。投射到样品上的入射角应为 30°或更小些。应设有一个与参考光束对称的附件以保证样品光束和参考光束有相同的光程，或者在参考光束上装一个减光器。样品光束附件和参考光束附件的组合必须能提供 100% 迹线，迹线的峰至峰的变化量不大于 8%。

（3）铝镜：

要求达到光学质量，无擦伤。

8.1.3 测试步骤

测试主要分为以下五个步骤。

（1）样品制备：

首先测定待测样品的导电型号，因为经验公式（8-12）中不同导电型号选取不同的常数值。必须把样品表面抛光成镜面，抛光时表面的机械损伤要小，否则极小值位置会发生移动。

（2）仪器标准：

测定红外光谱仪的波长精确度的再现性，应在仪器的规格之内。

用反射附件作一个双光束 90%～95% I_0 线（见图8-3），要求峰至峰的变化不大于 8%。如果 I_0 线变化超过 8%，则应取下反射附件再作 I_0 线。当 I_0 线的变化超过仪器的指标时，需要重新调整仪器。如果 I_0 线的变化在仪器指标之内，那么反射附件是引起误差的原因，这时就需细心将它调准。

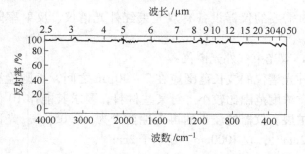

图 8-3   100% 双光束反射率迹线

（3）测量反射率光谱：

测量样品的反射率光谱，得到如图8-3所示的反射率与波长关系的迹线。扫描速度应尽量慢，以满足波长再现性和分辨率的要求。如果观察不到极小点，说明样品不在本法的适用范围之内。如果极小点反射率与其两侧最大反射率之差小于 10%，则用纵坐标扩展，再作如图8-4所示的反射率光谱迹线2。

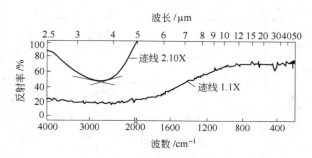

图 8-4 样品的反射率光谱

（n 型硅，载流子浓度 4.2×10^{20} cm^{-3}，迹线 2 反射率刻度扩展 10 倍）

（4）确定反射率极小点波长 λ_{PR}：

大致用眼睛确定极小点的位置，然后在其两侧波数对称位置作两条反射率曲线的切线。切点的位置离开极小点的位置波数差小于 100 cm^{-1}。由两条切线的交点正确确定反射率极小点波长 λ_{PR}。

（5）计算：

可以利用公式（8-12）并依据测定的 λ_{PR} 计算出载流子浓度 N。公式中的经验常数 A、B、C 由表 8-1 查出。假定图 8-4 光谱为 n 型硅样品，那么由图确定 $\lambda_{PR} = 3.67\mu$m。样品中电子浓度为

$$N = (3.039 \times 10^{-12} \times 3.67 - 5.516 \times 10^{-12})^{-1.835}$$

$$= 4.2 \times 10^{20} \text{cm}^{-3}$$

也可以利用图 8-5 所示的校准曲线直接由 $\lambda_{PR} = 3.67\mu$m 查出 n 型硅中的杂质浓度。p 型硅、n 型锗、n 型砷化镓和 p 型砷化镓的校准曲线如图 8-6 ~ 图 8-9 所示。

8.1.4 误差和精度

样品表面经剧烈抛光可以引起严重的机械损伤，而使测量结果出现差错。因此要求使用不产生严重表面损伤的抛光技术，以保证利用本法所得到的测量结果代表材料的体性质。因为目

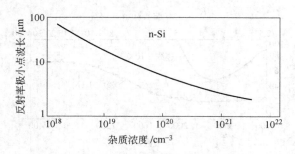

图 8-5   n 型硅校准曲线

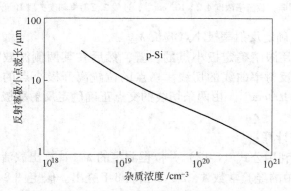

图 8-6   p 型硅校准曲线

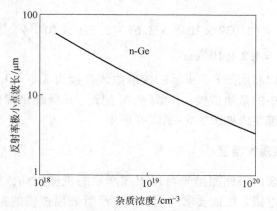

图 8-7   n 型锗校准曲线

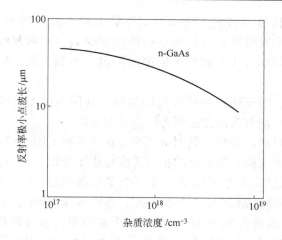

图 8-8 n 型砷化镓校准曲线

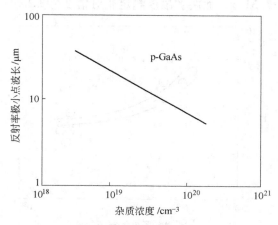

图 8-9 p 型砷化镓校准曲线

前尚未找到一种测定表面损伤的标准方法，只能使用比较的方法来检查表面损伤。即先测量样品的反射率光谱，再用非择优腐蚀剂除去表面层后又测量反射率光谱。将两次测量进行比较，直到两次测量的等离子共振极小点读数相一致为止。

因为样品往往是不均匀的，因此测试结果常与测量的位置有关。可利用本测试方法来测试样品中杂质分布的不均匀性，因而测量的灵敏度比其他方法灵敏度至少高一个数量级。由此可见，若将本法作为载流子浓度的测定的参照方法，测量位置应取一致。

此外，对于迁移率异常低的材料，利用本法测得的多数载流子浓度可能与其他方法测得的结果不一致。

美国材料试验协会曾对 n 型硅、p 型硅和 n 型 GaAs 样品进行测量精度实验，所测定的相对精度结果示于图 8-10 ~ 图 8-12。这些结果是以 10 个实验室，每一个实验室测定 10 个 n 型硅和 10 个 p 型硅样品以及 7 个实验室，每一实验室测定 8 个 n 型 GaAs 样品的报告为依据的。而每一个实验室的单仪器相对精度为：对 n 型硅和 p 型硅的波长极小点测定的相对精度分别为 ±1.91% 和 ±1.31%；而两者浓度测定相对精度为 ±2.5%。

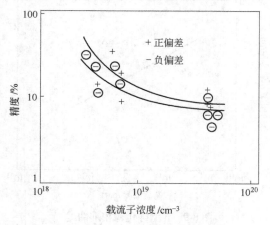

图 8-10   n 型硅计算的浓度精度

8.2   无电极法电阻率测量[5]

用来测量流体或化学性质活泼物质电导率的无电极法要比常规方法有很多优点，常规方法需要在固体样品上用探针引入

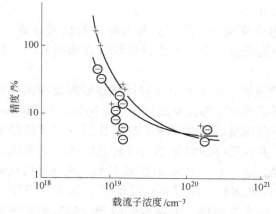

图 8-11 p 型硅计算的浓度精度

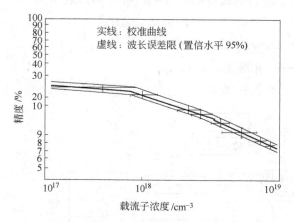

图 8-12 n 型砷化镓等离子共振测量精度

电流和测量电位，电解液和电极之间接触产生接触势垒，电极腐蚀和对需要测量电导率的物质的有化学污染等问题。这样的样品可以用电磁感应过程来研究，其电阻率可以用在样品中产生的涡流来确定，这时应把它们装在合适形状的、化学上是惰性的、电气上是无感应的容器内。对近几年发表的许多涡流法，Delaney 和 Pippard 有一篇评论性介绍[6]。最引人注意的是两种相当简单的方法：

（1）电流衰减法。此方法是由电流的衰减计算出电阻率；这种瞬时电流是使一个小的直流磁场接通和断开而在样品中感应产生的[7]。

（2）交流法。此法电阻率的计算是根据放在固定频率的交变磁场中样品的表观磁化率进行的[8]。Nyberg 和 Burgess 建立了测量放在正弦激励的螺线管中心的圆柱形或球形样品电导率的理论基础，并且把样品电导率与反射到螺线管的阻抗改变相联系[9]。但是，这一技术的实用意义不大，并且其精度较低。由 Bauhofer 介绍的测量方法有某些优点[10]，该方法基于一个导电性样品放入两个互相耦合的螺线管时产生的互感的变化，如图 8-13 所示。耦合螺线管间的互感阻抗 Z 可以表示为

$$Z = R + j\omega M$$

式中 M——互感；

$\quad\quad\omega$——角频率，$\omega = 2\pi v$；

$\quad\quad v$——正弦驱动。

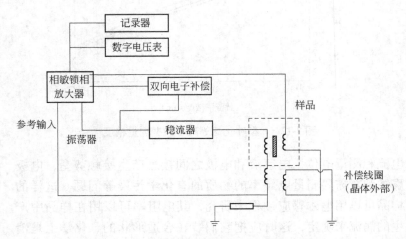

图 8-13   无电极涡流法测量圆柱形导电性样品
电阻率时的仪器方框图

如趋肤深度不小于 $2r$ 时，则

$$\Delta R = \frac{r\omega M_0 r^2 \sigma}{8}$$

式中　r——圆柱形样品的半径;

　　　ΔR——互感线圈中由于放入样品引起互感的电阻性分量的变化，它与样品的电导率 σ，空心线圈的互感 M_0 及填充系数 r 等有关（对于非磁性样品，可得到优于 1% 的准确度）。ΔR 值是由测量次级线圈中的电压变化 ΔV_r 来确定的。ΔV_r 和初级线圈中的电流 ip 同相位，即 $\Delta V_r = \Delta Rip$。

电阻率与温度间的关系可以用置换法和校准过程来确定，即

$$\rho(T) = \frac{C(T) \cdot ip\omega^2}{\Delta V_r(T)}$$

式中，$C(T)$ 是与温度有关的修正系数，它是在电阻率已知，直径与被测样品相同样品上来确定的。

图 8-13 所示的测量装置用于 2Hz ~ 20kHz 范围内，由锁相放大器组成，此放大器作为一个振荡器驱动一个 60mA 交流恒流源；同时又当作相敏检波器。互感线圈用 $10\mu m^2$ 的铜线同轴地绕在直径为 3 ~ 12mm 的薄壁聚四氟乙烯圆筒上，匝数为 10^3。线圈间的互感量在 5 ~ 100mH 范围。这种装置曾用于作为温度函数的相移引起的电阻率变化的准连续测量中，电阻率范围在 10^{-11} ~ $10^{-5}\Omega \cdot cm$，样品直径为 1 ~ 10mm。据报道，对于某一个特定的样品，测量的重复性可优于 2%，电阻率测量的绝对误差小于 4%。

Wejgaard 和 Tomar 曾经对涡流衰减法和稳态交流测量法进行了分析和比较[11]。他们发现，虽然两种方法在理论上是等效的，但从试验角度看，交流稳态法除了极低电阻率的情况外都更好一些。用差磁场技术的无电极法测量电解液和水溶剂的电阻率的分析和实验研究已由 Minnot 等人研究过[12]。如果在

一个同轴上两个相似螺线管的磁场之间有一个固定的 180° 相位差，相互是平衡的，当在螺线管中间插入导电性样品时，在样品中将会产生涡流而引起不平衡，而此不平衡的电流可由另一个传感线圈检测出来。这种装置可测量 $10^{-3} \sim 1\Omega \cdot cm$ 范围的电阻率。在频率为 20 ~ 500kHz 的情况下其误差小于 2% 。

用感生涡流的方法可以制成测量与位置有关的电阻率的装置[13]。这种方法对研究表面现象如异常的趋肤效应非常有用，它提供了在短而厚的样品上进行体电阻率相对测量的可能性。其测量准确度至少在 0.05% ，而频率范围在 $10^2 \sim 10^5$ Hz。它还可以用来确定冷加工金属样品表面不完整性和机械损伤情况。

Bryant 和 Gunn 设计了用以确定 $0.1 \sim 10^2 \Omega \cdot cm$ 半导体电阻率的射频扩展电阻装置[14]，图 8-14 给出了这种测量装置的特点。射频电流通过中心电极传播，电极间的阻抗为 $Z = R + jX$。同轴线的电气长度在测量频率为 0.45GHz 上，做成准确地等于半波长的倍数，使射频电桥能直接测量阻抗

$$Z = R_s (1 + \omega^2 \tau^2)^{-1} \cdot \left(\frac{1 - j(1 + \omega^2 \tau^2 \eta)}{\omega \tau \eta} \right)$$

式中，$\eta = C_1 / C_s$，而 C_1 为样品和内电极之间空气隙产生的耦合电容，R_s 和 C_s 分别为扩展电阻和扩展电容，并且 $\tau = R_s \cdot C_s$。

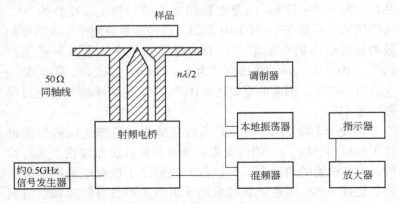

图 8-14　在半导体样品上用射频探针测量扩展电阻的方框图

对于空气隙为 $1\mu m$ 数量级，$\eta = 30$ 的情况，在电阻率为 0.5 ~ 100Ω·cm 范围内进行准确测量是可能的。在相位角很大时，达到测量下限；在扩展电容修正值非常大时，达到测量上限。

Miller 等人研制成一台用于半导体电阻率测量的无触点测量仪[15]，其原理是利用射频自由载流子功率吸收现象，基于差拍振荡器的特性，类似于研究各种核子共振现象的振荡器，其谐振回路 Q 值由于被耦合核自旋系统吸收功率而减小。然而此方法不限于谐振回路的功率吸收，还可以用来直接测量半导体样片的电阻率，所用方法如图 8-15 所示。一个圆形截面高磁导率铁氧体磁芯与射频谐振电路耦合，半导体样片放在极靴间隙中。振荡磁场在半导体样片中产生涡流。假设没有漏磁通，并且在半导体样品中趋肤效应的影响可以忽略不计，那么被吸收的功率为：

$$P_s = \left(\frac{E_T^2}{8\pi N^2}\right)\sigma\delta \tag{8-14}$$

式中　E_T——射频电压的有效值；

　　　N——在磁芯上线圈 L 的匝数；

　　σ 和 δ——半导体样片的电导率和厚度。

由此可见，如果 $\delta \ll \delta_s$（δ_s 为趋肤深度），吸收功率就正比

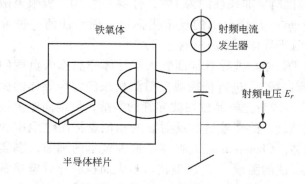

铁氧体　　　　　　射频电流发生器

射频电压 E_r

半导体样片

图 8-15　射频磁场耦合法测量半导体
样片电导率的示意图

于 $\sigma\delta$。在完全耦合的极限情况下

$$P_s = E_T I_T$$

式中，I_T 为同相位射频驱动电流；因此，通过电路的功率可以用监测电流的方法来确定。实际上，样品和谐振电路之间的耦合不是完全的，这样就降低了 I_T 对 $\sigma\delta$ 的依赖关系，但是 I_T 与 $\sigma\delta$ 之间固有的线性关系还是不变的，因此有：

$$I_T = K\left(\frac{E_T}{N^2}\right)\sigma\delta \qquad (8\text{-}15)$$

可以用吸收功率的大小确定电导率，做法是把半导体耦合到一个幅值稳定的差拍振荡器，并记录下保持所需电平而需要的功率。

Miller 等人详细地叙述了工作频率约为 10MHz 的这种电路的设计结构和性能[15]。这种测量方式的优点之一是半导体样片可以互相堆垛起来，不管每片中载流子是怎样分布的，它们的电导率是线性相加的。因此这种仪器可以确定样片中的具体变化或样片经过特殊处理后的变化，如杂质扩散、离子注入和热处理等工艺。但是这种测量是相对测量，需要根据标准样片进行校准。这种仪器在测量电导率与标准样片的电导率之比为 100∶1 的范围时，非线性约为 1%，分辨率为 10，极限灵敏度约为 10^{-5} S/cm^2；这样范围的技术指标也适用于任何一种导电材料，包括从半导体到金属材料。

常用 TE_{01} 矩形波导管剖面装入半导体样品作为负载的方法（电磁波横向场），进行传输或反射测量来确定半导体的微波电导率[16~20]；或者把样品放在波导管的终端，用定向电磁波反射法测量衰减量，此衰减量和反射波的相位是样品电阻率和样品厚度的函数。Champlin 等人叙述了这种技术的细节，事实上它不是无电极法的测量[21]，这项技术与大面积波导管壁接触的质量有重要的关系。此处电磁场 E 与样品表面成直角相交。由样品和波导管空隙间产生的串联接触阻抗、半导体表面的氧化层

和表面电荷，在计算电阻率时都产生显著的误差。随着样品电导率的增加，这些误差也会增加。Champlin 等人描述了一种消除误差来源的方法[22]，这种方法是在一个大尺寸圆形波导管反射系数电桥电路中使用 TE_{01} 技术。在本征锗样品上进行的测量实验发现，在直流电导率范围为 $2 \sim 2 \times 10^3 S/m$ 情况下进行电导率测量时，它们的一致性是很好的。与此相反，一台常规的矩形波导管电桥由于上述串联接触阻抗的原因，在约为 $50S/m$ 的极限电导率时就饱和了。

8.3 大型硅片薄层电阻四探针自动测试仪

孙以材经过多年深入研究硅片薄层电阻四探针测试方法，在完成多方面理论创新与大量实践的基础上，提出并完成了国内外首台具有图像识别功能的四探针测试仪器[23]。该仪器具有图像识别监控四探针定位位置的功能，自动完成探针的调整与定位，实现快速的微区薄层电阻测量工作。

8.3.1 设备研制的理论依据

孙以材提出的微区薄层电阻四探针技术可以分为两种方法：

(1) 有图形测试方法，即在样品上制备出一定图形的测试区域，将探针定位在图形的角区。可应用改进的范德堡公式方法。

(2) 无图形测试方法，将探针定位排列成方形结构，这时可应用改进的 Rymaszewski 公式进行测量。

孙以材对第一种方法已经完成了多年的理论分析与研究，对其合理计算方法给予了证明，文章被收录国际三大索引系统多篇；第二种方法，该课题组也给予了计算合理性的分析与证明，在半导体学报发表论文 4 篇，物理学报发表 1 篇。

经过理论分析和比较，课题组实际选用了第二种方法进行仪器的测试工作，主要原因是这种测试方法在理论上得以突破以后，可以在工艺上节省光刻等复杂的工艺程序，从而加快测试的步骤。

8.3.2　仪器研制工作

为了实现在硅片上进行微区准确测试的目的，在机械结构的调整、移动方案中一共采用了 7 个步进电机，其中，4 个用于控制四探针的前后运动。2 个用于样品平台的 X、Y 方向运动。1 个用于探针平台的上、下运动。探针的移动步长为 2.5 μm，样品平台的移动步长每次为 25 μm。

主要完成的研究内容如下所述。

8.3.2.1　四探针仪测控系统及其实现

本课题研发的方形四探针仪由机械传动系统、自动控制系统（含信号测控系统）及光学监视系统（即图像识别与定位系统）组成，试验室样机如图 8-16 所示。

图 8-16　实验室样机

（1）机械系统总体布局设计：

四探针测试仪的机械结构总体上设计成三层塔形结构，如图 8-17 所示。底层是样品平台，用来固定被测样品，其样品台面可沿 X、Y 轴做双向快速移动，并能绕台面中心作 360°旋转。

图 8-17　方形四探针测试仪

它也是整个仪器的基座。中层是四探针机构，是仪器的测量部件，四个探针能独立按要求进行调整和移动。整个探针机构由其支架通过背面的弓形柱子与样品平台（基座）牢固连接组成仪器的基本构架。上层是由目镜和摄像头构成，是仪器的监控部件，通过它来监督样品被测点及探针的位置，然后通过计算机、控制器及驱动电机等进行调整。仪器工作时应确保摄像机、目镜、四探针测量区中心和样品被测点中心保持在同一铅垂线上（用光束对准），按程序在一个样品位置测量、处理，完成后再自动调整更换测量位置，直到整个样品测量结束。探针架可通过步进电机带动一起实现上下移动调节。测试样品平台要求用步进电机驱动实现纵、横向快速移动，测试仪选用 7 个步进电机（三种型号的产品）实现。

（2）样品平台设计：

测试样品的平台（工作台直径 250mm）能够实现 360° 旋转，并设有刻度盘。测试平台可以实现纵、横向 250mm 直线快速移动，并能够在规定位置快速定位，重复定位精度较高。实际仪器的平台如图 8-17 下部所示，采用了上下布置的双层步进电机带动滚珠丝杠转动、移动导轨选用滚动导轨的方案，在测试工作区间内实现横（X）、纵（Y）向无间隙运转，经多次重复定位精度测试，横（X）、纵（Y）向 250mm 行程重复定位精度小于 2μm，定位精度较高，能够严格的控制被测试微区之间的间距。

（3）探针系统设计：

四个独立探针通过探针架布置在测试样品平台的正上方，以前、后、左、右十字交错布置，各针与水平成 60° 倾斜并指向中心，四个探针尖构成方形，要求测试的方形区间可以进行调节，每个探针能够实现手动三维移动调整，并能借助探针自带的步进电机实现前后快速移动调整，能够实现最小移动步距 2.5μm。四个探针固定在一个平台架上能够快速手动移动将四探针抬起和放下，并能够实现用步进电机驱动快速上下移动，以便实现自动测试时的自动抬起和放下探针的操作。

8.3.2.2　四探针仪测试系统设计

四探针仪测试系统设计包括以下几个方面。

（1）自动测试系统设计：

微区薄层电阻自动测试仪最重要的功能就是自动完成测试硅芯片电阻率的工作。在自动测试的过程中，为了保证测试电阻率的准确性，采用了图像分析的监控方案，实现监控测试微区的探针位置的功能，保证自动测试工作的完成。探针仪图像采集与控制的总体功能框图如图 8-18 所示，采集与控制系统主要由运动平台、目镜、CCD 摄像机、图像采集卡、计算机、控制箱及 1 ~ 7 号 7 个步进电机等组成。

仪器的自动测试系统是由 5、6、7 号步进电机及信号测量系统和监控系统（使用 1 ~ 5 号步进电机）来完成的。而监控系统由光学监视系统，以及 1 ~ 5 号步进电机来完成。

（2）在完成串行通讯测试的基础上，完成了测量的可视化界面设计如图 8-19 所示。

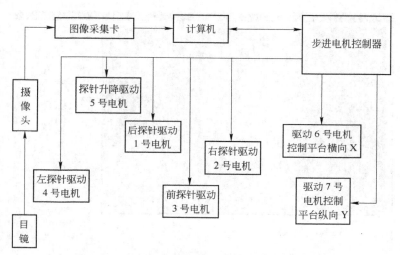

图 8-18 四探针仪图像采集与控制总体功能框图

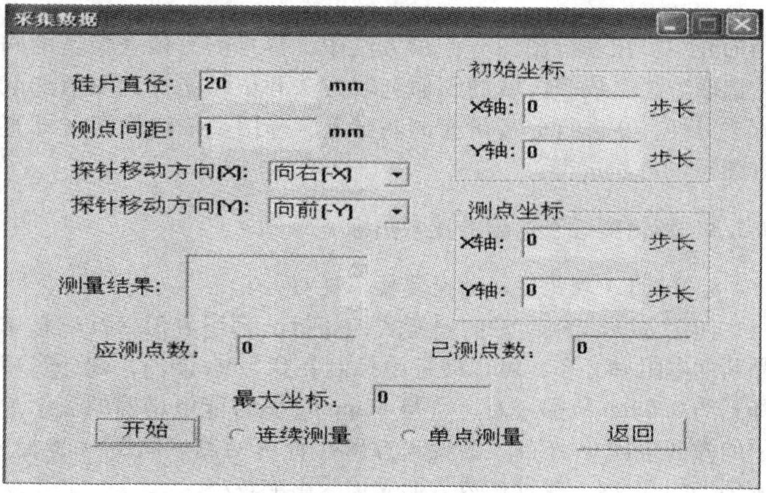

图 8-19 测量时的可视化界面

（3）光学监视系统的可视化界面如图 8-20 所示。

8.3.2.3 探针图像识别与探针定位的应用

这是本课题最突出的一个创新点，下面对该方面进行较详

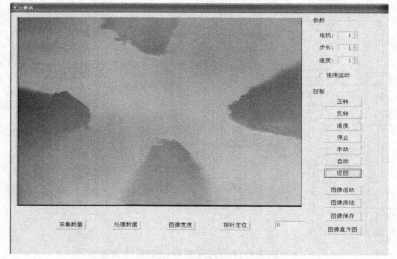

图 8-20　探针监控系统的可视化界面

细的介绍。在进行图像分割的方法中，常见的有依赖像素的阈值选取方法、依赖区域的阈值选取方法和依赖坐标的阈值选取方法三种，在进行分析研究的基础上，选用了依赖像素（即直方图）的方法进行。

8.3.3　理论突破及达到的技术指标

8.3.3.1　理论突破的简要技术说明

使用 ϕ2mm 刚性好的斜置式四探针，利用方形探针测量单晶断面电阻率分布，可以使针距控制在 0.5mm 以内，则分辨率降到约 0.5mm 范围左右，所得 Mapping 图将能更精确的表示片子的微区电阻率分布。斜置式方形探针可使测点间距（步长）调到 1mm 以内，探针构成方形受边缘影响较小。

从理论上已证明所用方形探针改进的 Rymaszewski 方法成立，即有：

$$\exp\left(\frac{-2\pi V_1}{R_s}\right) + \exp\left(\frac{-2\pi V_2}{R_s}\right) = 1$$

薄层电阻：　　$R_s = \dfrac{\pi}{\ln 2}\left(\dfrac{V_1 + V_2}{I}\right) f\left(\dfrac{V_1}{V_2}\right)$

课题组利用自己提出的规范化（标准化）的非线性函数多项式拟合方法推出范德堡函数，该方法发表在 2003 年第 8 期半导体学报上。

$$f(\beta_i) = 1 + 0.03237715\beta_i - 0.04037679\beta_i^2 + 0.00857882\beta_i^3$$
$$- 0.00077693\beta_i^4 + 0.00002604\beta_i^5$$

式中，$\beta_i = V_1/V_2$。

此函数可存入计算机，不仅能够使计算过程加速，缩短了测量时间，而且解决了自动测量问题。用原来查表的方式是不能完成自动测量的。

课题组还推出厚度修正公式（a 和 δ 分别是探针针距和样品厚度）：

$$F_{sun}^* = \dfrac{a\ln 2}{(2 - \sqrt{2})\delta} F_{sun}, \quad R_s = R_{s表观} \cdot F_{sun}^*, \quad \rho = R_s\delta$$

式中

$$F_{sun} = \dfrac{2 - \sqrt{2}}{2}\left[\dfrac{2 - \sqrt{2}}{2} + 2\sum_{n=1}^{\infty}\dfrac{1}{\sqrt{(2n\eta)^2 + 1}} - 2\sum_{n=1}^{\infty}\dfrac{1}{\sqrt{(2n\eta)^2 + 2}}\right]^{-1}$$

至此，完成并解决了斜置式方形四探针薄层电阻测量的改进 Rymaszewski 方法完整理论系统。由于探针要求呈方形，一方面，采用图像识别的方法识别探针尖的位置，当探针不呈正方形结构时，通过探针图像信号进行判断，需要校正时则驱动四个探针分别携带的步进电机直至使探针成正方形。另一方面，理论计算证明，考虑探针有各种游移时，只要保证对角线差在 35% 以内，改进 Rymaszewski 法的误差超过 ±5% 的几率仅为 2.6%，两者相结合后使测量全误差大大减小（该文半导体学报已发表）；同样在考虑了四个探针游移后的改进 Rymaszewski 法测试方案也能够保证测试的准确性❶。

8.3.3.2　该仪器最后实现的技术指标

（1）最小针尖距离 150 ~ 300μm ，微区电阻率测试分辨率优于 0.5mm。测量视场被放大 300 倍，并在监视器屏幕上显示；

（2）电阻率测量精度约 ± 15%（与样品电阻率有关）；

（3）探针最小移动距离 2.5μm；

（4）每一点微区测试时间 6s，即每 1 小时可测 600 点。步长可任意调节，默认步长 1mm；

（5）图像识别即探针自动形成正方形结构时间约 1min；

（6）可测硅片电阻率范围 $10^{-2} \sim 10^{3} \Omega \cdot cm$；

（7）单点测试重复性标准偏差优于 ± 5%（与样品电阻率有关）。

探针结构可以任意调节，可以进行单探针扩散电阻率、二探针法、直排四探针法、矩形探针法、方形探针法等测量，可以进行样品厚度修正，电阻率温度修正。

8.3.4　该仪器测试效果——Mapping 技术测量结果

在自行研制的全可动斜置式四探针仪上进行测量，针距可任意调整，并可在计算机监视器上观察探针的分布以及游移情况，测量过程可保证两对角线距离差小于 0.1 倍边长，使测量误差最小。

图 8-21 是用这种测试方法测得的 3 英寸片的全片电阻率分布的 mapping 图（单位 $\Omega \cdot cm$），方形测试探针的间距为 360μm，样品面 x、y 方向测试间隔为 1mm，所用恒流源为 75μA（可以保证少子牵引半径远小于探针间距），共得有效测试数据 598 组。

从图中可观察片子的电阻率分布情况，并计算整个片子的

---

❶　该方法已经在物理学报发表。

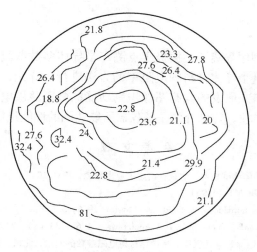

图 8-21 电阻率的等值线 mapping 图（Ω·cm）

不均匀度，从而判定片子的质量，并对工艺的改进提供参考。本测试片的不均匀度

$$E = \frac{\rho_{大} - \rho_{小}}{\frac{1}{2}(\rho_{大} + \rho_{小})} = \frac{32.4 - 20.4}{\frac{1}{2} \times (32.4 + 20.4)} = 45\%$$

可见应用本方法以后可检测出的电阻率不均匀度比一般常规四探针检测出的不均匀度（一般＜20%）高，显示出本方法的优点和潜力。

8.3.5 查新检索[23]

经委托天津大学查新工作站检索，将图像识别技术应用于四探针的定位技术中，使四探针自动定位后进行微区薄片电阻测试，并研制出具有图像识别功能、实现四探针自动定位的四探针仪。经检索国内外的 24 个数据库，得出以下结论：

国内外均未发现有与上述技术特征相同的专利及非专利文献报道。

8.4 小结

本章对利用等离子共振极小点测定半导体多数载流子浓度和无电极法测量半导体材料的电阻率的方法进行了介绍，重点介绍了本课题组自主研发的具有图像识别功能的微区薄层电阻四探针自动定位测试仪，详细介绍了该仪器所能达到的性能指标。

参 考 文 献

1 孙以材. 半导体测试技术，北京：冶金工业出版社，1984. 10
2 ASTM，F. 398-74T（1996）
3 Chanles Kittel . Introduction to Solid state Physics，1976，5
4 David F，Edwards，Panl Maker. D. J. Appl. phys.，1962，33（8）：2466 ~ 2467
5 WIEDER H. H. 著，李达汉译. 半导体材料电磁参数的测量. 北京：计量出版社，1986. 10
6 Delaney J. A.，Pippard. A. B. Rep. Prog. Phys.，1972，35：677
7 Callarotti R. C，J. Appl. Phys.，1972，43：3949
8 Hamdani A. J. J. Appl. Phys.，1973，44：3486
9 Nyberg D. W.，Burgess R. E.，Can. J. Phys.，1962，40：1174
10 Bauhofer W. J. Phys. E. Scient. Instr.，1977，10：1212
11 Wejgaard W，Tomar V. S. J. Phys. E，Sci. Instr.，1974，7：395
12 Minnot D. A.，Sandiford S. L.，Agard E. T，J. Phys. E，Scient. Instr.，1973，6：229
13 Johnson E. W.，Johnson H. H. Rev. Sci. Instr.，1964，35：1510
14 Bryant C. A.，Gunn J. B.，Rev. Sci. Instr.，1985，36：1614
15 Miller G. L.，Robinson D. A. H.，Wiley J. D.，Rev. Sci. Instr.，1976，47：799
16 Benedict T. S.，Shockley W.，Phys. Rev.，1983，91：1565
17 Jacobs H.，Brand F. A.，Meindl J. D.，Benanti M.，Benjamin R.，Proc. IRE.，1981，49：928
18 Nag B. R.，Roy S. K.，Proc. IEEE. 1982，50：2515
19 Champlin K. S.，Armstrong D. B.，Gunderson P. D. Proc. IEEE，1984，52：677
20 Bichara M. R. E.，Poitevin J. P. R. IEEE Trans . Instrum. Meas.，1964，IM-13：323
21 Champlin K. S.，Glover G. H. J. Appl. Phys.，1986，37：2355
22 Champlin K. S.，Holm J. D.，Glover G. H. J. Appl. Phys.，1987，38：96
23 天津大学查新工作站，图像识别技术在四探针定位技术中的应用，检索报告编号：200312d0300244

9 高电阻率材料的电学参数测量[1]

9.1 概述

有些二阶小量的影响因素对低电阻率材料来说通常是可以忽略的，但对高电阻率半导体和绝缘体的电学测量就不能不考虑了。在高电阻率材料中，测量的准确度受接触电阻、存在能改变内部电场的空间电荷以及与时间和过程有关的空间电荷限制的电流等的影响。引线和电缆的寄生电容以及大的样品电阻，在测量期间会使达到稳定条件所需要的时间常数增大。如果要确定真实的体电阻率，就必须抑制表面产生明显的漏电流，尤其在电位差高达 $10^2 \sim 10^3$ V 数量级的情况下更要注意。如果要避免干扰，对高的样品电阻就要求有高阻抗的辅助测量设备，并且必须进行屏蔽，也需要消除或减小所引起的大的噪声。本章概述了这些问题，介绍解决这些问题的各种方法。

9.2 直流测量法

Fischer 等人[2]已研究出用直流法测量样品电阻率的电位差计式的装置，测量直流电阻范围为 $10^{-1} \sim 10^{12}$ Ω，其原理图如图 9-1 所示。用一个串联的电池组供电，电压为 V_b；开关 S_1 和电位器 P 用于在 0～100V 间调节电压；开关 S_2 用来改变电压 V_b 的极性；用静电计 E_1 测量在分流电阻 R_0 两端的电压降以确定通过样品的电流；开关 S_3 是低漏电的聚四氟乙烯绝缘开关；E_2 和 E_3 是两个相同的静电计。对于电阻率测量，应用开关 S_3 把引线 1、2 或 3、4 连接到静电计式零指示器上。电流先加到样品上，然后调节电位差计 P_2 使 E_2 指零。此后，把 S_4 置于 a，用

电位差计 P_1 使静电计 E_2 平衡；这样就可以直接测量电位探针间的电位差。

如果要进行霍尔效应测量，则把引线 1、4 或 2、3 连接到零指示器上，而将输入电流和横向磁场加到样品上；然后将开关 S_4 放到 b 位置，用电位差计 P_2 平衡 E_3，调节电位差计 P_3 使 E_2 指零；这时使磁场反向，使 P_3 保持不变，调节 P_2 使 E_3 回到零；然后把 S_4 调到位置 c，用 P_1 来平衡 E_2，这时 P_1 的位置对应于霍尔电压的两倍。为消除由温差电势引起的误差，在这里同样可用在第 2 章叙述过的方法。在高阻样片测量中，接触电阻可能引起大的误差。要确定接触电阻的大小，可用如图 9-1 所示的装置，接到电位差计 P_2 的电压表 V 用于测量地和某一电位探针之间的电位差。将这个电位差与探针之间的电位差相比较，就能够确定接触电阻对样品总电阻的那部分贡献。对于一个长

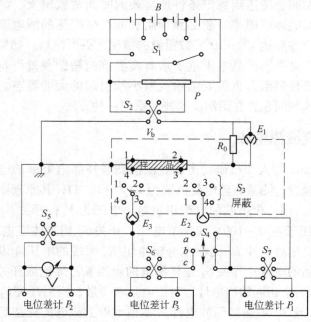

图 9-1　高阻矩形样品直流电阻率和霍尔效应测量电路图

为 l、宽为 ω、厚度为 δ 的平行六面体,其电阻率为

$$\rho = \left(\frac{V_r}{I}\right) \times \left(\frac{w\delta}{l}\right)$$

式中,V_r 是测得的电位探针之间的电位差。由在端子 1、4 或 2、3 之间测得的霍尔电压 V_h 可以导出霍尔系数:$R_h = (V_r/I)$ $(\delta/B) \times 10^{18}$ (cm^3/C)。假定载流子是在单一的各向同性球形导带中,根据迁移率计算公式:

$$\mu = \left(\frac{V_h}{V_r}\right)\left(\frac{1}{\omega}\right)\left(\frac{10^8}{B}\right) \quad (cm^2/(V \cdot s)) \qquad (9\text{-}1)$$

假设能检测出的大于噪声的最小霍尔电压约是每单位带宽的热噪声电压的十倍,则:

$$(V_h)_{min} = 20(RkT)^{(1/2)} \qquad (9\text{-}2)$$

式中 R——样品的总电阻(包括接触电阻);

  k——玻耳兹曼常数;

  T——绝对温度。

设电位探针间的最大电压为:

$$V_{r,max} = cV_b \qquad (9\text{-}3)$$

式中,系数 c 是电位接触点间的电阻与样品总电阻之比,其值一般在 $10^{-4} \sim 1.0$ 之间。V_b 为样品中耗散的焦耳热所限制,即 $Q = V_b^2/R$。由此,根据公式(9-3)最低的载流子迁移率为:

$$\mu_{min} = \left(\frac{2}{c}\right)\left(\frac{kT}{Q}\right)^{1/2}\left(\frac{1}{w}\right)\left(\frac{10^9}{B}\right) \qquad (9\text{-}4)$$

Fischer 等人发现,最小可测迁移率主要由静电计的灵敏度所限制,但是当热量耗散约为 10^{-3} W 以及样品电阻 $R > 10^7 \Omega$ 时,电位探针间测得的最大电位差由供电电压 $V_b \leqslant 10^2$V 所限制而不受热量耗散的限制[1]。假设 $(V_h)_{min} = 2mV$、$V_{r,max} = 100cV$、$1/w = 5$,对于 $B = 1T$($= 10^4$ Gs)的磁场来说,$\mu_{min} \geqslant 1cm^2/$ $(V \cdot s)$。

用于静电计的平衡电路已由 Heilmeier 和 Harrison 研究过[3]。

霍尔电压直接耦合到静电管的栅极,如图 9-2 所示。因为电容耦合的漂移和噪声同相位地反馈给差分静电计中,这样,它们的影响就能有效地抵消了。此电路的另一个优点是接到样品的电流源不需要对地浮置,而只需要电路的输入电阻远大于样品电阻。如图 9-2 所示的电路的缺点是加给样品的电位只有一半接到两静电管的栅极,这个装置使得可检测的最小迁移率受到限制,约为 $9cm^2/(V \cdot s)$。

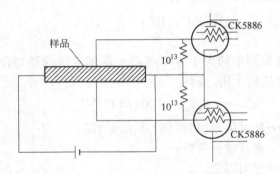

图 9-2　用于霍尔效应测量的差分静电
计法原理电路图

Fermor 和 Kjekshus[4] 介绍一个伺服控制的电位差计式装置被认为比 Fischer 等人所描述的有所改进,即可得到较高的精度、量程可扩展一个数量级,而且操作简单。输入到样品的电流由伺服系统自动控制,耦合到静电计;另一个伺服系统用来平衡一个静电计的误差信号,这个静电计是耦合到霍尔电压输出电路中的电位差计上的。这样,能测量的样品电阻高达 $10^{13}\Omega$,使用的电流为 $10^{-12}A$。为了检测样品的任何电极的不对称性,所有电路的极性都可用一个遥控低热电势开关和另一个低漏电开关来换向。这后一个开关还要适当屏蔽,并可使静电计输入在电位和霍尔接触点之间换接。对这个电路有一个要求:在最大初始失衡条件下,使静电计调零时伺服系统中不会产生振荡或使静电计过载。这个要求可以用在静电计整个工作范围内加入一定量的负反馈的办法来满足。这样也可减少输入阻抗的变化和静电管的漂移，进而限制静电管的输出，以保护伺服系统。静电计和直流耦合放大器相结合，并利用补偿技术使零漂减到最小。实验误差的主要来源为：

（1）静电计引起电流注入。这种影响只对高的样品电阻才是明显的。当样品电阻为 $10^{13}\Omega$ 和接触电阻为 $10^{11}\Omega$ 时，通过典型的误差计算得出样品电流误差为 0.5%；而样品电压测定误差为 0.25%。

（2）伺服系统的零位误差通常小于 1mV，并且用于一般的屏蔽技术就可使之减小或消除。

（3）由静电计产生的误差。当测量电压范围在 1～10V 之间时，将产生最大约为 1mV 的附加误差。

（4）校准误差是由于标准电阻的温度关系和老化作用引起的；它可以通过在工作温度下经常校准测试仪器使其保持在 1%以下。

测定电阻时，典型的最大误差为 2%；在有利的条件下，它可以减小到 0.5%。连接高阻样品端到辅助装置用的屏蔽电缆可能引起严重问题[5]，将 2～3m 的屏蔽电缆连接到霍尔样品的每个接点上就可能有几千皮法的电容量，这使得一个电阻为 $10^{8}\Omega$ 的样品在测量期间系统达到平衡所需的时间要超过 1min。在响应速度方面的一种改进方法是使样品一端接地，并对另外五端的每一端接上一个增益为 1 的高输入阻抗放大器。每个放大器都以连接样品与辅助仪器的电缆的屏蔽为负载；这样就可减小漏电流，并用消除电缆的分路电容的方法来减小有效时间常数。用一台不接地的电压表测量任何两个霍尔端的电位差。因为放大器的输出阻抗很低，所以不要求电压表有特别高的阻抗。对于电阻率高达 $10^{10}\Omega\cdot cm$ 的样品，对应的电阻为 $10^{12}\Omega$，能够在时间常数不超过 1min 的情况下进行测量。图 9-3 示出用于常规霍尔效应测量的这三种探针系统[6]。Baleshta 和 Keys 曾讨论过高电阻率半导体的 VDP 型电阻率和霍尔效应测量[7]。使用一个

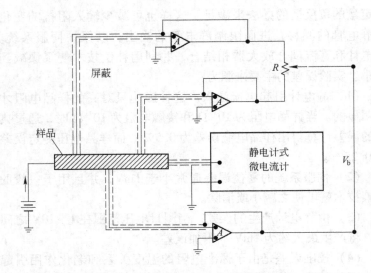

图 9-3　保护放大器 A 用来减小时间常数并起到阻抗
转换作用；为了进行霍尔效应测量，在 V_b 测量
之前，电位器 R 是平衡的，即 $B=0$

具有高输入阻抗和低零点漂移的静电计，使电压最低可分辨为
50 μV，准确度达 ±10%。一个跨接到静电计输入端的精密分流
电阻用来监测通过样品的电流，为了防止电流受到限制，这个
分流电阻总是选定比样品电阻小 2~3 个数量级。如果样品电流
由于静电计分流电阻而受到限制，那么用来测量电位差时将不
受这样的限制，因为这时电流源直接接到样品上而静电计不是
电流回路的组成部分。电路的时间常数将影响电压测量时间的
长短。对于 200pF 的电缆电容（与静电计并联）和 $10^{12}\,\Omega$ 的电
源阻抗，则需要 6 倍于时间常数的时间才能达到稳定状态；约
为 20min。由样品电阻产生的 Johnson 噪声不会严重地影响静电
计电压的分辨率。在霍尔电压测量中，电压分辨率由约为 ±
10 μV 的静电计噪声电压所限制；它大约为 5 μV 的 Johnson 噪
声。

Hemenger 研究过[8]在 VDP 式电阻率和霍尔效应测量时，在样品与辅助仪器之间插入高输入阻抗保护式增益为 1 的放大器的优点。但是，电流和电压引线的交换是一个基本要求，而这个要求增加了这种测量系统的复杂性。Hemenger 叙述了一种四个不变增益放大器系统的结构，它利用接在不变增益放大器的低阻抗端的一个绝缘良好的多段旋转式开关，把放大器换接到电流监测器或数字式差分电压表。一台静电计用于监测电流，高阻抗保护干簧继电器用于完成输入通断功能。如果用一个杜瓦瓶对低温下的样品进行测量，可用三芯同轴电缆联结杜瓦瓶和不变增益放大器。电缆的外部屏蔽是杜瓦瓶和电路地线共用的；内层或保护屏蔽通过同轴连线一直连到杜瓦瓶里。用这种装置，电阻值能测到 $10^{13}\ \Omega$，而霍尔效应测量能在电阻值为 $10^{12}\ \Omega$ 的样品上进行。

在高电阻率材料中，表面载流子传输能占样品电导的相当大的部分。在某些情况下，表面电导可能是主要的电荷传输机理。因此，有必要鉴别表面电阻率对被测样品总电阻率的贡献。如图 9-4a 所示，加上一个保护电极就能达到此目的[9]。体电阻率是

$$\rho_{\mathrm{v}} = R_{\mathrm{v}}\left(\frac{S}{\delta}\right)$$

式中，S 是已修正边缘效应后的中心电极面积；δ 为厚度；R_{v} 是体电阻率。表面电阻率为：

$$\rho_{\mathrm{s}} = R_{\mathrm{g}} \cdot \frac{P}{\delta}$$

式中，R_{g} 是在电极 A 与 B 之间测得的表面电阻，如图 9-4a 所示，p 和 g 分别为这些电极之间间隙的平均周长和宽度。测量的通用方法是用单电源供电和两个灵敏的电流检测器，但是如果被测电阻相差几个数量级，那么检测器的负载影响就不能忽略，而且保护也是无效的。如果检测器是静电式微电流计，那么反馈可以加到负载电阻器上以抵消电压降。一种可行的改善办法

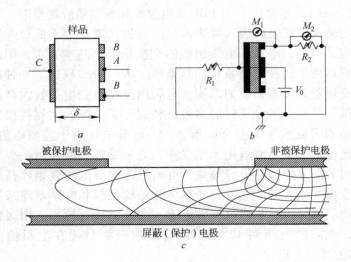

图 9-4　用于确定表面电阻率和体电阻率的
屏蔽（保护）电极图

a—中心电极 *A* 是被保护的，*B* 是屏蔽（保护）电极，*C* 是公共
电极；*b*—用于测量表面电阻率和体电阻率的惠斯登电桥；
c—在三端被保护样品中电流线和等电位分布

是在负载电阻器上分别串联上 R_v 和 R_g，这种方法的缺点是：为
了得到一个电阻值需要用两个不同的电路来测量两个电压降。
较好的方法是如图 9-4*b* 所示的桥式电路，电压表 M_2 和电桥零
位指示器 M_1 最好是用具有高输入阻抗的静电计。桥路平衡时，
由 M_1 测得的电位为零，而

$$R_v = R_1 \left(\frac{V_0}{V_2 - 1} \right) \tag{9-5}$$

$$R_g = R_2 \left(\frac{V_0}{V_2 - 1} \right) \tag{9-6}$$

式中，V_2 是在 R_2 上测得的电位差。测量准确度为[8]：

$$\frac{\Delta R_{\mathrm{v}}}{R_{\mathrm{v}}} \approx \frac{\Delta R_{\mathrm{g}}}{R_{\mathrm{g}}} \approx \frac{\Delta R_1}{R_1} + \frac{\Delta V_2}{V_2} + \frac{\Delta E}{V_0} \times \left[\frac{R_{\mathrm{v}}}{R_1} + \frac{R_{\mathrm{v}} + R_{\mathrm{g}}}{R_{\mathrm{b}}} \right] \quad (9\text{-}7)$$

式中，R_{b} 为与串联电阻（$R_{\mathrm{v}} + R_{\mathrm{g}}$）并联的边缘电阻；$\Delta E$ 为电桥的不平衡电压。一般情况下，$\Delta R_1/R_1$ 小于 1%，$\Delta V_2/V_2$ 在 1% ~2% 范围内。如果用静电计作为增益为 1 的放大器，并且连接到一个 0.01% 的数字电压表上，那么测量的准确度将优于 0.025%。要避免载流子注入和样品被加热，V_0 不能太大。系数 $\Delta E/V_0$ 应该尽可能小；ΔE 的减小由电阻的内部噪声、颤噪机械调制或干扰信号感应的限制来决定，所有这些可以用完善屏蔽和把元、器件刚性固定加以减小。实践指出，从这种电桥电路能够得到 5% 的准确度，即使电阻大于 $1\mathrm{T}\Omega$（$1\mathrm{T}\Omega = 10^{12}\,\Omega$）也只是给测量带来一点困难而已。如果样品是由大的晶粒的多晶结构组成，那么中心电极 A 可以放到一个单晶体的面积上，这样就能测出单个晶体的体电阻率。用一个公共的圆周电极 B 和一个公共的底部电极 C，在同一个切片上可以放几个中心电极 A，以便实验材料的均匀性或比较单晶体与多晶体的特性。对于具有比体材料大得多或小得多的表面电导的薄层或膜，从这种测量得到的数据须仔细地研究。高的表面电导可能是由于载流子的表面积累所致，它可能使 R_{v} 的表观值减小；如果体电导非常低，那么由测量所得出的表面电阻 R_{g} 会有很大的误差，且对体电阻可能估计过低。

Kao 曾介绍一种比三电极保护结构优越的四电极保护的结构[10]，它特别适用于电介质材料表面电阻的测量。用四电极保护结构的目的在于：

（1）使通过样品表面的旁路表面电流转移到电极之间的区域；

（2）使旁路电流流向样品体内；

（3）避免因电极边棱引起的边缘效应，从而获得一个均匀的表面电场。

在三电极保护结构中，电流通过体内路径的电阻是样品厚度及电极间距与样品厚度比率的函数[11]。在四电极结构中，每个电极都有一个特定的功能。在图 9-5a 中，第一个保护电极用于使旁路电流流向样品表面的其余部分；第二个保护电极不仅用于改变旁路电流方向使它流向样品体内，而且可以消除由样品边棱引起的边缘效应的影响。保护和被保护的电极处在同一电位，因此它们的间距可以根据需要做得尽可能小。最重要的是要保持保护电极上的电位等于被保护电极的电位，以避免它们之间的任何漏电流，这可以在保护电极上串联一个补偿电阻器来实现，补偿电阻器的值应等于与被保护电极串联的测量电路的电阻值。这种保护电极结构的电流线和等电位分布如图9-5b中所示[12]。Kao 所作的被保护四电极和三电极结构的测试工作说明四电极结构的表面电阻实际上与样品厚度无关，表面电阻的增加直接正比于电极间距的增加。对于薄样品，四电极系统和三电极系统的表面电阻是同一数量级的，但对厚样品来说，

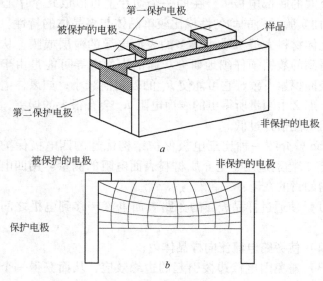

图 9-5　四电极保护的样品图

a—电极结构和保护示意图；b—电流线和等位线分布

两者明显地不同。三电极系统的误差可能是由于经过材料本体的分流电阻和陡直的边棱电极的边缘效应引起的。

9.3 交流测量技术

Edwards 曾经描述过用于测量电阻值高达 $10^8 \Omega$，误差不超过 1% 的低频斩波式直流电位差计装置[13]。一般说来，低频交流霍尔效应和电阻率测量的准确度被数值为频率倒数 $1/f$ 的噪声所限制，Pell 和 Sproul 研究过一种解决这些问题的方法[14]。样品加交流，并备有自动磁场极性转换的设备。霍尔电压的测量是借助调谐式窄带放大器来进行的，并且采用周期转换的磁场。记录下来的霍尔电压是一个对称的方波，其静止点对应于 $B = 0$。Gobrecht 等人扩大了这种交流霍尔效应测量的实用范围，使样品的阻值可高达 $2 \times 10^7 \Omega$[15]。一个供给样品电流的振荡器驱动一个放大器，此放大器还包括一个用于消除样品失配电位的补偿器。交流霍尔电压输出反馈给一个前置放大器，这前置放大器同时也用作阻抗转换器。做进一步放大后，霍尔电压输出由一个放大器同步地检波，放大器提供一个相对于样品电流的适当相位补偿。这样，对样品电阻等于（或小于）$10^6 \Omega$ 数量级的霍尔效应测量获得的准确度为 $\pm 12\%$；对于电阻大于 $10^6 \Omega$ 样品，可达 $\pm 20\%$，重复性为 $\pm 1\%$ 或更好些[14]。

对于在高阻材料上进行霍尔效应测量所用的交流测量技术应当采用足够高的频率，使 $1/f$ 的噪声影响可以忽略；而且要求霍尔电压检波带宽足够窄，以得到高的信噪比。在双交流调制霍尔效应测量中，磁场和样品电流两者是以不同频率变化的，这种方法受到相对低的频率和磁铁所能达到的、低的磁感应的限制。因为不能使磁体超过负载，并且也不能超出铁芯磁滞作用所允许的范围。Ryan 曾介绍过一种使样品在恒磁场中旋转的交流装置[16]，在这种方法中，可以模拟一个交变磁场，而不会产生因受到磁铁的阻抗和时间常数及其电源供电所造成的困难。Hermann 和 Ham 研究过一台类似的、改进的、适用于低迁移率和高电阻率半导体测量的装置[17]，其原理示意图如图9-6所示。样品在静磁场中由同步马达带动，以20Hz频率旋转，通入样品的电流是一个13.33Hz的信号，而磁场和样品电流与电源频率同相。用一个相敏同步放大器检测在33.33Hz霍尔电压，它的带宽减少到0.05Hz，而在13.33Hz上出现的失配电压被剔除了。这个带宽内的噪声是设备分辨率的一个限制因素，实际观察到的、所有来源的噪声电压要比Johnson噪声高3倍。对于迁移率在10cm²/(V·s)以上的半导体，载流子符号可以用一个反相补偿信号抵消失配电压和在磁场中调节样品位置的方法来确定。对于电阻小于$10^7\Omega$的样品，用这种方法可以检测到数量级为0.2cm²/(V·s)的霍尔迁移率。Eisele和Kevan也曾介绍过一种双调制方法：用一个在恒磁场中旋转的样品，由斩波的光束调制样品中光电感生的载流子浓度，从而产生一个调制电流[18]。这种方法是打算用来对γ辐射的高阻KCL样品进行低温霍尔效应测量的，这种高阻样品电阻在$10^7 \sim 10^9\Omega$之间，图9-7为这种

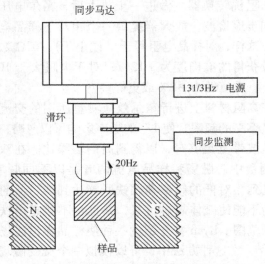

图9-6　交流霍尔效应测量装置方块图

（采用固定磁场、旋转样品和交流电流）

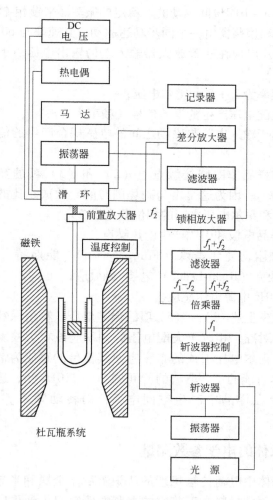

图 9-7 用光电激发测量经 ^{60}Co 辐照的 KCL 样品的
霍尔迁移率的装置方框图

装置的方框图。样品中的载流子浓度是由一束斩波光束直接通过装在磁极中心的一个光栏来调制的，同时在样品上加一个与磁场方向垂直的直流电场。调制光束的斩波器放在磁场外，并

与由一个在 $5 \sim 10^3$ Hz 间驱动的、稳定的振荡器来锁相-锁频。滑环组件的轴和振荡器由一个同步马达驱动，其速率与 60Hz 的电源频率同步。出现在前置放大器输入端的输出电压由下列几部分组成：

（1）频率为 $f_1 \pm f_2$ 的霍尔电压；

（2）失配电压产生的误差信号（频率为 f_1）；

（3）由于输入电路与磁场之间的电感耦合产生的信号（频率为 f_2）；

（4）在样品非欧姆接触点上（2）和（3）项的互调影响（频率为 $f_1 \pm f_2$；因为这是由与磁场的时间导数成正比的电压导出的，它们和霍尔电压之间的相位差为 $\pi/2$）；

（5）样品电极和引线产生的热噪声；

（6）磁阻，爱廷豪森（Ettingshausen）、能斯特（Nernst）和里纪-勒杜克（Righi-Leduc）电-热-磁效应；

（7）60Hz 电源电压感应。

为了减少上述（1）～（5）项的误差电压，霍尔探针要非常细心地进行对准，相应于失配电压的频率应该在为检测器所选频宽之外。霍尔电压引线的布置应使其检拾的感应为最小，而频率 f_2 应尽可能的小。典型的 f_1 可在 $70 \sim 110$Hz 间，选择依据是为了避免在样品中产生空间电荷；而转动频率 f_2 可选为 3.3Hz。

9.4   绝缘体的电学参数测量

对绝缘体中电荷传输机理的认识落后于金属和半导体，主要原因是后两种材料在工艺中的重要性使它们得到更广泛和更充分的理论研究和试验研究。如今，对绝缘体方面的研究就像对非结晶半导体一样越来越重视，但常用的测量方法和对这种测量的解释不一定能用于绝缘体。需要把绝缘体与半导体分开考虑有几个原因，其中之一是绝缘体的热平衡的载流子浓度很低。要使绝缘体导电，必须用外加方法使其产生载流子，或者用光子注入（光电导）、电子注入（例如在电子显微镜里产生）或从适当的电极引入的电注入。这些方法提供的载流子都靠近绝缘体表面，因此整个样品中的浓度不一定是均匀的。当存在电场时，载流子分布受预先引入的载流子空间电荷的影响，如果提供足够的空间电荷，那么电流就受空间电荷限制[19]。在这种条件下，欧姆定律在整个样品上不再适用了，因为它只在电导率均匀时才能成立，而这要求有均匀的载流子分布。

如果有一个稳态空间电荷限制（SCL）电流通过一个固体，那么载流子的陷阱效应能用与自由载流子浓度 n_f 和总载流子浓度 n 之间的函数关系来表示。一般情况下，对于沿 x 坐标传输的载流子为：

$$n_f = C\exp\left(\frac{E_F}{kT}\right) \tag{9-8}$$

式中，系数 C 与 x 无关；k 是玻耳兹曼常数；T 为绝对温度。$n_f E_x = J_x (e\mu_x)^{-1}$，其中 E_x 是电场强度沿 x 轴的分量；J_x 是电流密度沿 x 轴的分量，于是：

$$\exp\left(\frac{E_F}{kT}\right) = J_x (Ce\mu_x E_x)^{-1} \tag{9-9}$$

在没有陷阱的情况下，$n_f = n$，而

$$\left(\frac{\partial^2}{\partial x^2}\right)E_x^2 = 0 \tag{9-10}$$

它的解为：

$$E_x(x) = (\alpha^2 x + \beta)^{1/2} \tag{9-11}$$

式中，积分常数 α 和 β 由边界条件确定。如果在 $x=0$ 处的注入接触点能注入任意数量的载流子，那么 $E_x(0) \approx 0$，因而式（9-11）中 $\beta = 0$；常数 α 可由加在长度为 L 样品接触点间的 x 方向的电压来确定，即：

$$V = \int_0^L E_x(x)\,\mathrm{d}x \tag{9-12}$$

于是可得：

$$\alpha = \frac{3V}{2L^{3/2}} \qquad (9-13)$$

式中，L 为测量样品的两个接触点间的距离。因 $\partial E_x / \partial x = en/k_x \varepsilon_0$，其中 k_x 是介电常数，则有：

$$n_f(x) = \left(\frac{-3k_x \varepsilon_0 V}{4eL^{3/2}} \right) \cdot x^{-1/2} \qquad (9-14)$$

由上所述可导出 SCL 的电流电压关系，这就是 Child 定义律[20]：

$$J_x(x) = \frac{9k_x \varepsilon_0 \mu_x V^2}{8L^2} \qquad (9-15)$$

可以预期，没有陷阱时，只在载流子浓度很小的情况下才具有欧姆性质。一旦开始出现注入载流子的空间电荷，就会影响样品内的电荷分布，绝缘体由欧姆电导改变成 SCL 电导。对于浅陷阱来说，如 Lampert 所证明的，电流密度仍依赖于所加电压的平方和电极间距的负三次方[21]。如果存在指数式的陷阱分布时，那么空间电荷大部分被陷，而电流密度与电压有一个超线性关系，如 Mark 和 Helfrich 所证明的[22]。空间电荷限制（SCL）电流有好几种形式，取决于是仅由电子形成电流还是由于电子和空穴，或者是存在陷阱或复合中心形成电流。在双注入过程中，也就是电子从阴极注入，空穴从阳极注入，空间电荷限制（SCL）条件至少部分被克服了；而对于中等注入水平来说，可以认为在绝缘体内电荷完全被中和；然而，对高的或低的注入水平，空间电荷又变为重要的了。Lamb 曾介绍过在绝缘体中的其他导电过程，如内部场发射、Schottky 发射和 Poole-Frenkel 效应等[23]。

对光导性绝缘体的霍尔效应测量出现了一些在金属和半导体中不会遇到困难，空间电荷的存在可使外加电场失真或者使霍尔电极区域内的电场值减少到很小的数值。空间电荷的这种效应可以用一个交变电场使它减少，如 Olson 和 Wertz 所指出的[24]。在霍尔电路中的输入回路电容需要尽可能的减少，以降低用于检测霍尔电压的放大器的负载。例如，输入回路电容约为 20pF（这是长为 30cm 的屏蔽电缆的典型值），那么在 10^3 Hz 时的容抗约为 $10^7\,\Omega$，这个值对于阻抗大于 $10^6\,\Omega$ 的样品将产生过载。要使输入容抗减小到 10^{-3}，则霍尔检测器的等效阻抗应增加同样的倍数（10^3）。低回路电容的要求和引线屏蔽的必要性不是互相排斥的，条件是屏蔽接到一个低阻抗电源上，其电压幅值和相位应与输入信号相同[25]，这样将没有电流通过输入引线和屏蔽之间，而回路电容不会降低输入阻抗。这种加电源激励的屏蔽应当用第二层接地的屏蔽罩罩起来，或者屏蔽接到阻抗更低的电源上。Olson 和 Wertz 用一个高阻抗的变压器给样品提供电流，因此样品与地是隔开的[24]。霍尔电压检测器与 MacDonald 所用的相似，但是附加一个源极跟随器，这样就可以采用一个低阻抗的差分放大器[25]，把霍尔电压转换为一个单端信号。在 40cm 长的三芯同轴电缆一端测得的输入电容，在 10^3 Hz 的情况下，可降低到 0.2pF 以下。对掺金属的碱土金属氧化物进行了霍尔效应测量，用强光引入载流子而产生约为 $10^9\,\Omega$ 的有效样品电阻，其迁移率为 $0.05\mathrm{cm}^2/(\mathrm{V\cdot s})$ 数量级。测量是在磁场为 1.3T、交流供电电压约为 50V（rms）的情况下进行的。

Carver、Allgaier[26] 和 Carver[27] 曾介绍一个基于 Corbino 磁阻的测量非晶半导体载流子迁移率的、很有创造性的实验方法。Corbino 圆片电磁特性已经在本书第 3 章描述了。方法的基础是用一个闭路的同轴电极结构把霍尔电压短路；一个径向电流 i_r 在样品的中心电极和边缘电极之间通过。当存在横向磁场 B 时，在其圆周上出现的霍尔电流由下式给出：

$$i_\theta = \left(\frac{\mu B i_r}{2\pi}\right)\ln\left(\frac{r_2}{r_1}\right) \tag{9-16}$$

式中，r_1 和 r_2 分别是样品接触点的内径和外径。Corbino 圆片的几何结构与无限宽的矩形样品相似。这两种情况霍尔电压是被短路的，而霍尔电流相对于径向电流转动一个 θ 角。如果径向电流是交流的，那么霍尔电流就能通过一个放在靠近样品处的传感线圈感应检测出来。在样品中的霍尔电流和传感线圈成为变压器电路的初级和次级绕组。假设传感线圈是半径为 a 的单匝，与厚度为 δ 的样品距离为 b，并满足下列条件：

$$r_1 \ll r_2, \quad b \ll a, \quad \delta \ll r_2 \tag{9-17}$$

则感应的电压由下式给出[28、29]：

$$V(a) = i\omega\delta \int_{r_1}^{r_2} M(r,a) \cdot J_\theta(r)\,\mathrm{d}r \tag{9-18}$$

式中　ω——样品电流的角频率；

$M(r,a)$——电流密度元 $J_\theta(r)$ 与传感线圈间的互感。

方程（9-18）的解对个别频率范围是可求出的[30]，在低频区为：

$$V(a) = i\omega\mu i_r B \int_{r_1}^{r_2} (M(r,a)/2\pi r)\,\mathrm{d}r \tag{9-19}$$

当对于一个已知准确几何尺寸的样品有可能用数值法求解方程（9-19）时，可更方便地根据准确已知迁移率的样品来校准测量装置。

用于 Corbino 磁阻测量的装置如图 9-8 所示，它是准备把样品放入恒定磁场的电磁铁的 3.2cm 的铁芯气隙之内的。电流电极的设计应使在整个样品上的电流呈均匀分布，并能避免电极本身感应的任何霍尔电流的影响。把传感线圈放在样品背着中心电流接触点一侧的位置上，以减小电容耦合；可用厚为 $25\mu m$ 接地的铝箔包住线圈作为静电屏蔽来进一步减小电容（对于工作频率为 10^5 Hz 时这是很重要的），再详细的情况可见图 9-9。样品电流由一个音频振荡起供给，并且与相敏检测器的参考电压同步。电流源必须有很好的相位稳定性、低失真和合适的屏蔽，参考电压和锁相放大器之间的最佳相对相位必须根据实验确定。相位漂移要保持稳定；调整锁相控制，以取得最大信号

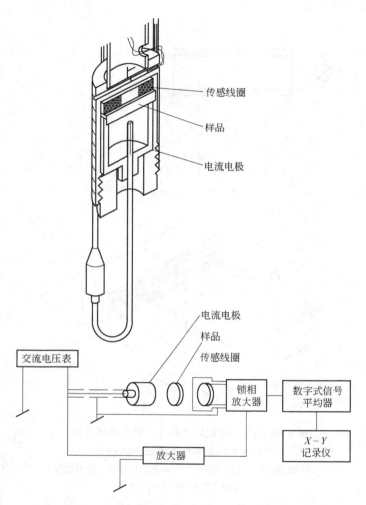

图 9-8 用 Corbino 磁阻法测量非晶半导体样品迁移率的装置
a—样品架的剖视图（铜电流电极径向开槽，以减小循环电流）；
b—包括样品和电流输入图示的检测装置的方块图

（根据相互正交相位调整位置）。Carver 用一个已知迁移率的银薄片来校准测量装置[27]，发现感应信号相对频率、样品迁移率、电流和外加的磁场等是线性关系。在磁场为 2T 情况下，样品迁

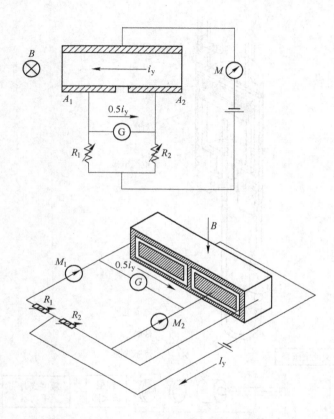

图 9-9　测量高电阻率材料（在横向磁场 B 中）
表面和体霍尔电流的试验电路
a—表面和体霍尔电流用差分式电流放大器或检流计 G 测量；
b—体霍尔电流用保护电极测量

移率为 $1cm^2/(V \cdot s)$ 时，用 1mA 的样品电流得到 12nV 的灵敏度。在横向磁场为 2T 情况下，迁移率范围为 $2 \times 10^4 \sim 0.2cm^2/(V \cdot s)$，测量得到的重复性优于 5%，准确度由校准误差确定。

Dobrovol' skii 和 Gritsenko[30] 曾介绍另一种确定载流子迁移率的方法：用霍尔电流测量法而不是用霍尔电压测量法。在矩形样品中，它的尺寸可以这样来选择：霍尔电场实际被短路，磁阻与磁场的关系和 Corbino 圆片相似，如第 3 章里指出的那样。因此，根据霍尔电流的测量能得到计算载流子迁移率所需要的数据。霍尔电流包括两部分：表面分量和体内分量，图9-9a 中所示电路提供一个明确确定每个分量的方法。假设提供给样品的电流在零磁场中是沿 x 坐标方向，那么，在横向磁场里会产生霍尔电流 i_y，并且每个分立电极的电流均为 $0.5i_y$。差分式电流指示器 G（见图 9-9）的阻抗必须比样品电极 A_1 和 A_2 间测得的阻抗及电阻 R_1 和 R_2 小很多。如果在 $B = 0$ 时样品阻抗和 R_1、R_2 相等即在它们之间没有电位差。那么就没有电流通过 G；若不是这样，则应调节 R_1 或 R_2 使 G 指为零。如果现在加一磁场，那么检流计 G 将指示一个相应于 $0.5i_y$ 的电流。若使用保护电极，如图 9-9b 所示，那么电流 i_y 表示通过样品体内的霍尔电流，电流 i_x 是 M_1 和 M_2 测量值的总和。为了得到正确的结果，A_1、A_2 和保护电极都必须保持在相等的电位，并且 A_1、A_2 间实际距离以及它们与保护电极间的实际距离必须比样品的长度 l 或宽度 w 都小得多。如果表面载流子传输可以忽略，则在氧化亚铜样品上进行霍尔电流和霍尔电压测量的结果，比较发现其一致性是很好的。但是，如果表面传导是重要的，那么霍尔电流和霍尔电压测量得到的迁移率之间会出现差异：前者测量得到的值是后者测量得到值的 3 倍，这归结为表面载流子传输的影响。Mortensen 等人给出了确定绝缘体载流子迁移率的霍尔电流与霍尔电压法的比较[31]，他们指出，用霍尔电流法比较容易得到高灵敏度。其理由如下：

（1）测量霍尔电流的分立电极的两部分之间的轻微不对称。如果电极间隙很小，样品电阻率很大，则不影响测量准确度。在霍尔电压法中，霍尔探针位置如果有一个轻微的不对称，就会引起很大的误差；这是因为对绝缘体的霍尔电压测量来说，需要一个很强的电场。

（2）霍尔电流测量法需要有一个差分式电流放大器或一个

低阻抗、高灵敏度检流计；而霍尔电压法与此相反，它要一个具有非常高输入阻抗的检测系统，因为绝缘体有很高的内电阻。

（3）霍尔电流法能用于非常薄的样品测量；而对霍尔电压法，为了不扰乱在电极附近的电流线分布，薄样品在制作或放置电极方面会产生一些问题。

（4）随着在绝缘体上加上磁场后，霍尔电压全部建立需要经过几个周期的时间间隔（弛豫时间）；相反，霍尔电流则能即时建立。

在绝缘体中，电介质的弛豫时间可能相当长，致使交流霍尔电压测量法只能用在一个有限的频率范围内；用霍尔电流法则没有这种限制。进一步说，进行霍尔电流测量可以不考虑载流子陷阱的限制；被限的载流子的释放可采用调制光注入或在输入电极上加一个脉冲电压的方法来实现。这种技术被用于确定空间电荷限制电流为主的材料中的漂移迁移率[32]。电流的瞬态变化现象也可用来进行霍尔效应测量，磁场也可以用脉冲形式。但是，这样的方法还适用于电压测量。这是因为在加上电流的时间和霍尔电压达到它的稳定值之间有一个时间滞后。

为了测量绝缘层的薄层电阻，利用电子束代替在通常的金属-绝缘体-金属结构或金属-绝缘体-半导体结构的顶部电极是有利的[33～36]。Chester 和 Kosicki 发展了一种方法，在这种方法中使用一个低速电子束把电荷注入到绝缘层里去[36]，被注入电荷在其自感应场的影响下向着淀积在薄层上的金属电极漂移，电荷在电极上被收集并测出与时间有关的电流。如果这个电流是非欧姆性的，而且注入的载流子浓度比在电子束照射前绝缘层中的载流子浓度小很多时，电流衰减曲线可以计算出来。其时间常数 τ 仅是一个可调参数。Chester 和 Kosicki 在厚度为 5～40nm 的砷化镓层上做过这种薄层电阻测量。测得的薄层电阻值为 10^{11}～$10^{14}\,\Omega$，这些值对应约为 10^{12} 个电子/cm^2 和电子浓度约为 $10^{18}\,cm^{-3}$ 的 10nm 厚的薄层。可以看到迁移率是很低的，约为 10^{-4}～$10^{-7}\,cm^2/(V \cdot s)$ 的数量级；这种电荷传输的一个可能的

方式是在绝缘层表面或在绝缘层内电子跃迁过程或者在相邻的
两个陷阱中心之间的隧道效应[37]。

9.5　小结

本章对高电阻率材料测量中，测量的准确度受到的各种影
响因素进行了分析，其中包括接触电阻、存在能改变内部电场
的空间电荷以及与时间和过程有关的空间电荷限制的电流等的
影响；引线和电缆的寄生电容以及大的样品电阻，在测量期间
会使达到稳定条件所需要的时间常数增大等的影响。分别对直
流测量法和交流测量法进行了介绍，并对绝缘材料的电阻测量
进行了理论分析和测量方法的介绍。

参 考 文 献

1　WIEDER H. H. 著，李达汉译. 半导体材料电磁参数的测量. 北京：计量出版社，
　　1986. 10

2　Fischer G. , Grey D. , Mooser E. Rev. Sci. Instr. , 1961, 32：842

3　Heilmeier G. H. , Harrison S. E. Phys. Rev. , 1963, 132：2010

4　Fermor J. H. , Kjekshus A. Rev. Sci. Instr. 1965, 36：763

5　Colman D. Rev. Sci. Instr. , 1968, 30：1946

6　Park Y. S. , Hemenger P. M. , Hung C. H. Appl. Phys. Lett. , 1977, 18：45

7　Baleshta T. M. , Keys J. D. Am. J. Phys. , 1968, 36：23

8　Hemenger P. M. Rev. Sci. Instr. , 1973, 44：698

9　Zielinger J. P. , Tapiero M. , Noguet C. J. Phys. E：Sci. Instr. , 1973, 6：579

10　Kao K. C. , J. Sci. Instr. , 1962, 39：208

11　Amey W. G. , Hambruger F. Proc. Amer. Soc. Test. Mat. , 1949, 49：1079

12　Salthouse E. C. J. Sci. Instr. , 1963, 40：49

13　Edwards W. D. J. Sci. Instr. , 1965, 42：432

14　Pell E. M. , Sproul R. L. Rev. Sci. Instr. , 1952, 23：548

15　Gobrecht H. , Franke K. H. Niemeck F. , Boeters K. E. , Z. Angew. Phys. , 1961,
　　13：261

16　Ryan F. Rev. Sci. Instr. , 1962, 33：76

17　Hermann A. M. , Ham J. S. , Rev. Sci. Instr. , 1965, 36：1553

18　Eisele I. , Kevan L. Rev. Sci. Instr. , 1972, 43：189

19   Tredgold R. H. Space Charge Conduction in Solids, Elsevier Publishing Co. , Amstre-
      dam, 1966

20   Rose A. Phys. Rev. , 1955, 97: 1583

21   Lampert M. A. Phys. Rev. , 1956, 103: 1648

22   Mark P. , Helfrich W. J. Appl. Phys. , 1962, 33: 205

23   Lamb D. R. Electrical Conduction Mechanisms in Thin Insulating Films, Methuen and
      Co. , London, 1967

24   Olson E. E. , Wertz J. E. Rev. Sci. Instr. , 1970, 41: 419

25   MacDonald J. R. Rev. Sci. Instr. , 1954, 25: 144

26   Carver G. P. , Allgaier R. S. J. Noncryst. Sol. , 1972, 8/9: 347

27   Carver G. P. Rev. Sci. Instr. , 1972, 43: 1257

28   Shackle P. W. Phil. Mag. , 1970, 21: 987

29   Fortini A. , A Le Bourgeois. J. Appl. Phys. (Paris), 1964, 25: 175A

30   Dobrovol V. N. skii, Gritsenko Yu. I. , Sov. Phys. -Sol. State, 1963, 4: 2025

31   Sonnich O. Mortensen, R. W. Munn, D. F. Williams. J. Appl. Phys. , 1971, 42:
      1192

32   Pott G. T. , Williams D. F. , J. Chem. Phys. , 1969, 51: 1991

33   Tantraporn W. , J. Appl. Phys. , 1968, 39: 2012

34   Pickar K. A. Solid-State Electron. , 1970, 13: 303

35   Lampert J. , J. Vac. Sci. Technol. , 1969, 6: 753

36   Chester A. N. , Kosicki B. B. Rev, Sci. Instr. , 1970, 41: 1817

37   Hill P. M. , Thin Solid Films, 1967, 1: 30

10 扫描电子显微镜及其在半导体测试技术中的应用[1]

　　扫描电子显微镜具有良好的性能，主要用来研究金属、非金属或半导体材料的表面，其分辨能力在光学显微镜和透射电子显微镜之间。

　　可以利用扫描电子显微镜来研究物质的表面形貌和研究磁场、电场、电压分布、电阻率变化、电子复合中心、缺陷结构、晶体完整性、光发射性能等性质以及检测表面化学成分等。扫描电子显微镜的突出优点是景深非常大，放大倍数范围很宽（15～20000倍），它能将试样表面起伏的立体形貌精确地复制出来。此外，这种显微镜比一般透射电子显微镜的视场面积大，观察范围也宽广。缺点是分析超纯半导体材料中痕量杂质的灵敏度不够高。

10.1 扫描电子显微镜结构和工作原理[2~4]

10.1.1 基本原理

　　扫描电子显微镜的电子-光学系统，能产生一束很细的电子，并在试件表面连续进行扫描。这一束电子称为初生电子，当它轰击到试件表面上时有一部分被吸收，其余的被反射，并且还能从试样中释放出次生电子。次生电子和反射电子被一个"电子收集器"所捕获，然后将这电子电流放大并用来调制显像管显示屏的亮度。这样，屏上各点的亮度便代表被电子束照射的物体上的各点所发射的电子数。因为这一亮度主要取决于初生电子束的入射角以及物面与电子收集器之间的相互位置，所以物体表面上的起伏形貌（就像用侧照明所获得的那样）就在显像管屏幕上显示出来。

10.1.2　电子-光学系统

　　扫描电子显微镜的电子-光学系统示意图 10-1。利用高压电场使从阴极发出的热电子向试样方向加速。三个电子磁透镜使电子聚焦成一个细小的探针，这细小的探针称为电子探针。此外，还可以用改变透镜磁场强度的办法来调节电子束的强度。

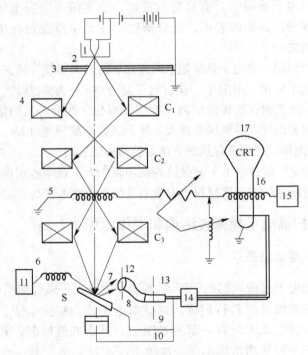

图 10-1　扫描电镜成像原理图

1—阴极；2—栅极；3—阳极；4—磁透镜；5—扫描线圈；6—X 光；
7—二次电子；8—栅网；9—吸收电子；10—透射电子；11—X 光谱仪；
12—光导管；13—光电倍增管（探测器）；14—视频放大器；
15—扫描发生器；16—偏转线圈；17—显像管；
C_1、C_2、C_3—磁透镜；S—样品

设置在电子束路径上的各光栏用来限制电子束的锥角，使它不发散。电子束通过电子-光学系统后到达样品表面时，其直径约为10nm。两对扫描线圈以规定的频率把电子束折射到（在一个与电子运动方向垂直的平面上）样品上受检验的区域，使该处受到电子束的扫描。由于显像管偏转线圈和镜筒中扫描线圈中的扫描电流是严格同步的，因此显像管上相应点与样品上扫描点是相对应的，于是显像管上便产生了与样品表面一致的图像。

10.1.2.1 电子磁透镜

磁透镜的作用是使电子束聚焦到样品表面上。与聚焦电子束有关的重要参数是电子束斑尺寸 d，电子束发散角 α 和电子束斑总电流 I。不同的工作条件要求取不同的上述参数值。这就是选择合适的透镜电流。由此可见，扫描电子显微镜中的电子磁透镜不是用来放大成像的，这与透射电子显微镜中的电子磁透镜的作用根本不同。可以这样说，扫描电子显微镜中没有真正用于物体成像的电子磁透镜。图像的放大作用在于，显像管屏幕上的光点严格对应物体上的扫描点，样品上微小的扫描区被显示在尺寸比它大得多的显像管屏幕上，从而起到成像放大作用。

图10-2示出了通过三个透镜系统的电子光路。设电子源的有效尺寸为 d_0，中间像的尺寸分别为 d_1 和 d_2，则最终像的尺寸 d（即束斑直径）为：

$$d = d_2M_3 = d_1M_2M_3 = d_0M_1M_2M_3 \qquad (10\text{-}1)$$

式中 M_1、M_2、M_3——三个透镜的放大倍数（均小于1）。

M_1、M_2 的大小取决于透镜中的电流 I_1 和 I_2。M_3 的大小主要取决于透镜中心至样品的工作距离 L。在仪器说明书中一般都给出 I_1、I_2、L 和 d 之间的关系，适当组合 I_1、I_2 和 L 的大小便可以得到所要求的 d。当 I_1 和 I_2 逐渐增加时，d 便逐渐减小。透镜电流对电子束电流的影响示于图10-3中。由图10-3可以看出，透镜2从透镜1接受的电子数为 $(\alpha_2/\alpha_1)^2$（α_1,α_2 分别为像在透镜1和2所扩展的圆锥角）。$\alpha_2 < \alpha_1$，因为有许多电子在路上损

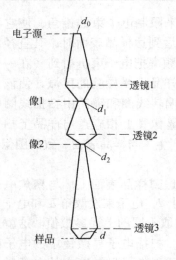

图 10-2   三透镜系统电子光路图

图 10-3   透镜 1 和透镜 2
之间光路

失掉了。当透镜 1 的电流增加时，像的位置便向透镜 1 靠近，α_1 增加而 α_2 基本不变，此时电子损失增加，电子束电流减小。

在电子光路中设置了许多光栏，其中透镜 3 中间的光栏最为重要，由它来控制最终电子束的发散角 $\alpha = D/2L$（D 为光栏直径，L 为工作距离），如图 10-4 所示。亮度 B 是单位束斑面

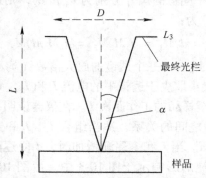

图 10-4   末透镜光栏直径 D、发散角 α、
工作距离 L 之间的关系

积、单位球面角的束电流：

$$B = \frac{I}{\pi(d/2)^2 \pi \alpha^2} \approx 0.4 \frac{I}{d^2 \alpha^2} \qquad (10\text{-}2)$$

式中，亮度 B 为常数，与透镜电流、光栏尺寸无关。图 10-5 示出了当 $B = 4 \times 10^4 \text{A/cm}^2 \cdot$ 球面度时的 I、d、α 关系曲线。

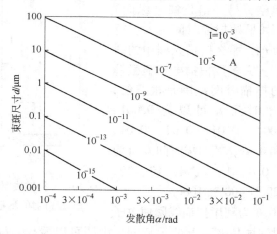

图 10-5　当亮度 $B = 4 \times 10^4 \text{A/cm}^2 \cdot$ 球面度时电子束斑尺寸 d 与发散角 α 和束斑电流 I 之间的关系曲线

　　亮度 B 值可以由以下两式计算出来。首先计算热阴极发射成像最大电流

$$j = \frac{j_0 q V a^2}{kT} \qquad (10\text{-}3)$$

式中　j_0——阴极表面电流密度；

　　　V——阴极和像点之间的电压；

　　　T——阴极温度。

　　亮度为

$$B = \frac{j}{a^2} = \left(\frac{q}{k}\right)\left(\frac{j_0}{T}\right) V \qquad (10\text{-}4)$$

亮度取决于灯丝的工作方式(j_0/T)项和加速电压 V。

10.1.2.2　扫描线圈

利用两组相互垂直的线圈使电子束在样品表面上扫描，一组是行（水平）扫描线圈，另一组是帧（纵向）扫描线圈。如果帧扫描时间为 t_f，行扫描时间为 t_1，那么扫描光栅中的线数 $N = t_f/t_1$。大多数扫描电子显微镜可供选择的扫描时间范围是很宽的，例如行扫描时间 t_1 可以为 0.001、0.002、0.004、0.01、0.02、0.04、0.1、0.2 和 0.4s；帧扫描时间 t_f 可为0.1、0.2、0.4、1、2、4、10、20、40、100、200、400 和 1000s。

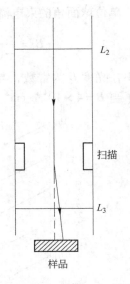

图 10-6　扫描线圈使电子
光路折射的示意图

由图 10-6 为利用扫描线圈使电子束偏转折射到样品表面上的示意图。由图可以看出，样品上被扫描面积的大小受透镜 L_3 的极靴和光栏所限制。为了克服上述缺点，增大被扫描面积，可采用双扫描系统，第一个线圈使电子束产生一个方向的折射，第二个线圈又使电子束产生相反方向的折射。这样，就扩大样品上的扫描范围。

10.1.3　样品表面上产生的效应

初生电子受到高压电场加速后获得很高的速度，并且还受到磁性透镜的聚焦作用。这样，以高速轰击样品表面的初生电子便会引起以下几个同时发生的过程（见图10-7）。

10.1.3.1　弹性散射

一部分入射电子在碰到样品原子后发生弹性散射，它们散射时就要带走一定的能量，所带走的能量可以从几百电子伏特到初生电子本身所具有的能量。这样产生的电子称为反射电子。

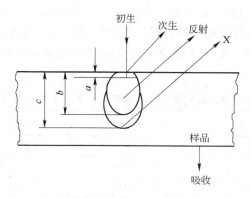

图 10-7　样品表面上产生的效应

a—次生电子发射区；b—反射电子发射区；c—X 射线发射区

反射电子数量的多少，很大程度上取决于初生电子能量、初生电子入射角以及样品中所含元素的原子序数。原子序数越大，反射电子量越多。

10.1.3.2　非弹性散射

当电子通过样品时，初生电子和反射电子（在离开时）将部分能量传给样品原子，被原子吸收的这一能量又引起以下过程，这些过程被称为非弹性散射。

（1）发射能量为 50eV 的次生电子。影响次生电子发射量的因素和反射电子大体相同。

（2）发射 X 射线，在某些情况下也能发射可见光（阴极射线致发光）。所发射的 X 射线的能量取决于样品材料的原子序数，即对每一种特定元素来说，仅发射特征波长一定的 X 射线谱线。

（3）部分初生电子被吸收了，并以电流的形式流出。吸收电流的大小也主要取决于样品所含元素的原子序数。

（4）产生电子-空穴对附加载流子。

图 10-7 中示出了样品上所发射的电子和 X 射线的发射深度和范围，图中 a、b、c 分别代表次生电子、反射电子和 X 射线

的发射区域。表 10-1 列出了次生电子、反射电子、吸射电子和 X 射线的发射深度和发射直径。发射区是产生一定信息的地方，其大小对成像、化学分析的灵敏度以及显微镜的分辨本领的影响很大。

表 10-1　次生电子、反射电子、吸收电子和 X 射线的发射深度和直径

非弹性散射	发射深度/nm	发射直径/nm
次生电子	1 ~ 10	200 ~ 2000
反射电子	200 ~ 2000	200 ~ 2000
吸收电子	200 ~ 4000	200 ~ 3000
X 射线	200 ~ 3000	200 ~ 2000

10.1.4　探测器

扫描电子显微镜中的探测器是其重要附件，它包括电子收集器和 X 光检测器。

10.1.4.1　电子收集器

电子收集器装在离样品约 40mm 处，用金属栅屏蔽。金属栅上加上一个偏置电压，偏置电压能在 − 30 ~ 250V 之间调节。无论偏置电压多高，快速运动的反射电子都以直线方式到达电子收集器。也就是说，只有那些向电子收集器作直线运动的电子才可以被它接纳进去。如果利用正偏置电压，就能将慢速运动的次生电子吸收到收集器中，甚至当这些慢速运动的次生电子从背着检测器的一侧的样品表面离开时也能被收集进去。利用负偏置电压还能使次生电子返回去。进入收集器的电子被 12kV 的电压加速，然后到达闪烁器，闪烁器的晶体便产生闪光，这种闪光又在光电被增管中转换成电流，从而测出其亮度或用来调制显像管的亮度。

10.1.4.2　X 光检测器

与反射电子一样，只有从样品上发射出来又折射到检测器的 X 光可供分析。X 光可用来作能量色散分析和波长分光分析。

（1）能量色散分析。不同的元素所发射的 X 光能量是不一样的，即一定的元素发射出一定波长的 X 光，把这种光称为特征 X 射线。表 10-2 中列举出一系列元素的特征 X 射线。如果将一束 X 射线按能量分离开来，便可以得到不同元素的特征 X 射线谱，这就是能量色散分析所依据的主要原理。

表 10-2　某些元素的特征 X 射线波长/nm

元　素	原子序数	$K_{\alpha2}$	$K_{\alpha1}$	$K_{\beta1}$
Na	11	1. 1909	1. 1909	1. 1617
Mg	12	0. 98889	0. 98889	0. 9558
Al	13	0. 83392	0. 83367	0. 7981
Si	14	0. 71277	0. 71253	0. 67681
P	15	0. 61549	0. 61549	0. 58038
K	19	0. 37446	0. 37412	0. 34538
Ca	20	0. 336159	0. 33583	0. 30896
Mn	25	0. 21057	0. 21017	0. 191015
Fe	26	0. 19399	0. 19359	0. 17565

　　扫描电子显微镜的能量色散分析基本过程如下：将一块高纯的硅单晶（作粒子探测器）装在两块金属板之间，金属板上加几百伏的电压，硅半导体检测器要紧靠样品，并且用液氮连续冷却。当具有特定能量的 X 光进入检测器时，半导体硅中就产生自由载流子，其数量与 X 光能量成正比。这样经过前置放大器和主放大器便可以给多通道分析仪输入电脉冲，分析仪按脉冲高度进行分类。这样便产生了 X 光谱，这种光谱被称为 X 光的能谱。X 光的能谱还可以在显示屏上显示出来。因为电脉冲高度是与 X 光光子能量相对应的，也就是与样品中所含的元素相对应，所以 X 光能谱就能反映样品中所含的元素。图 10-8 示出一张用于能量色散分析的 X 光能谱照片，图中横坐标是 X 光能量，纵坐标是脉冲强度。1、2、3、4、5、6、7 分别代表 MgK_{α}、AlK_{α}、SiK_{α}、SK_{α}、CaK_{β}、TiK_{α} 特征 X 射线谱线的能量，表明样品中含有镁、铝、硅、硫、钙、钛元素。

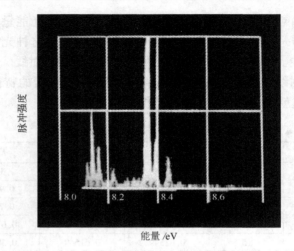

图 10-8　能量色散分析法得到的 X 射线谱

1—MgK_α；2—AlK_α；3—SiK_α；4—SK_α；

5—CaK_α；6—CaK_β；7—TiK_α

　　扫描电子显微镜能量色散分析法的优点是，能同时分析整个光谱以及灵敏度很高。缺点是光谱线的分辨本领受到限制（分辨本领接近于 150~200eV），以及还不能分析原子序数小于 11 的元素。

　　（2）波长分光分析。这一方法是以布拉格发现的晶体结构和 X 光存在一定关系作为基础的。布拉格观察到，当 X 光以一定的入射角射到晶体的点阵面上时，只有一个特定的波长从晶体反射出来。在扫描电子显微镜中通过旋转晶体的方法（即晶体分析仪），可在很大间隔范围内调整 X 射线的入射角。如果在晶体后面接一个 X 光计数器，那么在某一特定波长下，当满足晶体中的反射条件时，X 射线就被检测出来。可用测量入射角的方法来测定 X 射线的波长，两者的关系可用布喇格定律表示：

$$2d\sin\theta = n\lambda \quad (n = 1、2、3、\cdots) \tag{10-5}$$

式中　d——晶体中反射晶面的晶面间距；

θ——X 射线与反射晶面间的入射角；

λ——X 射线的波长。

因为每一种元素只发射它的特征 X 射线，所以测定出 X 射线的波长，就等于把样品中所含有的元素鉴别出来了。

可以让被晶体反射的 X 射线进入一个比例计数器，计数器内所充的气体（Ar、CO_2 混合气体）便发生电离。此时正离子移向计数器的器壁；而电子则快速移向计数器中心的带正电荷的金属线（+1.2kV）。电子在前进过程中与所充气体的分子相碰撞，引起分子电离。这种电离可以用电脉冲方式测出。单位时间内的脉冲数代表了射线强度的指数，因而也就代表了元素的浓度。

这种分析方法的优点是光谱的分辨本领好（高于 5eV），信噪比大，并能分析原子序数为 5 或 5 以上的元素。缺点是灵敏度低，不能把样品中所有元素同时分析出来，只能进行逐个元素分析。

波长分光法和能量色散法彼此能很好地配合使用，后者可以快速鉴定样品所含的元素，而前者则定量的测定元素的比例。

10.1.4.3 吸收电流的测量

从样品中流出的吸收电流经过放大后可被测量出来。改变透镜激磁的大小能使此电流在约 $10^{-6} \sim 10^{-2}$A 范围内变化。

10.1.4.4 阴极射线致发光的测量

由电子束激发的电子-空穴对可以发生辐射复合，所发出的光称为阴极射线致发光。这种发光可用光电倍增管或固体探测器测量出来。

10.2 操作模式和工作条件[4]

10.2.1 操作模式

在扫描电子显微镜中利用探测器收集不同类型的信号，可以得到各种操作模式。

（1）发射模式

收集从样品表面 5nm 处发射出来的能量为 0 ~ 30eV 的次生电子。这是最常用的操作模式，可以得到有关表面形貌、元素分布的信息。

（2）反射模式

收集来自样品表面几微米厚层的背散射的初生电子，可以提供样品体内的许多信息。

（3）吸收模式

把导线接到样品，以自样品通过导线接地的吸收电流作为信号。次生电子或反射电子局部增加引起吸收电流局部降低。吸收模式像衬度与前面两种模式的衬度是相反的。

（4）透射模式

收集透过薄样品的电子。电子的能量范围很宽，取决于样品的性质和厚度。

（5）电子束诱导电流模式（EBIC）

导线接到样品某一部位，加上电压后以流过导线的电流作为信号。入射到样品上的初生电子束的作用是在样品中产生附加载流子，这些载流子引起局部电导率改变，而使流过导线的电流变化。这一操作模式适合于研究半导体中电阻率的不均匀性、p-n 结空间电荷区和晶体缺陷的行为。

（6）阴极射线致发光模式

可以收集从样品发射的光（阴极射线致发光）作为信号，用单色器将特定波长选择出来，适用于发光半导体材料研究。

（7）X 射线模式

利用晶体分光仪或脉冲高度分析器，选择特定波长 X 射线或直接不分光，作为 X 射线微探针分析。

10.2.2 电子束斑最小有效尺寸

在扫描电子显微镜中透镜都起缩小作用，其中以末透镜为最重要。在 2、3 透镜之间的像点由于末透镜的像差在样品表面上不能成像为一个几何点，而是扩展成一个模糊的圆斑。圆斑的大小与透镜的性质和电子束在样品上发散角 α 有关。这种情况和光学显微镜的情况相类似。由此可见，电子束斑有一最小的有效尺寸 d，并可以用下式表示：

$$d^2 = d_s^2 + d_c^2 + d_a^2 + d_d^2 + d_{th}^2$$

式中各项为

（1）$d_s = C_s\alpha^3$ 为透镜球差引起的像点扩展尺寸，C_s 为球差系数；

（2）$d_c = C_c(\delta V/V)\alpha$ 为透镜的色差引起像点扩展尺寸，C_c 是色差系数。色差是由于高压电源电压 V 的波动 δV 引起电子束波长（$\lambda = (150/V)^{1/2}$）的变化而发生的。

（3）$d_a = (\delta Z)\alpha$ 为透镜的像散引起像点扩展尺寸，d_Z 是因像散引起的两个线焦点之间的距离。但如利用像散校正装置可以使残余像散得到修正，则这一项便可以忽略。

（4）$d_d = 1.22\lambda/\alpha$ 是透镜因衍射效应引起的像点扩展尺寸。这与一般光学透镜中的情况相类似。

（5）d_{th} 是由显示衬度所需的束斑阈值电流 I_{th} 所决定的电子束斑尺寸。因为亮度应满足下式

$$B = \frac{I}{\pi\left(\dfrac{d}{2}\right)^2 \pi a^2} \approx 0.4\frac{I}{d^2 a^2}$$

当 $I = I_{th}$ 时，由上式可以得到

$$d_{th} = \left(\frac{0.4 I_{th}}{B}\right)^{1/2}\frac{1}{a}$$

由上式可以看出，因 $B \propto \dfrac{V}{T}$，当电子束斑尺寸太小时，阈值电流 I_{th} 太小不足以压制噪声以显示衬度。阈值电流由噪声水平和衬度所决定，这方面的问题在下面再作讨论。

由上式可以看出，d_s 和 d_c 随 a 增加而增加，而 d_d 和 d_{th} 随 a

增加而减小，因此为获得最小有效束斑尺寸而对应存在一个最佳 a 值。C_s 和 C_c 越小，则电子束斑有效尺寸越小。C_s 和 C_c 与工作距离有关，工作距离越短，C_s 和 C_c 越小。当工作距离为 10mm 时，C_s 和 C_c 的典型值分别为 20mm 和 8mm。另外，C_s 和 C_c 以及 λ 和 B 都与加速电压 V 有关，因此当加速电压 V 改变时，最佳 α 值和最小有效束斑尺寸也就随之改变，增加电压使最小有效束斑尺寸减小。实际操作时一般选择合适的透镜电流，就能得到与最小有效束斑尺寸相等的电子束斑。

10.2.3 电子束斑电流

选择电子束斑电流时主要考虑噪声和形貌衬度的大小。噪声可以来自下列几个方面。首先，因为电子束是由大量电子所组成的，所以这些电子到达样品表面上会发生统计起伏，这种统计起伏称为粒散噪声。当电子束流减小时，这种统计起伏增加，因此噪声增加。其次，是与样品表面上产生的效应，如二次电子的发射有关的附加统计起伏。再次，是与电子收集器和放大系统有关的附加噪声。

噪声的出现使衬度变弱，图像模糊。噪声与衬度检测之间存在如下的一些关系。

设总信号大小为 S，样品上某一特定形貌的信号大小为 $S + \delta S$，则这一形貌的衬度 C 用下式定义

$$C = \frac{\delta S}{S}$$

当信号上叠加了噪声 δN 时，形貌特征便变得模糊，甚至会消失。只有满足下式

$$\delta S > 10\delta N$$

时，即

$$C > 10\frac{\delta N}{S}$$

才可以检测出形貌特征。统计起伏引起的噪声与电子数 n 的平

方根成正比，即 $\delta N \propto \sqrt{n}$，于是得到

$$C > \frac{10\sqrt{n}}{n}$$

即

$$n > 100\left(\frac{1}{C}\right)^2 \qquad\qquad (10\text{-}6)$$

由此可见，为检验样品的形貌所需的电子数与形貌衬度 C 的平方成反比。若某一形貌的衬度 C 为 10%，则每一图像点所需要电子数 n 为 $100 \times \left(\frac{1}{0.1}\right)^2 = 10^4$。扫描电子显微镜的扫描光栅每一帧有 10^3 根线，每一根线又有 10^3 个图像点，也就是每一帧有 10^6 个图像点，总电子数为 10^{10} 个。与这一总电子数相当的电量等于电子束斑阈值电流和帧扫描时间的乘积。如所选电子束斑电流和帧扫描时间组合恰当，便可以得到上述总电子数。如取 10^{-9}A、1s 或 10^{-10}A、10s 的组合，则每一帧的总电子数均为 10^{10} 个。

10.2.4 分辨本领

各种操作模式的分辨本领取决于如下因素：电子束斑尺寸及其在样品上的扩展效应，信噪比，杂散电场，机械振动。分辨本领 r 不能小于电子束斑尺寸。电子束斑最小有效尺寸越小，则分辨本领越好。前面指出，电子束斑最小有效尺寸取决于电子束发散角、加速电压、信噪比，而信噪比又与电子束电流、样品、操作模式有关。表 10-3 列出了各种操作模式的分辨本领。

表 10-3 操作模式与分辨本领

操作模式	分辨本领	操作模式	分辨本领
发 射	$10 \sim 30$nm	电子束诱导电流	$0.3 \sim 1.0\mu$m
反 射	$50 \sim 200$nm	X 射线	$0.3 \sim 1.0\mu$m
透 射	$5 \sim 10$nm	阴极射线致发光	$0.3 \sim 1.0\mu$m
吸 收	$0.1 \sim 1.0\mu$m		

10. 2. 5   放大倍数及其选择

扫描电镜中图像放大倍数是由显像管屏幕尺寸和电子束扫描区的尺寸之比决定的（长度比）。当显像管屏幕面积不变时，改变镜筒内扫描线圈的扫描电流，就可以改变扫描区的大小，从而能方便的改变图像的放大倍数。例如显像管屏幕尺寸为 10cm×10cm，如果样品上扫描的面积为 1mm×1mm, 0.1mm×0.1mm 和 0.01mm×0.01mm 时，则放大倍数分别为 100、1000、10000 倍。为了获得高放大倍数，必须减小扫描线圈的电流，因此在扫描电镜中高放大倍数是容易获得的，而十分低的放大倍数却反而难以达到。例如要获得 10 倍放大倍数，则扫描的样品面积应达到 10mm×10mm，这就需大的电子束偏转角，于是电子束就有可能打在透镜的极靴和光栏上并破坏扫描线性。

扫描电子显微镜在工作时，显像管偏转线圈和镜筒中扫描电流是严格同步的。因此显像管荧光屏每帧的行数与样品上扫描区的行数是一致的，图像的放大倍数即为显像管屏幕上的行间距与样品上电子束扫描的行间距之比。

当放大倍数过大时，由于受分辨率本领的限制，图像便会变得模糊不清。因此显微镜的最大有效放大倍数由下式决定：

$$M = \frac{R}{r} \tag{10-7}$$

式中 R——肉眼可以分辨的最小距离；

   r——样品的分辨本领。

显然，分辨本领越佳，r 值小，则可以获得的有效放大倍数越高。通常取 R 值为 0.01cm；对负片、正片、放大显示来说，分别取 R 值为 0.01、0.03、0.1cm 是合适的。由此可见，显像管屏幕扫描线行间距应为上述 R 值。例如行间距为 0.01cm，显像管屏幕尺寸为 10cm×10cm，一般扫描电子显微镜工作时，每帧应为 1000 行。样品上的扫描行间距 r' 为 R/M, M 是使用的放大倍数。现在来研究一下样品上的扫描行间距 r' 与电子束斑尺

寸 d 的关系及其对显微镜的影响。

如果 $d > r'$，则相继扫描的线就在样品上发生重叠。此时分辨本领取决于 d 而不是 r'，在放大倍数太高时会出现这种情况。与此相反，如果 $d < r'$，则相继线在样品上出现间隙、此时失去部分信息，造成错觉，在放大倍数太低时会出现这种情况。由此可见，最佳条件是 $d = r'$。例如，所用的放大倍数为 1000 倍，显像管的行间距 R 取为 0.01cm，那么样品上扫描的行间距为 $r' = 100$nm，电子束斑最佳尺寸 d 应为 100nm。如果 $d = 1\mu$m $\gg r'$，在这种情况下放大倍数即使很高也是无效的。此时应改变工作条件，降低放大倍数。也就是应增大样品上的扫描面积（放大倍数减小），增大样品上扫描的行间距；或者减小电子束斑尺寸，而不降低放大倍数也可。如果 $d = 10$nm $\ll r'$，样品上扫描的行间距相对大了，便会使信息失真。此外，如电子束斑尺寸太小，束斑电流也小，随之噪声增大，结果记录迟钝，灵敏度降低，像片质量不好。

10.2.6 景深

所谓景深是指样品表面上在平行光轴方向上像始终保持聚焦的距离范围，景深由下式给出

$$F = \frac{d}{\tan\alpha} \tag{10-8}$$

式中 d——有效的分辨本领；

  α——光束的发散角。

对扫描电子显微镜来说，α 很小，故得

$$F = \frac{d}{\alpha} \tag{10-9}$$

图 6-9 中示出了放大倍数、分辨本领、景深三者之间的关系曲线。

对光学显微镜来说，分辨本领 d 为

$$d = \frac{\lambda}{A} = \frac{\lambda}{n\sin\alpha} \tag{10-10}$$

式中　λ——光的波长；

　　　A——透镜的数字孔径；

　　　n——样品和透镜之间的介质折射率；

　　　α——光束发散角。

结合式（10-8）可以得光学显微镜的景深 F_{OM}（角标 OM 代表光学显微镜，SEM 代表扫描电镜）。$\lambda = 500\text{nm}$ 和 $n = 1$ 的典型光学显微镜的景深和放大倍数和分辨本领之间的关系也表示在图 10-9 中。如果扫描电子显微镜的 α 取 $3 \times 10^{-3}\text{rad}$，那么由图可以看出，当分辨本领为 $5\mu\text{m}$ 时，$F_{SEM}/F_{OM} = 30$；当分辨本领为 $0.5\mu\text{m}$ 时，$F_{SEM}/F_{OM} = 1000$。由此可见，扫描电子显微镜有很高的景深，因此像的立体感比较好。

通常需要知道景深和总电流之间的关系，联立解式（10-2）和式（10-9）可以得到

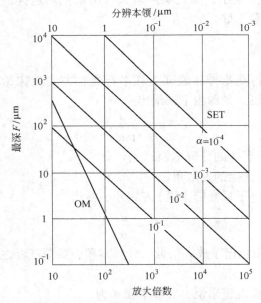

图 10-9　景深与分辨本领和电子束发角
之间的关系曲线

$$F = \left(\frac{B}{0.4I}\right)^{1/2} d^2 \qquad (10\text{-}11)$$

如图 10-10 所示为亮度 $B = 4 \times 10^4 A/cm^2 \cdot$ 球面度时，景深 F 和放大倍数、分辨本领以及束斑电流之间的关系曲线。可利用该图来选择恰当参数，以改善显微像的质量。

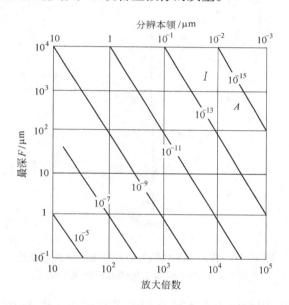

图 10-10　景深和放大倍数、束斑电流分辨本领的关系曲线
（$B = 4 \times 10^4 A/cm^2 \cdot$ 球面度）

10.3　成像衬度机制

样品在扫描电子显微镜中有多种成像衬度机制，下面仅就电子像来讨论衬度机制。

10.3.1　表面形貌衬度

图 10-11 中示出了样品法向与电子束夹角 θ 逐渐增加时的 3 种情况。电子束穿透样品深度不变，但 θ 比较大时主要透入样

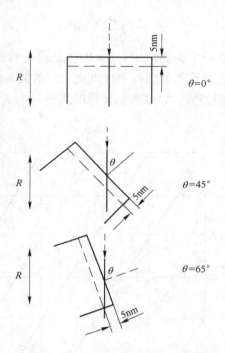

图 10-11 样品在 3 种倾斜位置情况下表面被穿透
（约 5nm）的比例随 θ 角增加而增加的情况

品表面层，因此跑出表面的反射电子数增加。由于次生电子主要在表面 0 ~ 10nm 层中发射，所以随 θ 增加，次生电子发射量也增加。

此外，离开样品表面的电子存在一个角分布，这个角分布与电子离去方向和样品表面法线之间的夹角 φ 的余弦成正比。随 θ 增加，使得最大强度方向（$\varphi = 0°$）向探测器靠近，因而收集量增加，信号强度也增加。

如图 10-12 所示，样品倾斜 45°，有两个对称的小平面，与样品基面倾斜 20°，它们的法线与电子束夹角分别为 25° 和 65°。因此最终像（发射模式或反射模式）的 B 平面（25°）比 C 平面（65°）暗，背景在两者之间。因此像显示出阴影和三维立体

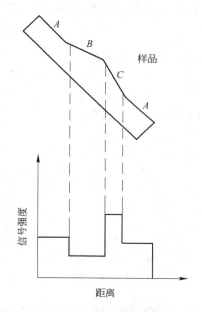

图 10-12 表面形貌衬度的形成示意图

形态。

10.3.2 原子序数衬度

样品中含有不同原子序数的元素会引起衬度效应，这种效应称为原子序数衬度。这种衬度主要来自反射电子。通常把入射电子被反射的分数称为背散射系数 η，当加速电压为 10 ~ 40kV 时 η 与加速电压关系不大，而随原子序数 Z 增加而增加。图 10-13 示出了加速电压为 30kV 时，η 与 Z 的关系曲线。当 Z 为 20 和 21 时，两者的 η 可相差 5%。由此可见，因信号强度正比于 η，Z 的差别将引起衬度。图 10-14 所示为次生电子像。次生电子像能描绘出所检测到的各元素的分布情况。图中深浅不同的白色区域代表钛、钙、铝、钾、硅元素所富集的区域。由此可见，次生电子量与 Z 也存在类似关系，但后者对前者的影响更小些。因此用发射模式工作时原子序数衬度比较弱一些。

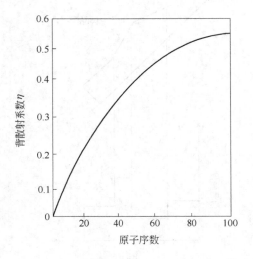

图 10-13　背散射系数与原子序数之间的关系

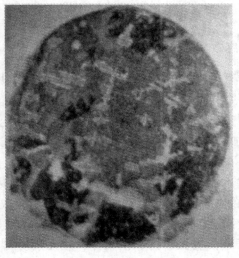

图 10-14　次生电子像

10.3.3　表面磁场和电场衬度

如果磁场出现在样品的表面局部地方，那么由该区发射的次生电子便会受到磁场的作用而产生小的折射。当它们离开时，空间分布角就会变得稍稍倾斜。因此，用发射模式操作时，就应以衬度显示出磁性区域。这一衬度效应的强度取决于磁场强度和探测器检出次生电子小的角度分布的灵敏度。

10.3.4　表面电势衬度

如果样品表面上的各个区域存在不同的电势，在偏置电压下观察半导体器件时，就可能出现衬度。对发射模式，信号强度取决于收集器网与样品之间的电压。如果样品表面上各个区域存在不同的电压，那么便会因各个区域的信号收集量不同而引起衬度。低电压区给予大的信号，对应像上亮区。反射模式工作时，因为表面电势对收集的信号大小影响较小，所以电势衬度就弱一些。

10.3.5　样品诱导电流衬度

利用电子束诱导电流模式操作时，用导线连接到样品上并外加电压。当入射电子扫描样品时，便会在某一区域产生电子-空穴对，这种电子-空穴对在电场作用下产生运动。如果在它们复合之前，被电场扫出样品外，那么电流便发生变化，在像中出现亮衬度。当样品存在复合中心（如缺陷）时，会使所产生的电子、空穴就地很快复合，而减小电子束诱导电流，引起暗的衬度，从而可检测出复合中心。

另外，也可用电子束照射 p-n 结，而不必外加电压。当电子束照射离结面一个扩散长度内，产生的载流子可以扩散到 p-n 结，空穴和电子分别被拉向 p 区和 n 区（见图10-22）因而产生电势，在外电路形成诱导电流，表现为亮衬度。当电子束扫到结中缺陷处或离 p-n 结较远处，其电子束诱导电流较小，在荧光屏上表现为暗衬度。

10.3.6　晶体取向衬度

　　当晶体的取向相对于入射电子束满足布喇格衍射条件时，则入射电子束会被晶体衍射，同时产生所谓异常透射效应。入射角小于布喇格角时，被散射的电子数较多。入射角大于布喇格角时，被散射的电子数较少。后一种情况的电子束有很好的透射能力，一般把产生大透射能力的现象称为异常透射效应。在扫描电子显微镜中也观察到类似的效应，虽然该效应比较弱，但能检测出来，从而可得到"结晶学"信息。上述效应在扫描电镜中通常称为"电子通道效应"。

10.4　在半导体测试技术中的应用

　　目前在半导体测试技术中扫描电子显微镜的应用越来越广泛。一般应用发射模式来研究各种形貌，用其他模式来得到特殊信息。

10.4.1　一般应用

　　下面列举扫描电子显微镜用于表面形貌研究的一些实例。
　　(1) 观察硅单晶表面腐蚀坑的形态[5]：
　　第2章中已指出了可以用化学腐蚀的办法将硅单晶中的错位、层错、微缺陷等晶体缺陷显露出来。譬如为缺陷或位错线在硅单晶表面的露头处经化学腐蚀后就会出现一个对应的腐蚀坑，不同晶向的腐蚀坑其所呈的形态有时是不一样的。例如，在硅单晶 (111) 晶面上微缺陷腐蚀坑为凹坑，而 (100) 晶面上则常常为小丘，在光学显微镜下往往难以分辨清楚是凹坑还是小丘。但在扫描电子显微镜中，利用其景深大的特点就能十分清楚地看到它的立体形貌。
　　(2) 检查出集成电路中漏电晶体管以便进一步查出漏电的原因[6]：
　　可采用阳极电镀技术，使集成电路硅片中的漏电或管道晶体管的发射结上形成一薄氧化膜覆盖层。在电镀时,电流通过漏电晶体管,由于管道所在部位具有大的电流密度,所以在硅片表面上管道部位便出现一个局部腐蚀坑,用超声或磷酸将发射结氧化膜去除之后,在扫描电子显微镜下观察集成电路硅片,可立即找到晶体管漏电的位置然后再进一步研究产生漏电的原因。图 10-15 和图 10-16 所示为双极型集成电路经电镀后又将阳极薄膜除去,在扫描电子显微镜下所摄制的照片。箭头所指代表漏电晶体管基极顶部的腐蚀坑,这是管道所在位置。

图 10-15　阳极薄膜去除后漏电晶体管
基极顶部的腐蚀坑

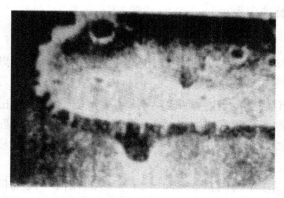

图 10-16　阳极薄膜去除后在基极顶部存在直径较大的
腐蚀坑为漏电流 $I_{CEX} > 500 \mu A$ 的典型管道

（3）检验制备集成电路的工艺缺陷：

图 10-17 为用扫描电子显微镜拍摄的硅集成电路照片。由照片可以看出线条的错开和铝连接条上的缺陷。可以借助扫描电子显微镜来分析制备集成电路的工艺缺陷，以改进工艺条件，提高集成电路的质量和成品率。

图 10-17　扫描电子显微镜拍摄的集成电路

10.4.2　特殊应用

10.4.2.1　研究晶体管中的 p-n 结[4]

对晶体管加偏置电压，利用发射模式电势衬度可以在扫描电子显微镜下清楚地勾画出如图 10-18 照片所示的 E、B、C 三个结区。电势衬度像在研究半导体器件时是十分有用的。一般来说样品制备处理简单，并由电子束的荷电效应可以获得足够的电压偏置而不需要用导线连接到样品上，因而可以显示真正的电学结。测定结区宽度比一般染色法更准确。

还可以用电势衬度法来研究 p-n 结的几何不规则性、结短路、导线的断路等。

10.4.2.2　观察不同偏置电压下结电场区的宽度变化[4]

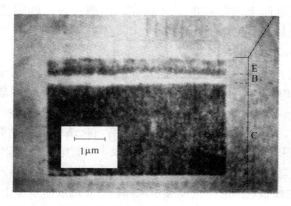

图 10-18   利用电势衬度得到的晶体管 E、B、C 结区

图 10-19 示出了半导体二极管的截面。在二极管两端加上反向偏置电压，利用电子束诱导电流模式取结电流为成像信号。入射电子束扫描通过样品表面形成电子-空穴对，由于远离开结电场区的地方，电子、空穴复合而对结电流没有贡献，所以结电场区以外是暗的。由于在结电场区产生的电子、空穴对结电流有贡献，所以结电场区是亮的。图 10-19 中的 a、b、c 为不同

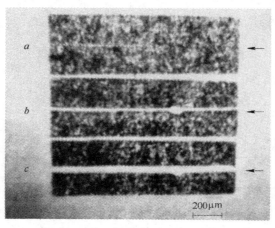

图 10-19   电子束诱导电流模式得到的不同
偏置电压下的结电场宽度

反向偏置电压下的扫描电子显微像。由图可见，随偏置电压增加，结电场区宽度增加。

10.4.2.3　研究结击穿行为和 p-n 结中的缺陷

　　用电子束诱导电流衬度来研究 p-n 结中的缺陷特别合适，(见图 10-21、图 10-22)因为可以通过扫描电子显微镜观察缺陷对器件失效的影响。p-n 结电场区中的缺陷往往可以作为复合中心，使电子束激发的电子、空穴对复合，因而对结电流没有贡献，缺陷成为结亮区中的暗区(见图 10-23b)。又若给 p-n 结外加反向偏置电压(见图 10-20)，因为击穿点与电场局部集中有关，电子束扫描到击穿点时所产生的电子-空穴对便被这里的强电场加速从而使 p-n 结发生雪崩击穿，同时产生更多电子-空穴对，因而击穿点呈局部亮点(见图 10-23a)。

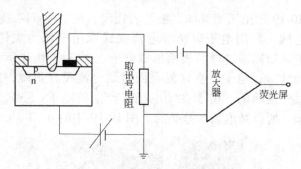

图 10-20　给 p-n 结外加负偏压利用扫描
电镜检测局部击穿点

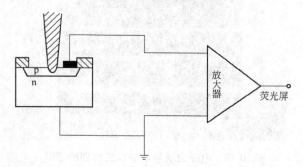

图 10-21　利用电子束诱导电流检测 p-n 结中缺陷

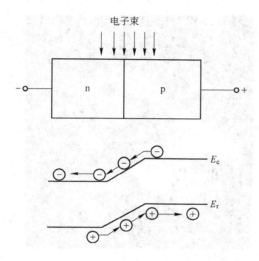

图 10-22 电子束照射 p-n 结时引起诱导电动势

10.4.2.4 研究半导体体内复合中心[4]

样品两侧面经喷射腐蚀液薄化后在中心产生孔洞，如图 10-24 所示。远离孔洞边缘由于不均匀腐蚀，样品厚度逐渐增加。样品边缘连接导线并加上电压，采用电子束诱导电流模式操作。外加电压在样品薄化区产生强电场。由于电子束在该区形成的额外载流子对通过导线的电流有贡献，所以孔洞边缘呈现亮区。由此可见，这种电子束诱导电流模式操作也可用来研究无 p-n 结的样品中缺陷的电学行为。若再配置适当的实验还能测定少子寿命、陷阱截面、复合距离。

图 10-25 所示为测扩散长度和少子寿命的示意图。该图表示在半导体上制作 p-n 结或肖特基结，结面和表面垂直。样品表面上入射电子束沿 x 方向扫描，若忽略表面复合影响，当 p-n 结上加一很小的反向偏压时，则在 p-n 结上收集的电流为：

$$I \propto e^{-x_1/L} \tag{10-12}$$

式中 L——样品的扩散长度；

x_1——入射电子束到结的距离。

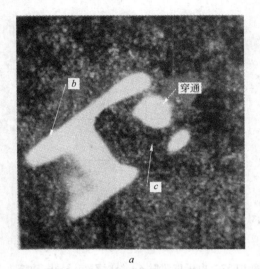

a

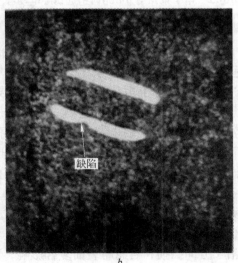

b

图 10-23　用扫描电镜所观察到的 p-n 结

a—加负偏压时在发射结区检测到局部击穿点

b—利用电子束诱导电流检测到的缺陷

图 10-24 利用电子束诱导电流模式所
观察到的无 p-n 结样品的复合中心

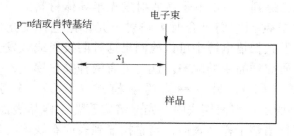

图 10-25 测扩散长度和少子寿命的示意图

维持电子束强度为一常量，测出 I 与 x_1 的关系即可求得 L。利用电子束作为激发源的主要优点是：能精确控制电子束的能量和照射尺寸；可把电子束的直径调整到很精细，而特别适合微区薄层的测量（分辨率达几十微米），也适合于较小扩散长度、较短寿命的测量。

10.4.2.5 观察样品中微区电阻率变化和生长条纹

如果样品上微区电阻率不均匀，或直拉单晶经 450° 热处理后因氧施主的条纹分布引起的电阻率不均匀，在这种情况下用电子束照射时，与光生伏特效应类似，样品两端产生的电压正比于样品上扫描点的电阻率变化率。使电子束沿样品长度方向扫描，同时将测得的电压信号放大便可指示样品上沿长度方向微区电阻率的变化。若用这种方法测得氧施主分布则可显示生长条纹。

10.4.2.6 利用阴极射线致发光研究固体的能带

对某些发光半导体来说，由于电子束扫描样品表面会引起辐射复合过程，所以发射出光。光的波长取决于半导体的能带结构。利用单色器选出特定波长，然后再转换成适当的电信号，以确定所发生的特定的能量跃迁，便可推知半导体的能带构造。

10.4.2.7 利用阴极射线致发光研究发光半导体材料中的缺陷[7]

前面已提到，一次电子束照射发光半导体材料时，所激发出电子-空穴对当它们复合时可辐射出光，把这种发光称为阴极射线致发光扫描电镜中可以检测出这种阴极射线致发光，并利用它来研究样品中的缺陷。这时可有两种操作模式，一种为表面模式（CL），另一种为透射模式（TCL），分别如图 10-26a、b 所示。表面模式中，光电倍增管置于样品表面附近，使电子束扫描整个样品表面，当它扫描到表面有缺陷时发射的光便减弱，从而可检测出缺陷。这种操作模式仅能检测表面缺陷，而且效率很低。透射模式是将固体光探测器放置在样品的下面，用它探测样品上表面产生的并透过样品体内的阴极射线致发光。当样品表面或体内有缺陷时，缺陷增加对光的吸收，使透过的光减弱，这样便可检测到样品表面和体内深处的缺陷。当样品上有空洞时，由于降低了对光的吸收而使透过的光增强，所以也能被检测出来。在透射模式中用 PIN6DP 硅二极

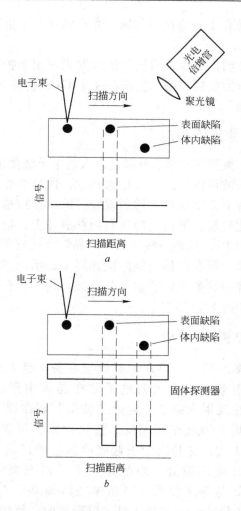

图 10-26 利用阴极射线致发光检测发光材料中缺陷的示意图

a—在表面收集发光；b—样品下面收集

透射光（可检测体内缺陷）

管作固体探测器，不用带复杂聚光系统的光电倍增管。这种二极管紧挨样品，除光的收集效率高外。还具有低噪声恒功率，零偏置电压操作下响应快、与输入光有线性的十进输出关系等优点。

　　试验已证明,透射式阴极射线致发光可用来拍照样品体内影响材料光学性质的缺陷,鉴定存在于 GaAs 衬底和 GaAlAs 外延层中的缺陷。

10.5　电子束通道效应[4]

　　高能电子束照射在单晶材料上,入射电子波便进入晶体中。晶体中的电子波可以用两个波场来描述,这两个波场在晶体中传播一定条件下会出现异常透射效应。虽然在扫描电子显微镜中这种效应比较弱,但已成功地利用在成像上,得到所谓电子通道图案(ECP)。这是一些与晶体结晶学性质有关的一系列带所组成的图像,可在扫描电镜的荧光屏上显示出来,它们与透射电子显微像中的菊池线图案十分类似。这一节介绍与电子束通道效应有关的 ECP 图案。

10.5.1　ECP 图案的形成

　　ECP 图案的形成与异常透射效应有关。首先定性的分析一下异常透射效应。由入射电子波在晶体中激发起两个波场。波场 1 在反射面原子位置处是波节,而在原子间隙处则是波腹。波场 2 情况正好相反,波腹在原子位置处。波场 2 的吸收比波 1 大,这是因为引起吸收的各种过程接近于原子处大于原子之间间隙处。当晶体置于严格布喇格反射位置时,两个波场是等激发的。当晶体轻微偏离布喇格位置时,布喇格偏离矢量 $s < 0$,波场 2 是主要激发的;而在相反位置时($s > 0$),波场 1 是主要激发的。这样当高能电子入射到晶体时,布喇格反射面两侧的整个吸收是不对称的,在 $s < 0$ 处比 $s > 0$ 处大。

　　用电子束扫描样品时,扫过样品的角度比低指数反射的布喇格角 θ_B 大,如图 10-27 所示。图中 A、B 位置表示出现严格布喇格反射，此时 $\theta = \theta_B$。AB 之间区域 $\theta < \theta_B$，$s < 0$；AB 以外区域 $\theta > \theta_B$，$s > 0$。

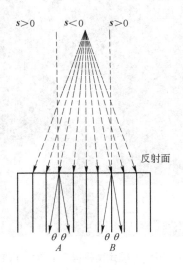

图 10-27 电子束在样品上扫描时与样品成不同角度
发生布喇格反射的 3 种情况

采用反射模式操作时，反射电子由散射过程引起，这种散射过程主要出现在原子中心附近。$s < 0$ 的区域恰好是波场 2 的主要激发的区域，波场 2 的波腹在原子中心处，受到强烈散射，产生大量反射电子和 X 射线。与此相反，由于 $s > 0$ 的区域是波场 1 主要激发的区域，散射不那么强烈，所以产生的反射电子少。由此可见，电子波难通过的地方（$s < 0$）出现亮带，而电子波容易通过的通道处（$s > 0$）出现暗带。

采用发射模式操作时，次生电子由最外表面层（5nm）引起，而且大多数次生电子由离去的反射电子所产生。这样对同一样品来说，发射模式和反射模式的 ECP 图案是类似的。图 10-28 所示照片是（100）硅样品，采用发射模式时所得到的 ECP 图案。

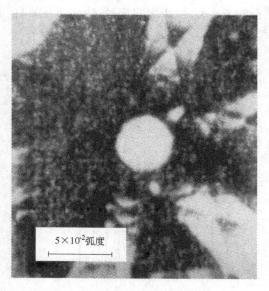

5×10^{-2}弧度

图 10-28   用发射模式操作得到的硅的 ECP 图案

由图 10-28 可以看到，扫描电子显微术所得到的 ECP 图案与透射电子显微术中的菊池线极为相似，但注意不要把两者相混淆起来。在扫描电子显微镜中用电子收集器来收集反射电子，并记录下 ECP 图案。因为电子收集器只能记录某一扫描点上由样品散射的总电子数，而不能分清这些电子以什么角度出射，所以 ECP 图案与电子出射角无关。而透射电子显微术中的菊池线是衍射线圆锥面与屏幕的交线，因此菊池线与电子衍射角严格相对应。两种图案的本质上是不同的，因而不能用菊池线图来标定 ECP 图案。

10.5.2 ECP 图案的性质

（1）ECP 图案中有一系列的衬度带，任何衬度带之间的角宽度都是相应的布喇格角 θ_B 的两倍。θ_B 由下式决定：

$$2d\sin\theta_B = \lambda$$

取一次近似 $\theta_B \propto \lambda \propto 1/\sqrt{V}$，因此电子加速电压降低引起带宽增加。

（2）样品侧向移动会引起像中表面形貌特征的移动，但不会引起 ECP 图案中衬度带的移动。样品倾斜或旋转才会引起带的移动，就像衬度带被严格固定在样品中一样，这与透射电子衍射图案中的菊池线移动十分相似。

（3）扫描线圈的电流变化会使形貌显微像放大倍数变化，并随之也引起带的放大倍数发生相应的变化。

10.5.3 获得 ECP 图案的条件

获得高质量的 ECP 图案比较困难，这是因为必须同时满足以下条件。

（1）样品条件：

只能用晶体样品得到 ECP 图案，非晶体样品不能产生 ECP 图案。因为电子通道效应依赖于异常透射效应，只有完整晶体才有异常透射效应。当晶体完整性下降时，ECP 图案清晰度恶化，甚至最终会消失。

样品表面制备情况对 ECP 图案的质量也有影响。样品表面上的非晶质薄膜，如氧化膜可使入射的高能电子到达膜下的晶体之前向各方向散射。这相当于入射电子有较大的发散角，使图像的角度分辨本领降低。此外表面残余机械损伤也有类似的影响，而且这种影响用发射模式操作时比用反射模式更为显著。由此可见，只有尺寸较大的（大于 $3\,\text{mm} \times 3\,\text{mm}$）的单晶样品，经过细心的样品表面处理，并得到高的表面晶体完整性，才可以获得 ECP 图案。

（2）电子束条件：

通常用三个重要参数来评价 ECP 图案的质量。第一是形貌像的分辨本领，这由入射电子束斑尺寸 d 所决定；第二是图案的角度分辨本领，它由电子束发散角 α 所决定，图案随发散角 α 增大而变模糊；第三是图案的衬度 C。前面第二节中已指出，电

子束电流 I 的选择与图案的衬度有关，I 与衬度 C 的平方成反比。由此可见，ECP 图案的质量与电子束情况有关，即取决于电子束的 d、α、I 三个参数。d、α、I 与电子源的亮度 B 有下列关系：

$$B = \frac{0.4I}{d^2\alpha^2} \qquad (10\text{-}2)$$

式中，B 为常数；d、α、I 三个参数中只有其中两个可独立选择。当衬度 C 一定时，电子束电流则按衬度 C 选择一个合适值，此时 d 和 α 就成反比关系，即 d 减小时 α 增大。这表示不可能同时获得好的显微像分辨本领和好的图案角度分辨本领。因此增加衬度可使束电流减小，从而使 d 或 α 减小，亦即使分辨本领增加。增加桢扫描时间也可在一定程度上改进图案质量。增强扫描电镜电子源亮度也可使 d 或 α 减小，但这只在场致发射电子源条件下才可以实现。

此外，利用信号的微分处理也可以显示 ECP 图案中出现的附加信息，使精细线的衬度增强，但是在注释微分图案时必须十分谨慎。因为与扫描方向的平行图线在微分图案中都不能被显示出来，并且与扫描方向垂直的带、线都显示出不对称的衬度，例如高阶反射带的一条边是明的，另一条边却是暗的。

归纳起来，得到高质量的 ECP 图案的电子束条件为：

1）放大倍数低（<50 倍）；

2）发散度小（<0.01°）；

3）束斑电流大；

4）发散度无法减小时，可以采用大的电子束斑尺寸（1μm）。

10.5.4　ECP 图案的应用

ECP 图案可应用在以下几个方面。

（1）测定晶向：

在测定晶向之前首先要辨认 ECP 图案。如果图案中包含一个如图 10-28 所示的低指数轴，则很容易辨认清楚。但当图中仅有一个带的边缘或少数几条线时，就难以辨认了。这时首先要记录所要定向的 ECP 图案，然后将样品慢慢倾动并随时观察显示屏，让 ECP 图案慢慢通过显示屏直到看到某个低指数轴的图案，并记下样品倾斜量，即为原始 ECP 图案偏离该低指数轴的角度。当样品进一步向其他方向倾斜时，可记录无数个 ECP 图案，从而得到完整的 ECP 立体投影图案。

样品定向时，如果样品面是平的，则使样品面与中心电子束垂直，并得到 ECP 图案。图案中的中心点相当于样品表面的法线。在立体投影图中找到这一点的位置，于是便得到 ECP 图案中心点的晶向。这样可测定样品面的晶向。

（2）测定晶格常数：

前面已指出，ECP 图案中带和线的位置取决于布喇格关系 $2d\sin\theta_B = \lambda$。从 ECP 图案中的带宽度可以测出某组晶面的相应的 θ_B 值，由电子束加速电压可以知道 λ 值。由此可以测定样品的晶面间距 d 和晶格常数。

（3）评价晶体完整性：

ECP 图案质量随晶体完整性降低而变劣，因此利用 ECP 图案的质量便可以评价晶体完整性。

当晶体缺陷在样品表面露头时，点阵平面由于表面松弛而局部弯曲。这种弯曲可以轻微改变布喇格反射邻近的电子吸收，从而引起衬度效应，将位错等晶体缺陷检测出来。

10.6　小结

本章主要介绍了扫描电子显微镜的结构和工作原理，对其操作模式和工作条件进行了分析，并对成像衬度机制进行了讨论，对其在半导体测试中的一般应用和特殊应用进行了详细介绍。最后，对电子束通道效应问题进行了分析，介绍了电子束通道效应在测定晶向，测定晶格常数和评价晶体完整性方面的应用。

参 考 文 献

1　孙以材. 半导体测试技术，北京：冶金工业出版社，1984. 10

2　Wintsch W. , Geiger T. Sulzer Technical Review Research Number, 1972

3　Head K. , Jean M. Plaw. Scanning electron microscopy

4　Booker G. R. Modern Diffraction and Imaging techniques in Material Science, pp. 553 ~ 595. North-Holland Publishing Company, 1970

5　Ravi K. V. , Varker C. J. Semiconductor Silicon, 1973, 145

6　Tice W. K. Semiconductor Slilicon, 1973, 646

7　Chin A. K. et al. . Appl. Phys. Lett, 1979, 34（7）：476

11　外延片的物理测试[1]

11.1　概述

外延生长技术应用在工业上已经有多年历史了，目前已成为比较成熟的方法，是半导体生产中不可缺少的工艺环节。外延生长技术的主要优点是：

（1）在低阻衬底上外延一层高阻单晶层，在这一高阻层上制作的器件兼有高击穿电压和低串联电阻的性质。这就解决了在器件制造中高频与大功率之间的矛盾。

（2）能较好控制外延层的厚度、电阻率、均匀性、晶格完整性。特别是随着大规模集成电路的发展，对材料提出更严格的要求，从而促进了对外延生长的缺陷的深入研究，加速了晶体缺陷控制技术的进步。目前，除了锗、硅外延片外，还出现Ⅲ-Ⅴ族化合物半导体、二氧化硅、碳化硅等晶体的外延生长，通过外延生长可在不同衬底上生长出各种单晶或多晶薄膜，以满足新型器件和电路的需要。

本章重点介绍硅外延片的测试技术，其中有的测试方法不仅适用于硅，而且也适用于其他材料的外延片。

11.2　红外干涉法测外延层厚度[2,3]

这种方法是利用红外线入射到外延层后又分别从衬底表面和外延表面反射出来，反射光束在满足一定条件下会发生相互加强或减弱的干涉作用，然后由发生加强或减弱的波长换算出外延层厚度。下面就来详细介绍这种测试方法。

11.2.1 膜反射红外光时的干涉效应

考虑图 11-1a 所示的最简单的情况，相当于一种对红外光透明的薄膜（例如高阻硅对红外光是透明的）而其周围是空气。当入射光以入射角 ϕ 投射到表面 A 点（假设表面是光学光滑平整镜面），一部分被反射（光束1），其余部分以角度 ϕ' 被折射入薄膜内，并到达薄膜的底面上的 B 点。入射角 ϕ 和折射角 ϕ' 的相互关系和晶体薄膜的折射率 n 的大小有关：

$$\frac{\sin\phi}{\sin\phi'} = \frac{\lambda_0}{\lambda} = \frac{n}{n_0} \approx n$$

式中 n_0——空气的折射率其值约等于1；

     n——晶体薄膜的折射率，对硅 $n_{Si} = 3.4 \sim 3.5$，对二氧化硅 $n_{SiO_2} = 1.46$；

   λ_0 和 λ——红外光在空气中和晶体薄膜中的波长。

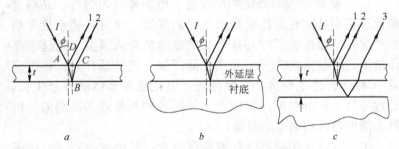

图 11-1 薄膜对入射红外线的折射

光束到达底面时又会受到界面的反射，反射到 C 点，又从 C 点折射出晶体薄膜，产生与光束1相平行的光束2。光束1和光束2互相可以迭加产生干涉效应。当光束1和光束2的位相差为 2π 时就可以相互叠加增强；位相差为 π 时就相互抵消减弱。光束1和光束2的位相差与它们的光程差 δ 和单色光的波长有关。在忽略界面上光束相移效应的情况下，来讨论它们之间的关系。可以从图 11-1a 看出光程差

$$\delta = n(AB + BC) - AD$$

这一式中已考虑到光束进入到晶体薄膜后波长缩短了 $n = \dfrac{\lambda_0}{\lambda}$ 倍，相当于在空气中的光程增加了 n 倍。因此 $(AB + BC)$ 项需要乘一个因子 n。

由简单的几何可推知，光程差 δ 和薄膜厚度 t 之间的关系

$$\delta = \left(\frac{2tn}{\cos\phi'}\right) - 2t\sin\phi\tan\phi' = 2tn\cos\phi'$$

$$t = \frac{\delta}{2n\cos\phi'} \tag{11-1}$$

由干涉条件可知，出现极大值时

$$\delta = m\lambda_0 \tag{11-2}$$

出现极小值时

$$\delta = \left(m + \frac{1}{2}\right)\lambda_0 \tag{11-3}$$

分别把式（11-2）和式（11-3）带入式（11-1）可得

$$t = \frac{m\lambda_0}{2n\cos\phi'} \tag{11-4}$$

$$t = \frac{\left(m + \dfrac{1}{2}\right)\lambda_0}{2n\cos\phi'} \tag{11-5}$$

上面各式中的 m 为整数。由式（11-4）和式（11-5）可以看出，如果 t、n、ϕ' 不变，光束的波长逐渐增加，出现极大或极小时的 m 值就应该逐渐减小。

如图 11-1b 所示也是常见的情况，例如测定硅片表面上的二氧化硅介质薄膜或低阻衬底硅片上的高阻外延层的厚度就属于这种情况。

11.2.2　测量方法

红外干涉法测定外延层的厚度要利用红外分光仪改变红外

光的波长并测定反射光束的强度。用分光仪测定时需要有反射
装置附件，测量时将样品光束通过反射镜入射到外延片上，被
样品反射后的反射光束通过第二个反射镜再进入仪器的检测部
分。光束经过反射附件的情况如图 11-2 所示。如果改变入射红
外光的波长（或者将反射光束分光），反射光束的强度就按波长
做周期变化，仪器记录的反射光强度曲线（见图 11-3）中就交
替出现峰和谷。

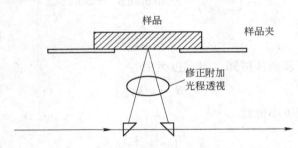

图 11-2　红外干涉法测定外延层厚度时所用反射装置

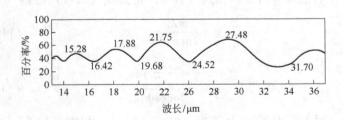

图 11-3　n 型硅样品典型反应光谱

　　峰和谷所对应的红外光的波长必须满足方程式（11-4）和
式（11-5）。但是对于任意一个峰或谷来说，m 是未知的，因此
就无法知道外延层的厚度。为此，应该从足够长的波长开始记
录，这样可以观察到第一个峰和谷。如果记录下第一个谷（$m =$
0 的极小值），那么

$$t = \frac{\lambda}{4n\cos\phi'} \tag{11-6}$$

通常利用光谱线上的两个峰的位置（波长）来测量外延层厚度。对于各个峰可以写出下列公式

$$t = \frac{m\lambda_0}{2n\cos\phi'}$$

$$t = \frac{(m+1)\lambda_1}{2n\cos\phi'}$$

$$t = \frac{(m+2)\lambda_2}{2n\cos\phi'}$$

$$\vdots$$

$$t = \frac{(m+i)\lambda_i}{2n\cos\phi'} \tag{11-7}$$

式中，λ_i 为 $(i+1)$ 个峰所对应的波长，$\lambda_0 > \lambda_1 > \lambda_2 \cdots$。

依据上式可由 λ_0 和 λ_i 求出 m 值

$$m = \frac{i\lambda_i}{\lambda_0 - \lambda_i} \tag{11-8}$$

式中，i 为 λ_0 至 λ_i 所包含的周期数。将式(11-7)代入式(11-4)可以得到

$$t = \frac{i\lambda_0\lambda_i}{2n(\lambda_0 - \lambda_i)\cos\phi'}$$

这一表示式的优点在于，补偿了两个反射界面所引起的不同相移（只要相移与波长无关）。

式中，$2n\cos\phi'$ 项与仪器条件和薄膜折射率 n 有关。为方便起见，把 ϕ' 角转化为入射光束投射到外延层表面时的入射角 ϕ（由反射附件所决定）。

又　　　　　　$2n\cos\phi' = 2(n^2 - \sin^2\phi)^{1/2}$

代入式(11-8)得到

$$t = \frac{i\lambda_0\lambda_i}{2(n^2 - \sin^2\phi)^{1/2}(\lambda_0 - \lambda_i)} \tag{11-9}$$

对于谷来说也可以得到类似公式。为了缩短仪器的记录纸往往可以使用临近峰的波长来进行计算。

广泛采用红外干涉法测量外延层的厚度，不只是因为这种方法是非破坏性的，而且还因为可以用这种方法来测定薄片和二氧化硅氧化膜的厚度。此外，同一台红外分光仪还可以用于测定硅单晶中的氧、碳含量或做其他分析。

11.2.3 外延层厚度测量应注意的事项

用红外干涉法测外延层厚度所用红外分光仪的波长为 640μm，刻度精度为 0.05μm。测定中会碰到一些困难，主要困难是外延层与衬底的折射率差别小，因此外延层与衬底界面的反射比较弱。但当波长增加时，折射率的差别变大，因此在长波范围出现较理想的干涉图形，反射光束信号强度随波长发生较大的周期性变化。另外，若外延层浓度保持不变，当衬底浓度增加时，振幅也随之增加。因此要求硅外延片外延层电阻率大于 0.1Ω·cm，而衬底电阻率小于 0.02Ω·cm。

最后必须指出，推导方程式（11-4）时，假设空气-外延层和外延层-衬底界面有相同的相移，但是这对外延片来说是不成立的。而方程式（11-8）虽然考虑两界面相移的差别，使其抵消但又假设相移大小与波长无关，因此两种方程都存在不足之处。为此需要从理论上计算出相移大小，并进行修正。但测量绝缘衬底（蓝宝石或 SiO_2）上的外延层厚度，不需要进行修正。修正后的方程包括相移 θ_i 项，即变成

$$t = \frac{(m - 1/2 + \theta_i/2\pi)\lambda_i}{2(n^2 - \sin^2\phi)^{1/2}} \tag{11-10}$$

式中
$$m = \frac{i\lambda_0}{\lambda_0 - \lambda_i} + \frac{1}{2} - \frac{\theta_0\lambda_0 - \theta_i\lambda_i}{2\pi(\lambda_0 - \lambda_i)} \tag{11-11}$$

而相移 θ_i 可以根据衬底电阻率、导电型号和红外光波长从表11-1和表 11-2 查到。

表 11-1 n 型硅的相移（$\theta/2\pi$）

波长/μm	电 阻 率/$\Omega \cdot$cm							
	0.001	0.002	0.003	0.004	0.005	0.006	0.007	0.008
2	0.033	0.029	0.028	0.027	0.027	0.026	0.025	0.024
4	0.061	0.050	0.047	0.046	0.045	0.043	0.041	0.039
6	0.105	0.072	0.064	0.062	0.060	0.057	0.055	0.052
8	0.182	0.099	0.083	0.078	0.075	0.071	0.067	0.064
10	0.247	0.137	0.105	0.095	0.090	0.084	0.079	0.075
12	0.289	0.183	0.132	0.115	0.106	0.098	0.091	0.084
14	0.318	0.225	0.164	0.137	0.124	0.113	0.104	0.097
16	0.339	0.258	0.197	0.163	0.144	0.129	0.117	0.109
18	0.355	0.283	0.226	0.189	0.166	0.146	0.131	0.121
20	0.368	0.303	0.251	0.214	0.188	0.165	0.147	0.134
22	0.378	0.319	0.272	0.236	0.209	0.183	0.163	0.148
24	0.387	0.333	0.289	0.255	0.229	0.202	0.179	0.162
26	0.394	0.344	0.303	0.272	0.246	0.219	0.196	0.177
28	0.401	0.353	0.316	0.286	0.261	0.235	0.211	0.191
30	0.406	0.362	0.326	0.298	0.275	0.250	0.226	0.206
32	0.411	0.369	0.336	0.309	0.287	0.263	0.240	0.219
34	0.415	0.375	0.344	0.319	0.297	0.274	0.252	0.232
36	0.419	0.381	0.351	0.327	0.307	0.285	0.263	0.243
38	0.422	0.386	0.357	0.335	0.315	0.294	0.273	0.254
40	0.425	0.391	0.363	0.341	0.323	0.302	0.283	0.264

波长/μm	电 阻 率/$\Omega \cdot$cm						
	0.009	0.010	0.012	0.014	0.016	0.018	0.020
2	0.023	0.022	0.020	0.019	0.017	0.016	0.021
4	0.038	0.036	0.034	0.031	0.029	0.027	0.025
6	0.050	0.048	0.044	0.042	0.039	0.036	0.033
8	0.061	0.059	0.054	0.051	0.047	0.043	0.040
10	0.071	0.069	0.063	0.059	0.055	0.051	0.047
12	0.081	0.078	0.072	0.067	0.062	0.057	0.053

续表 11-1

波长/μm	电 阻 率/Ω·cm						
	0.009	0.010	0.012	0.014	0.016	0.018	0.020
14	0.092	0.087	0.080	0.074	0.069	0.064	0.059
16	0.102	0.097	0.088	0.082	0.075	0.070	0.065
18	0.113	0.107	0.096	0.089	0.082	0.076	0.070
20	0.124	0.117	0.105	0.096	0.088	0.081	0.075
22	0.136	0.127	0.113	0.104	0.095	0.087	0.081
24	0.148	0.138	0.122	0.111	0.101	0.093	0.086
26	0.161	0.150	0.131	0.119	0.108	0.099	0.091
28	0.175	0.161	0.141	0.127	0.115	0.104	0.096
30	0.188	0.173	0.150	0.135	0.121	0.110	0.101
32	0.201	0.185	0.160	0.143	0.128	0.116	0.106
34	0.213	0.197	0.170	0.151	0.135	0.122	0.112
36	0.225	0.209	0.180	0.160	0.143	0.129	0.117
38	0.236	0.220	0.191	0.167	0.150	0.135	0.123
40	0.246	0.230	0.200	0.178	0.158	0.141	0.128

表 11-2　p 型硅的相移 ($\theta/2\pi$)

波长/μm	电阻率/Ω·cm						
	0.001	0.0015	0.002	0.003	0.004	0.005	0.006	0.007
2	0.036	0.034	0.033	0.033	0.033	0.034	0.034	0.033
4	0.067	0.060	0.057	0.055	0.055	0.055	0.055	0.054
6	0.119	0.091	0.082	0.076	0.074	0.073	0.072	0.071
8	0.200	0.140	0.114	0.099	0.094	0.091	0.089	0.086
10	0.261	0.199	0.158	0.127	0.115	0.110	0.105	0.102
12	0.300	0.247	0.205	0.160	0.140	0.130	0.123	0.117
14	0.327	0.282	0.244	0.194	0.167	0.152	0.141	0.133
16	0.346	0.307	0.274	0.226	0.195	0.175	0.161	0.151
18	0.361	0.327	0.297	0.253	0.221	0.198	0.182	0.168

波长/μm	电阻率/Ω·cm							
	0.001	0.0015	0.002	0.003	0.004	0.005	0.006	0.007
20	0.373	0.342	0.315	0.274	0.243	0.220	0.202	0.186
22	0.383	0.354	0.330	0.292	0.263	0.240	0.220	0.204
24	0.391	0.365	0.342	0.307	0.279	0.257	0.238	0.220
26	0.398	0.374	0.352	0.320	0.294	0.272	0.253	0.236
28	0.404	0.381	0.361	0.331	0.306	0.285	0.267	0.250
30	0.409	0.387	0.369	0.340	0.316	0.297	0.279	0.262
32	0.414	0.393	0.376	0.348	0.326	0.307	0.290	0.273
34	0.418	0.398	0.381	0.355	0.334	0.316	0.299	0.284
36	0.421	0.403	0.387	0.362	0.341	0.324	0.308	0.293
38	0.425	0.407	0.391	0.368	0.348	0.331	0.316	0.301
40	0.428	0.410	0.396	0.373	0.354	0.338	0.323	0.309

波长/μm	电阻率/Ω·cm							
	0.008	0.009	0.010	0.012	0.014	0.016	0.018	0.020
2	0.032	0.031	0.030	0.028	0.027	0.025	0.024	0.024
4	0.052	0.050	0.049	0.045	0.043	0.040	0.038	0.037
6	0.068	0.066	0.064	0.059	0.056	0.053	0.050	0.049
8	0.083	0.080	0.077	0.072	0.067	0.064	0.060	0.059
10	0.097	0.093	0.089	0.083	0.078	0.073	0.070	0.068
12	0.111	0.106	0.101	0.094	0.088	0.083	0.078	0.076
14	0.126	0.119	0.113	0.104	0.097	0.091	0.087	0.084
16	0.141	0.132	0.126	0.115	0.106	0.100	0.094	0.091
18	0.157	0.146	0.138	0.125	0.116	0.108	0.102	0.099
20	0.173	0.160	0.151	0.136	0.125	0.117	0.100	0.106
22	0.188	0.175	0.164	0.147	0.134	0.125	0.117	0.113
24	0.204	0.189	0.177	0.158	0.144	0.133	0.125	0.120
26	0.219	0.203	0.190	0.169	0.153	0.142	0.132	0.127

波长/μm	电阻率/Ω·cm							
	0.008	0.009	0.010	0.012	0.014	0.016	0.018	0.020
28	0.233	0.217	0.203	0.180	0.163	0.150	0.140	0.134
30	0.245	0.229	0.215	0.191	0.173	0.159	0.148	0.141
32	0.257	0.241	0.227	0.202	0.182	0.167	0.155	0.148
34	0.268	0.252	0.238	0.213	0.192	0.176	0.163	0.155
36	0.277	0.262	0.248	0.223	0.201	0.185	0.171	0.162
38	0.286	0.271	0.258	0.232	0.211	0.193	0.178	0.169
40	0.294	0.280	0.266	0.241	0.219	0.201	0.186	0.176

如果将 m 值代入式（11-10）中可以直接得到外延层厚度 t，而不必去求 m 值：

$$t = \frac{i\lambda_0\lambda_i}{2(n^2 - \sin^2\phi)^{1/2}(\lambda_0 - \lambda_i)}\left[1 - \frac{\theta_0 - \theta_i}{2i\pi}\right] \quad (11\text{-}12)$$

如果使方程（11-10）中的 m 值等于 1/2 的整数倍，那么这些方程不仅对峰点适用而且对谷点也同样适用且两者合并为一个方程，此时 i 为 λ_i 与 λ_0 之间的周期数（整数或半整数）。

11.2.4　计算实例

下面列举红外干涉法测外延层厚度的一个计算实例。试利用图 11-3 所记录的反射光谱曲线，计算 n 型硅外延层厚度。

计算步骤如下：

（1）测量衬底电阻率，譬如测得为 $0.014\Omega\cdot cm$。

（2）在反射光谱曲线上找到第一个谷点和另一个极值点（峰或谷），并确定其波长。如按图 11-9 所示曲线确定：

$$\lambda_0 = 31.70\mu m（谷）$$

$$\lambda_i = 15.28\mu m（峰）$$

（3）依据波长和衬底电阻率查相移表，用内插法确定相应的相移：

$$\frac{\theta_0}{2\pi} = 0.142$$

$$\frac{\theta_i}{2\pi} = 0.079$$

（4）由反射光谱曲线得到两极值点之间的周期数 $i = 3.5$。

（5）代入方程（11-11）得到 m 值：

$$m = \frac{3.5 \times 31.70}{31.70 - 15.28} + \frac{1}{2} - \frac{31.70 \times 0.142 - 15.28 \times 0.079}{31.70 - 15.28}$$

$$= 6.80 + 0.50 - 0.20 = 7.10 \approx 7$$

（6）代入方程（11-10）得到外延层厚度：

$$t = \left(7 - \frac{1}{2} + 0.079\right) \times 15.28 \times 0.1477 = 14.85\mu m$$

式中，$\frac{1}{2}(n^2 - \sin^2\phi)^{1/2} = 0.1477$（$\phi = 30°$时）。

本方法可以测量 $2\mu m$ 以上的外延层厚度。实验室精度，对 P 型硅为 ± （$0.25\mu m + 0.025t$）；对 n 型硅为 ± （$0.25\mu m + 0.005t$），t 是外延层厚度。

11.3 硅外延层缺陷检验和质量分析[4]

在外延生长过程中外延层上会出现许多缺陷。这些缺陷的存在有的直接影响半导体器件的性能，有的影响外延后工序（如光刻等）的成品率。因此检测这些缺陷是检验外延质量的很重要的一个方面。本节还将简单分析外延缺陷的成因，以便一旦出现这些缺陷时可以采取一些有效措施来消除它。

外延层上的缺陷种类很多，常见的有角锥体、圆锥体（乳突）、月牙和鱼尾、伤痕、云雾状表面、位错、层错等。这些缺陷有的用肉眼即可观察到，有的则经腐蚀后用金相显微镜才能观察到。下面首先对这些缺陷作分类分析，然后再介绍检验方法。

11.3.1　外延层缺陷种类及其成因分析

外延层缺陷可以分为两大类：一类是直接显露于外延层表面上的缺陷，可用肉眼或金相显微镜观察到，称为表面缺陷；另一类是存在于外延层内部的晶格构造缺陷。

11.3.1.1　表面缺陷

表面缺陷可按其形状、尺寸、构造、成因、生长条件、生长位置的不同而加以分类。由于生长的微观条件不同还容易引起形状的变化，用肉眼或金相显微镜观察时由于熟练程度不同也会产生观察上的差别，因此同一种缺陷也存在多种命名。下面打算结合图片来介绍各种表面缺陷。

（1）角锥体

图 11-4 所示为典型的角锥体图形。实际观察到的角锥体还会有许多变形。角锥体虽有中途在外延层产生的，但是多数起源于衬底与外延层的界面上，而不是从衬底内部发生的。

硅衬底片表面和反应系统的沾污是形成角锥体的一个重要原因。例如，在反应系统中有 CH_4 和 CCl_4 等有机物以及石墨座

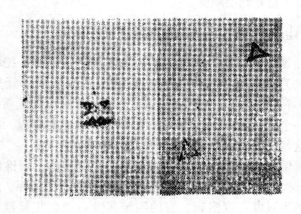

图 11-4　角锥体

的碳发生气相转变反应，在硅的表面上生成了α-SiC粒子而成为角锥体的形成核。此外，将硅片暴露于空气中，然后再进行外延生长也会产生角锥体。因此，防止反应系统的污染是消除缺陷的有效措施。例如，气体经过滤器有效净化硅片表面经气相腐蚀（于1250℃下在HCl中处理6min）或经氢气高温处理（1300℃下处理40~90min）便可以消除缺陷。

角锥体的产生与外延生长速度有关，生长速度越慢，生长温度越高，缺陷发生率越低。外延层的形成可以分为两个主要过程：

1）反应气体在衬底表面发生反应，释放出游离原子。这一步骤进行的速度称作反应速度。

2）反应生成的游离态原子有规则地淀积在衬底表面，这个速度称作淀积速度。

这两个过程在外延期间是相互关联的，外延生长速度是由其中较慢的过程所控制。当外延温度高并且四氯化硅浓度低时，淀积速度大而反映速度慢，此时外延过程受反应速度控制，外延层表面不容易产生角锥体。如果外延生长速度是由淀积速度来控制（外延温度低而四氯化硅浓度又高时），那么衬底表面上不均匀区的淀积速度比整个表面要来得快，因而在不均匀的地方形成了晶面突起，这就是角锥体。

大家都知道，原子密排面（111）面的生长速度最慢，外延生长时容易形成淀积速度控制条件，因此直接在（111）面或与（111）面偏离小于0.5°的衬底上进行外延生长，最容易出现角锥体。为此，在使用（111）面外延时，衬底晶向一般都偏离1°以上。

由上可知，硅衬底片的清洁处理，防止系统的污染以及控制生长速度是十分重要的。

（2）圆锥体（或乳突）

如图11-5所示为呈同心圆锥体状突起的照片图，这种缺陷往往在$10^{21}\,cm^{-3}$重掺杂层上产生。若发生变形则可以成棱角锥体，因此也可以把这种缺陷看成是角锥体的一种。

图 11-5　圆锥体（或乳突）

（3）阶丘

这是尖端有一个角锥体而斜面坡度小的台阶状突起，高度差可以达 $2 \sim 3\mu m$。这种缺陷的成因与角锥体相类似，可以采用相同措施消除它。

（4）月牙和鱼尾

外延沉积后高于或低于表平面的结构，起因于堆垛层错等衬底缺陷，从这些缺陷的一端引出一尾巴并沿一定方向伸长的凹坑，其宽度为几微米，长度为 $10\mu m$ 数量级（见图 11-6），这

图 11-6　鱼尾和月牙

就是所谓月牙和鱼尾。

（5）球

如图 11-7 所示的球是外延生长中落到衬底片表面的碳粒子所形成的。经电子衍射分析得知，它具有 α-SiC 的组成与构造。球体所带的尾巴是反应气体波粒子遮挡而生成的影子凹陷。

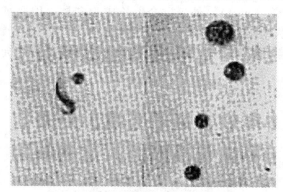

图 11-7　球

（6）雪球（钉子）

如图 11-8 所示的球（钉子）也是由球形杂质所形成的。因为粒子在硅片表面来回滚动，因而由球体在任意方向上伸出了尾巴。且可以出现多个尾巴，甚至会形成弯弯曲曲的形状。

图 11-8　雪球（钉子）

（7）云雾状表面

这种缺陷通常在光亮处用肉眼可以直接观察到，是外延片的表面有如云雾状的部分，如图 11-9 所示。在显微镜下则是一些无数的小缺陷，呈浅正三角形平底坑，常见尺寸为 0.1 ~ 0.8μm，称为雾点。这种缺陷是因为反应气体的污染（氢气纯度低，系统漏气，硅片清洗不净），气相腐蚀不足，研磨不良，反应温度不恰当引起的。严重时，例如氢气中水含量超过 $100 \times 10^{-4}\%$（ppm），外延层会生长成为多晶。用离子探针分析有云雾状缺陷的外延片，发现所含杂质有钠、钾、钙、铝、镁、氧、碳等，其中以钠、钾、钙的含量较高，因而会使结特性变坏。

图 11-9　云雾状表面

采用下列"亮片"工艺可以消除雾状表面：

1）外延基座经真空（10^{-1} ~ 10^{-2} Pa）高温（1350℃）处理，以彻底挥发掉易扩散杂质。

2）用 HCl 勤抛基片，去除微裂纹中杂质及多晶硅。

3）衬底经双面研磨再化学抛光，每面抛去 20～25μm，去除粗糙表面，以减小应力和杂质。

4）提高管边密封性，防止系统漏气。

5）提高 H_2 的纯度，减少氧和水的含量。

采取下列措施可以来提高有雾状表面外延片的质量：

1）氧化剥层腐蚀法：获得 600nm 氧化层，用 HF 漂去 SiO_2 层，再用铬酸腐蚀外延层 0.5μm 再制管。SiO_2 层有吸收近表面杂质作用。

2）硼扩散吸收法：利用 p-n 结区可吸收杂质作用原理，外延片经正常制管工艺的氧化、光刻、硼扩处理。硼扩后再在基区间的空档位置上重新光刻基区并再进行一次硼扩，以形成制管要求的基区。磷扩时在第二次形成的基区内进行。

3）磷-硅玻璃吸取法：正常形成 600nm 左右的外延片经磷处理（1150℃通源 20min，停源 40min）。

（8）桔皮

这种缺陷是外延表面上肉眼可见到的小波纹状缺陷。这是由于硅片抛光时抛掉划痕少，外延前道工序的机械损伤的残留以及化学和气相抛光不适当的腐蚀条件造成的。

以上是几种常见的表面缺陷，实际上还有许多种类，例如伤痕（镊子夹痕、外来固体粒子的擦伤等）、狮领毛状缺陷、钉子、涟漪、硅片边缘隆起和生长晶面等。这些缺陷产生的原因大多与杂质的沾污（有机物、金属杂质、碳粒子、灰尘粒子）、抛光时的机械损伤、反应气体的层状流动的破坏等有关。

11.3.1.2 内部晶格缺陷

（1）层错：

层错是硅外延层上最常易检测到的缺陷。它的形成与伤痕、杂质沾污、反应气体的不纯（含氧、氮）、氧化物、点缺陷的凝聚等有关。关于层错的形成机理已在层错法测外延厚度一节中详细介绍过，这里不再赘述。

防止堆垛层错发生的方法是减少硅片表面损伤，使用清洁的硅片，防止硅片的沾污，防止反应系统漏气而引起反应气体的污染。此外，还应采取一些措施来减少层错。例如，在外延生长前，硅片在 1200℃ 高温下经 15min 以上处理，并采用 1210℃ 的较高生长温度。控制生长速度，例如生长速度为 0.1μm/min 时可以使层错密度降低到零。而比较有效消除这种缺陷的方法是 HCl 气体腐蚀法，增大 $SiCl_4/H_2$ 的混合比。气相腐蚀掉硅片表面数微米对减少层错有利。

（2）滑移位错：

外延时在 1000～1300℃ 左右温度加热硅片，快速加热和冷却时，可以造成很大的热应力（热场温度分布不均匀、硅片与底座的接触不良，硅片中心与四周边缘的热辐射、热传导和进行放热以及吸热反应所引起的热损失不均匀而产生的），而且高温下滑移面的临界剪切应力降低，一旦剪切应力超过这一临界值时便发生塑性形变，滑移面两侧晶体沿滑移面发生相对滑移，在表面生成 1～100nm 数量级的台阶。实际上滑移是依靠位错的运动来完成的，位错在运动时可以依靠弗仑克-瑞德机构引起增殖。外延时产生的位错大多属于这种滑移位错类型。如果用相衬显微镜观察则可以见到滑移台阶。用腐蚀法显示位错时，腐蚀坑几乎都沿 〈110〉 方向排列（因为 〈110〉 方向是滑移方向），并可以构成如图 11-10 所示的星形滑移线。

外延后位错发生大量增殖，其密度往往为原始单晶中位错密度的数十倍。滑移位错有如下一些位错增殖源：

1）在加工过程中表面上所形成的微裂纹等缺陷；

2）Si-O 原子团或其他原子团；

3）掺杂剂的局部聚集区；

4）原生位错。

外延生长时，原生位错对位错密度影响最大。若使用 $10^3 cm^{-2}$ 数量级位错密度的硅片外延时，外延层上可以得到 10^3～$10^5 cm^{-2}$ 数量级的高位错密度，并有强烈形成星形位错排的倾

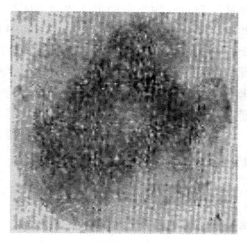

图 11-10　滑移位错宏观腐蚀图像

向。

由上可知，影响滑移位错的因素有以下几个方面：

1）反应温度越高，反应时间越长，特别是外延片内与表面平行方向上的温度梯度越大，则外延生长后位错密度越高。这是因为在这些条件下，所产生的热应力大，而高温下硅晶体的滑移临界切应力小，很容易发生塑性形变。尤其是滑移面上存在位错增殖源时，滑移面上的剪切应力很容易超过临界值。

2）抛光方法和质量对位错的增殖有很大影响。例如，比较硅片双面抛光和腐蚀与单面抛光后，发现后者外延后具有形成星形滑移线的更强烈倾向。

3）硅片直径越大，厚度越厚，滑移位错密度也越高。因为大直径的硅片容易产生较大的径向温度梯度。而使用厚片子外延时，若要保持表面反应温度一定，那么基座和硅片背面的温度就要高一些，因此容易产生较大的热应力，引起滑移位错的产生。

（3）失配位错：

由于硅外延层和衬底的掺杂种类和浓度不同，而造成两者的晶格常数差异。对硅来说，外延层与衬底之间的晶格收缩率最大约为 0.2%。当两者晶格常数相差太大时就会产生失配位错。这种失配位错发生于衬底与外延层的界面上，然后再传播开去。一般来说，n/p，p/n，p/p^+，p^+/p 结构容易引起失配而产生失配位错，而 n/n^+ 结构不会出现失配位错。用 X 射线显微法观察确定，失配位错是 Lomer-Cottrell 型弯曲层错，柏格斯矢量为 $\frac{a}{6}$ [110]、$\frac{a}{6}$ [112] 和 $\frac{a}{6}$ [11$\overline{2}$]，这种弯曲与交界面平行。

11.3.2 外延层缺陷检验方法

外延层的外层表面缺陷或堆垛层错一般均可以用 Sirtl 腐蚀液（33% CrO_3水溶液：HF = 1:1）经 15~30s 显示出来。在日光灯照射下肉眼可以观察到表面缺陷。内部结构缺陷则要在放大 300 倍的金相显微镜下才能观察到。位错的腐蚀时间稍长一些，需要 3~5min。

11.4 外延片夹层的测试

11.4.1 外延片中的夹层

夹层是指在 n/n^+（或 p/p^+）型结构外延层中出现反型或高阻层，使集电区电阻增大，p-n 结反向特性产生"台阶"等不良现象。

如果 n/n^+ 外延片外延时受到 p 型杂质的沾污，在外延层与衬底之间会出现高度补偿层，而具有很高的电阻，当受 p 型杂质严重玷污时甚至成为反型层。P 型杂质主要来源于四氯化硅和加热基座。此外，系统清洗不干净也能造成 p 型杂质玷污。衬底中硼含量比较高时，由于硼在硅中的扩散速度比锑快，结果硼扩散到外延层与 n 型杂质起补偿作用，形成高阻夹层。这种自扩散造成的夹层还可在外延以后的氧化扩散过程中出现。

11.4.2　夹层的检测

具有夹层的外延片，在电特性上表现为导电型号混乱，三探针测量结果不稳定。生产上可用四探针法来检测外延夹层。在探针间距约为 1mm、片子厚度小于 0.5mm 的情况下，四探针测量电阻率的计算可简化为：

$$\rho = \frac{GtV}{I}$$

式中　t——片子的厚度；

　　　G——与片子长、宽有关的修正系数。

因为外延层很薄，四探针测量时，可以认为外延层与衬底并联导电。这时则有下式：

$$\frac{V}{I} = \frac{1}{G}\left(\frac{t_{epi}}{\rho_{epi}} + \frac{t_{sub}}{\rho_{sub}}\right)^{-1}$$

式中　t_{epi}、ρ_{epi}——外延层的厚度和电阻率；

　　　t_{sub}、ρ_{sub}——衬底的厚度和电阻率。

由于一般衬底的电阻率为 $10^{-3}\Omega \cdot cm$ 数量级，而外延层的电阻率却高得多，而且衬底的厚度又远远大于外延层的厚度，所以上式可简化为：

$$\frac{V}{I} = \frac{1}{G}\left(\frac{t_{sub}}{\rho_{sub}}\right)^{-1} \tag{11-13}$$

也就是说，四探针法测量外延片夹层时，探针电压与通过样品电流的关系仅与衬底的电阻率和厚度有关。正常情况下，因电流主要由低阻衬底流过，即外延层被低阻衬底短路，在 0.5mA 电流下，测量电压一般小于 $100\mu V$。但是当外延层中出现夹层时，如果夹层分布在整个外延层与衬底的界面上，仿佛外延层和衬底用绝缘体隔开，此时衬底失去导电作用，电流仅从外延层流过。这时可以得到

$$\frac{V}{I} = \frac{1}{G}\left(\frac{t_{\mathrm{epi}}}{\rho_{\mathrm{epi}}}\right)^{-1}$$

一般外延层的杂质浓度为 $10^{15} \sim 10^{16}\,\mathrm{cm}^{-3}$，比衬底的低两个数量级，外延层的厚度比衬底厚度低一个多数量级。在同样 0.5mA 的测量电流下，有夹层时测量电压甚至可以达到数毫伏。

利用上述原理可以检测出外延层是否存在夹层。若 $\rho_{\mathrm{sub}} = 1 \times 10^{-3} \sim 1 \times 10^{-2}\,\Omega \cdot \mathrm{cm}$，$t_{\mathrm{sub}} = 350 \sim 400\,\mu\mathrm{m}$，取 ρ_{sub} 的上限和 t_{sub} 的下限，代入式（11-13）中，可得到无夹层情况下在一定测量电流下的电压最大值 V_{max}。如果实际测量的结果不大于这一计算值 V_{max}，则外延层中无夹层。相反，测量值超过了计算值 V_{max}，则可判断外延层中存在夹层。

11.5   三探针电压击穿法测外延层电阻率

许多半导体器件都是在外延层上制作的，外延层电阻率对器件的性能有很大影响，是外延层的重要参数之一。检验外延片电阻率的方法目前工厂中普遍采用三探针电压击穿法。此外，还有四探针法以及电容-电压法。三探针法（以下都这样简称）具有非破坏性、速度快的优点。此法主要用于测量 $\mathrm{n/n}^+$、$\mathrm{p/p}^+$ 外延层的电阻率，测量电阻率在 $0.1 \sim 5\,\Omega \cdot \mathrm{cm}$ 的外延层时比较准确。

11.5.1   基本原理

从半导体物理学知道，p-n 结雪崩击穿时的外加电压（称为击穿电压 V_{B}）与轻掺杂一边材料的电阻率有关。一定反向偏置电压下，材料的电阻率越高，p-n 结耗尽层空间电荷区越宽，而 p-n 结中电场强度越低。现在考虑一个突变结（空间电荷区的电荷密度通过结面时发生阶越突变），计算 p-n 结空间电荷区的电场分布和电位分布。电荷密度与电位和电场强度的关系可用泊松方程来描述。

在三维情况下的泊松方程为

$$\Delta^2 V = -\frac{\rho}{\varepsilon_r \varepsilon_0}$$

式中　ε_0，ε_r——真空介电常数和介质的相对介电常数，$\varepsilon_0 =$ $(1/36\pi) \times 10^{-11}\text{F/cm}$，硅的 $\varepsilon_r = 12$；ρ 为电荷密度。

可以认为 p-n 结中电场的电位和电场强度只随离开结面的距离而变化，因此可简化为一维情况下的泊松方程

$$\frac{\mathrm{d}^2 V}{\mathrm{d}x^2} = -\frac{\rho}{\varepsilon_r \varepsilon_0}$$

或

$$\frac{\mathrm{d}E}{\mathrm{d}x} = \frac{\rho}{\varepsilon_r \varepsilon_0}$$

$$E = -\frac{\mathrm{d}V}{\mathrm{d}x}$$

这样便可以分别写出 p-n 结两边空间电荷区的电场梯度的关系式

$$\frac{\mathrm{d}E(x)}{\mathrm{d}x} = \frac{qN_D}{\varepsilon_r \varepsilon_0} \quad (0 < x < \delta_n)$$

$$\frac{\mathrm{d}E(x)}{\mathrm{d}x} = \frac{qN_A}{\varepsilon_r \varepsilon_0} \quad (\delta_p < x < \delta)$$

式中　N_D、N_A——n 型和 p 型两侧的掺杂浓度（与空间电荷区的电荷密度相等）；

δ_n——n 型一侧正空间电荷区的宽度；$\delta = \delta_n + \delta_p$ 是空间电荷区的总宽度，这里 x 轴的原点取 n 型一侧空间电荷区的边缘。

将上述微分方程积分并由边界条件：

$$E(0) = 0, \quad \text{当 } x = 0$$

$$E(\delta) = 0, \quad \text{当 } x = \delta$$

可以解得

$$E(x) = -\frac{qN_D}{\varepsilon_r\varepsilon_0}x \quad (0 < x < \delta_n)$$

$$E(x) = \frac{qN_A}{\varepsilon_r\varepsilon_0}(\delta - x) \quad (\delta_n < x < \delta) \qquad (11\text{-}14)$$

在结界面处出现的最大电场强度为

$$E_m = \frac{qN_D}{\varepsilon_r\varepsilon_0}\delta_n = \frac{qN_A}{\varepsilon_r\varepsilon_0}\delta_p \qquad (11\text{-}15)$$

将式（11-14）积分并考虑边界条件

当 $x = 0$ 　　　　　　　　$V(0) = 0$

当 $x = \delta$ 　　　　　　　　$V(\delta) = -(V_0 \pm V_{外})$

式中　V_0——p-n 结的自建电势；

$V_{外}$——外加电压，正向偏置时取负号，反向偏置时取正号，前者抵消 V_0，后者与 V_0 相叠加。

积分结果为

$$V(x) = -\frac{qN_D}{2\varepsilon_r\varepsilon_0}x^2 \quad (0 < x < \delta_n)$$

$$V(x) = -\frac{qN_A}{2\varepsilon_r\varepsilon_0}(\delta - x)^2 - \frac{qN_A}{2\varepsilon_r\varepsilon_0}\delta_p^2 - \frac{qN_p}{2\varepsilon_r\varepsilon_0}\delta_n^2 \quad (\delta_n < x < \delta)$$

$$\delta = \left[\frac{2\varepsilon_r\varepsilon_0}{qN_D}(V_0 \pm V_{外})\right]^{1/2} \qquad (11\text{-}16)$$

式（11-15）和式（11-16）都是 p-n 结中电场强度最大值和空间电荷区宽度与杂质浓度、外加电压的关系式。

对某一半导体来说，发生雪崩击穿时的电场强度大致是一定的，这个电场强度称为临界电场 E_c。硅的 E_c 约为 $10^{15} \sim 10^{16}$ V/cm。对一定杂质浓度的半导体，随着外加反向偏置电压增加，p-n 结中电场强度也逐渐增加，当到达临界电场强度时就发生雪崩击穿，反向电流突然增加。半导体的杂质浓度越低，电阻率越高，p-n 结中电场强度越低，当它发生雪崩击穿时，所需外加反向偏置电压则越高。

金属钨丝与硅片接触时形成一个势垒，称为肖特基结。若在这个势垒上加一个反向电压，当它增加到某一值时也能使结击穿，此时反向电流突然增加。因为金属与半导体接触的机理还没有弄清楚，所以就把金属半导体接触看成是一个突变结，上述讨论中所推导出的电场强度和空间电荷区宽度的公式仍适用于这种情况。只要外延层的厚度足以大于空间电荷区的宽度，则击穿电压便与外延层厚度无关，仅与电阻率 ρ 有如下关系：

$$V_{\mathrm{B}} = a\rho^b$$

或者用对数表示为

$$\lg V_{\mathrm{B}} = \lg a + b\lg\rho$$

因此在双对数坐标中，上式是以 $\lg a$ 为截距，b 为斜率的直线方程。a 和 b 是只与探针、测试系统有关的常数。

由此可知，电阻率与击穿电压存在对应关系。如果测定了钨丝与硅片所构成的肖特基结的击穿电压，便可以推测材料的电阻率。对于一个新装好的三探针，应事先测量一组已知电阻率的标准单晶块，得出击穿电压，再做出 V_{B}-ρ 经验曲线。这样只要测出外延片的击穿电压 V_{B}，就可以从 V_{B}-ρ 曲线查得与 V_{B} 相应的外延层的电阻率 ρ。

11.5.2 测试线路与装置

一般采用如图 11-11 所示的线路，利用调压器改变外加电压的大小，并用晶体二极管整流获得反向偏置电压。这种线路比较简单，而且利用示波器，能直接看出反向电流和反向偏置电压之间的关系，电流-电压图形直接显示在荧光屏上，如图 11-12 所示。

探针 I 和 III 为头部磨钝的 $\phi0.5\mathrm{mm}$ 钨或高速钢，其上压力为 0.5～1N，以保证探针与硅片构成欧姆接触。探针 II 可用同样材料制成，但针尖直径为 25～100μm，其上压力选定为 0.1～0.3N，使之与硅片构成整流点接触，并能保证测量的重复性。应固定探针间距在 1～3mm 之间。三探针装置中要设有监视探

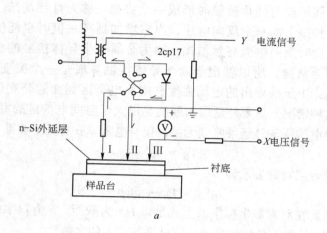

a

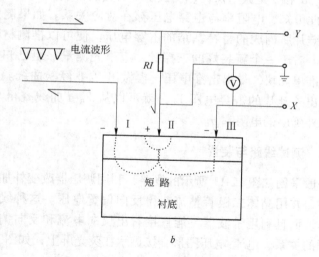

b

图 11-11　三探针测量线路与测试原理

a—测量线路；*b*—测试原理

针压力装置，因为探针压力过大，破坏整流特性，测量便无法
进行。

从图11-11线路可以看出，由调压器和隔离变压器来的50Hz

交流正弦电流，经过晶体二极管 2CP17 整流得到半波交流电压。通过探针I和探针II加到硅片上。改变换向开关位置可以得到所需的反向偏置电压。探针II与硅片之间形成的肖特基结空间电荷区向外延层扩展，反向电压增高，空间电荷区加宽。因为空间电荷区内在反向偏置电压下载流子被强电场所扫尽，空间电荷区又称耗尽层，它是一高阻层，外加反向电压基本上降落在它的上面。这样探针I、III与耗尽层之间可以用如图 11-11 所示的虚线短路。也就是说，探针III与探针II之间的电压就代表了探针I与探针II之间的电压。因此可用探针III来测量肖特基结的击穿电压。从 R_1 两端取出肖特基结反向电流信号，从探针III与探针II之间取出电压信号分别输入给示波器的 Y 轴和 X 轴。这样可以在荧光屏上直接观察肖特基结的反向伏安特性，如图 11-12 所示。

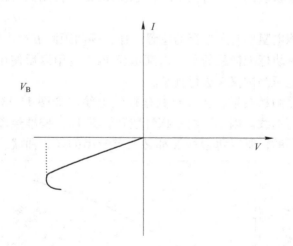

图 11-12　示波器显示的伏安特性以及击穿时的情况

（V_B 为击穿电压）

11.5.3　测试步骤

校准经验曲线的绘制如下所述。

每套标样由 15～20 块样品所组成，它们的电阻率能均匀覆盖 $0.1～5\Omega \cdot cm$ 范围。n 型和 p 型硅单晶的样块尺寸分别为 $15 \times 15 \times 5$ 和 $18 \times 18 \times 5 mm^3$。电阻率测点位置在样块的中心取一点，在对角线上取四点（每一点离最近边的距离为 4mm）。测标样上所取各点的电阻率，再求它们的平均值。对标样来说，电阻率的不均匀度不应大于 5%。平均电阻率用下式计算：

$$R = \frac{1}{5}(R_1 + R_2 + R_3 + R_4 + R_5)$$

式中 R——硅片平均电阻率；

$R_1～R_5$——各次测量值。

上述标准样块经研磨、抛光制得没有表面污点和严重表面缺陷的镜状表面，然后在 HF 中浸泡 15min，再用热去离子水冲洗。

和测电阻率时所选择的位置一样，等间距测五次击穿电压，得到每一块标准样品的平均击穿电压 V_B。应用以后使用的三探针击穿电压测试仪来进行测量。

根据测量结果，在双对数坐标纸上绘出如图 11-13 所示的 V_B-ρ 关系曲线。因不同的三探针装置，其 V_B-ρ 校准经验曲线各是不一样的，所以每台探针都必须有专用的经验曲线。当调换

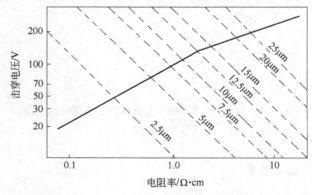

图 11-13 V_B-ρ 关系经验曲线（实线）

探针时，需要重新绘制经验曲线。

11.5.4 电阻率的测试

　　用三探针测量外延片的击穿电压，并从 V_B-ρ 关系经验曲线上查出外延层所对应的电阻率。若需要知道外延层的杂质浓度，可从已知的电阻率-杂质浓度关系曲线上查得杂质浓度。应该指出，图 11-14 只适用于无补偿材料的情况。对于补偿材料来说，同样杂质浓度下电阻率比无补偿材料高，电阻率所对应的是补偿后的杂质浓度。

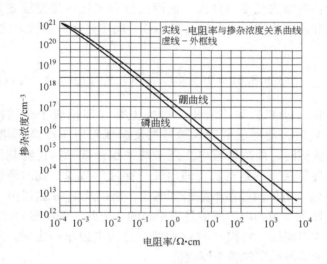

图 11-14　硅单晶在无补偿情况下杂质
浓度与电阻率关系曲线

11.5.5　测试注意事项[5]

　　电阻率测试的注意事项如下所述。

　　（1）测量时探针压力应适当，V_B 与探针 II 的压力有关。为保证测量结果重现性好，应固定探针压力。实践证明，探针 II 的压力以 0.1～0.3N 比较适宜。

（2）探针与被测样品表面应保持清洁，如有玷污，则击穿电压值偏低，这时需要用有机溶剂擦净。

（3）为避免探针打火放电，需先将调压器调至零位，方可使探针与被测样品接触或离开，否则探针尖便放电打火。因为打火后的针尖被氧化，必须更换新的探针或将探针上的氧化层去掉，才能继续进行测试。

（4）击穿电压 V_B 随探针 II 触点的直径增加而降低，因而更换探针后需要重新绘制校准曲线。

（5）用三探针测试时，外延层厚度一定要大于所加测量电压下肖特基结的耗尽层宽度。前面已推导出耗尽层宽度 δ 与外加电压和杂质浓度的关系式（11-16），现用具体数值代入之后，简化为

$$\delta = 3.61 \times 10^7 \left(\frac{0.5 + V_{外}}{N_D} \right)^{1/2} \quad (\mu m) \qquad (11\text{-}17)$$

由式（11-17）可以看出，当电阻率（即相应于杂质浓度 N_D）一定时，耗尽层宽度 δ 随外加反向偏置电压增高而增加。如果在测试时，外加偏置电压还未能使探针接触的肖特基结击穿之前耗尽层以到达衬底，即出现"穿通"现象，此时所测得的"穿通"电压值显然不是击穿电压，所以从 V_B-ρ 曲线由"穿通"电压值查得的电阻率值是不正确的。为此，需在图 11-13 中画出了许多斜线，斜线与 V_B-ρ 曲线交点为电阻率一定时，三探针测试所需外延层的最小厚度值。

（6）用本方法测电阻率时应注意下列一些事项：

1）应避免在高频发生器附近进行测量，最好将测试系统屏蔽起来；

2）测量应在（25±2）℃温度下进行，温度升高，V_B 增加；环境湿度 <65% ；

3）振动过大，测量便无法进行。振动可以利用手指触摸样品架或探针感觉出来；

4）不要将样品或探针暴露在反应气体中，否则就会改变探

针接触特性，并引起测量误差。

11.5.6 测量精度

从 5 次测量的数据求出样品的平均电阻率，平均电阻率由下式计算：

$$\bar{\rho} = \frac{1}{5}\sum_{i=1}^{5}\rho_i$$

而电阻率变异系数 ν 由下式决定

$$\nu = \frac{1}{\bar{\rho}}\left[\frac{1}{5-1}\sum_{i=1}^{5}(\rho_i - \bar{\rho})^2\right]^{1/2} \times 100\%$$

经过多次实验确定，电阻率变异系数与外延层电阻率有关，如图 11-15 所示。由图可以看出，外延层电阻率在 $0.1 \sim 5.0$ $\Omega \cdot cm$ 范围内，电阻率变异系数比较小，在 $1.0\Omega \cdot cm$ 时为 $\pm 20\%$，在 $0.1\Omega \cdot cm$ 时为 $\pm 27\%$，在 $5.0\Omega \cdot cm$ 时为 $\pm 35\%$。由此可见，本方法适用于测量电阻率在 $0.1 \sim 5.0\Omega \cdot cm$ 范围内的外延片。

实际测量中，若变异系数 ν 在 10% 以内，则这样的测量是

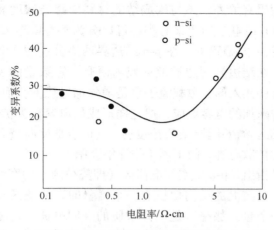

图 11-15　5 次测量电阻率的变异系数与
电阻率的关系曲线

令人满意的。电阻率测量变异系数太大（超过 10%），可能是由样品本身电阻率不均匀，或者是探针系统的毛病造成的。为了弄清楚原因，可重复测量一次电阻率，探针 II 偏离原来测量位置应在 1.6mm 之内。如两次测量值偏差小于 2%，则可认为探针系统没有毛病，而是样品的电阻率不均匀。相反，如两次测量值偏差大于 2%，则可认为探针系统有毛病，因此必须更换探针。

11.6   电容-电压法测硅外延层纵向杂质分布[5]

对外延层电阻率的测定，三探针法虽具有设备简单，操作方便，测量迅速及非破坏性等优点，得到广泛应用，但这种方法不能用来测量厚度较薄，电阻率较高的外延层；另外，电阻率测量精度也较差。用电容-电压法不但可以测量薄层电阻率，而且测量精度也较三探针法高。

11.6.1   测试的基本原理

由 p-n 结理论知道，一个 p-n 结具有一定的电容，其大小除了与结的性质有关外，还与构成结的材料中掺杂浓度和结面积有关。按 p-n 结电容形成来分类，可以分为势垒电容 C_T 和扩散电容 C_D。在正向偏置下，往 p-n 结边界两边分别注入非平衡少数载流子，在结边界两边扩散区域内便有一定数量的少数载流子积累。这些注入的少数载流子量是随外加电压变化而变化的。这也是一种附加的电容效应，把这样形成的电容称为扩散电容。用电容-电压法测外延层杂质浓度时，p-n 结是反向偏置的，因而不涉及到扩散电容，故下面不作详细介绍。

前面已指出，p-n 结空间电荷区（即势垒区）的宽度与外加电压有关。当结上的反向偏压有一个增量时，势垒区宽度就相应地增大一个量。势垒区是电离杂质的空间电荷区，随着势垒区扩大，电离电荷相应增加。如果将电压增量除去，则势垒区宽度便恢复到原来的位置，从势垒区外面看，势垒区内包含的电荷减少了。可见，势垒区的电荷与外加电压有关。因此 p-n 结具有电容的性质，这种电容就是势垒电容。根据电容的定义，这个电容可以用下式表示

$$C = \frac{\mathrm{d}Q}{\mathrm{d}V}$$

应该指出，p-n 结电容和一般电荷与电压成线性关系的电容器不同，一般电容器的电容是一个常数。结电容之所以用导数定义，是因为外加直流偏压变化时，其电容的数值也随之变化。p-n 结上一般加一个固定的直流偏压，交流讯号电压 $\mathrm{d}V$ 是叠加在直流偏压之上的。交流讯号电压 $\mathrm{d}V$ 与直流偏压相比是一个微小的变量。这里所说的 p-n 结势垒电容就是指这个微小电压变化量 $\mathrm{d}V$ 所引起的 p-n 结空间电荷的变化，因此又把这个电容称为微分电容。由于结的势垒区宽度随外加电压的变化不是线性的，所以电荷随电压变化也不呈线性，那么结电容便是一个非线性电容。

电容-电压法测外延层杂质浓度时需要制备一个金属-半导体接触肖特基二极管，可以把它看成是一个单边突变结。单位结面积上的总电荷由下式给出：

$$Q = qN_{\mathrm{D}}\delta = qN_{\mathrm{D}}\left[\frac{2\varepsilon_{\mathrm{r}}\varepsilon_0}{qN_{\mathrm{D}}}(V_0 \pm V_{\text{外}})\right]^{1/2}$$

式中，V_0 为自建电势，正号表示反向偏置，负号表示正向偏置。

单位面积势垒电容 C_{T} 为：

$$C_{\mathrm{T}} = \frac{\mathrm{d}Q}{\mathrm{d}V} = \left[\frac{q\varepsilon_{\mathrm{r}}\varepsilon_0 N_{\mathrm{D}}}{2(V_0 \pm V_{\text{外}})}\right]^{1/2} = \frac{\varepsilon_{\mathrm{r}}\varepsilon_0}{\delta} \qquad (11\text{-}18)$$

式中，δ 为单边结宽度，由式（11-16）给出

$$\delta = \left[\frac{2\varepsilon_{\mathrm{r}}\varepsilon_0}{qN_{\mathrm{D}}}(V_0 \pm V_{\text{外}})\right]^{1/2}$$

将式（11-18）两边取对数可以得到

$$\lg C_\mathrm{T} = \frac{1}{2}\frac{\lg \varepsilon_\mathrm{r}\varepsilon_0 q N_\mathrm{D}}{2} - \frac{1}{2}\lg(V_0 \pm V_{\text{外}}) \qquad (11\text{-}19)$$

一般 p-n 结的自建电势 V_0 为 0.5V 左右，在反向偏置情况下，上式可简化为

$$\lg C_\mathrm{T} = \frac{1}{2}\frac{\lg \varepsilon_\mathrm{r}\varepsilon_0 q N_\mathrm{D}}{2} - \frac{1}{2}\lg(0.5 \pm V_{\text{外}}) \qquad (11\text{-}20)$$

由此可见，在以 $\lg G$ 和 $\lg(0.5 + V_{\text{外}})$ 为纵坐标和横坐标的双对数坐标上，$\lg C_\mathrm{T}$ 与 $\lg(0.5 + V_{\text{外}})$ 之间的关系可用一直线方程来表示。直线的斜率为 -0.5，直线的截距与掺杂浓度有关。代表不同掺杂浓度的直线只往纵向平移了一些位置，掺杂浓度 N_D 越高，直线的位置越高。

用 $\varepsilon_0 = 8.85 \times 10^{-12}\,\mathrm{F/m}$，$\varepsilon_\mathrm{r}^{\mathrm{Si}} = 11.6$，$q = 1.6 \times 10^{-19}\,\mathrm{C}$ 代入式（11-20）中，可以作出如图 11-16 所示的不同杂质浓度的 $\lg C_\mathrm{T}$ 与 $\lg(0.5 \pm V_{\text{外}})$ 的关系曲线。此时式（11-18）简化成

$$C_\mathrm{T} = 2.91 \times 10^{-6}\left(\frac{N_\mathrm{D}}{0.5 + V_{\text{外}}}\right)^{1/2} \quad (\mathrm{pF/mm}) \qquad (11\text{-}21)$$

由此得到

$$N_\mathrm{D} = 1.21 \times 10^{11} C_\mathrm{T}^2(0.5 \pm V_{\text{外}}) \quad (1/\mathrm{cm}^3) \qquad (11\text{-}22)$$

这样，外延层的杂质浓度可以利用式（11-22）算得。式（11-22）中 C_T 的单位为 $\mathrm{pF/mm}^2$，N_D 单位为原子/cm^3。也可以把测得的单位结面积上的电容和外加电压值，利用图 11-16 所示曲线直接查得外延层杂质浓度。

但外延层的杂质浓度的纵向分布往往是不均匀的，金属与外延层之间所构成的肖特基结并不满足突变结条件。单位面积结电容随反向偏置电压的变化会出现如图 11-17 所示两种情况。在双对数坐标上第一种情况直线的斜率大于 1/2，相当于杂质浓度由表及里慢慢降低。第二种情况直线的斜率小于 1/2，也就是说更平坦些，相当于杂质浓度由表及里慢慢增加。由此可见，金属与杂质分布不均匀的外延层所构成的肖特基结，其单位面

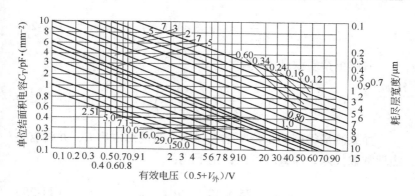

图 11-16 n 型硅 p-n 结单位面积电容与有效
电压（$0.5 + V_外$）的关系曲线

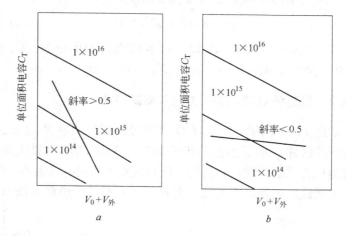

图 11-17 杂质浓度纵向分布不均匀时的 $\lg C_T - \lg (V_0 + V_外)$ 曲线

a—杂质浓度由表及里慢慢降低；b—杂质浓度由表及里慢慢增加

积结电容 C_T 与 $V_0 + V_外$ 之间不存在 $-1/2$ 次方的关系。但变化式
（11-18），也可以由 $dC/dV_外$ 测出杂质浓度。把式（11-18）改写
为

$$V_0 + V_外 = 0.5\varepsilon_r\varepsilon_0 q N_D C_T^{-2}$$

对上式进行微分得到

$$\frac{\mathrm{d}V_{外}}{\mathrm{d}C_{\mathrm{T}}} = -\varepsilon_{\mathrm{r}}\varepsilon_0 q N_{\mathrm{D}} C_{\mathrm{T}}^{-3} \tag{11-23}$$

并解出杂质浓度 N_{D} 为

$$N_{\mathrm{D}} = \frac{C_{\mathrm{T}}^3}{\varepsilon_{\mathrm{r}}\varepsilon_0 q}\Big(-\frac{\mathrm{d}C_{\mathrm{T}}}{\mathrm{d}V_{外}}\Big)^{-1} \tag{11-24}$$

如果测量得到的肖特基结直径为 d 时的结电容 C，并将有关物理常数代入，那么就可以得到下式：

$$N_{\mathrm{D}} = 9.75 \times 10^6 C^3/d^4\Big(-\frac{\mathrm{d}C_{\mathrm{T}}}{\mathrm{d}V_{外}}\Big) \tag{11-25}$$

式中，N_{D} 是距离外延层的表面为 δ 的位置上的杂质浓度

$$\delta = 8.17 \times 10^3 d^2/C \tag{11-26}$$

式（11-24）和式（11-25）中各物理量的单位为：C，pF；$\mathrm{d}C/\mathrm{d}V$，pF/V；d，cm；δ，μm；N_{D}，原子/cm^3。

11.6.2   用高频 Q 表的测试方法和测试线路

如图 11-18 所示为用高频 Q 表进行外延片的电容-电压法测量时所用线路。本节的最后再介绍用 C-V 测试仪的测试方法。两种测试方法的原理是相同的，区别仅在于所用的仪表不一样。

由无线电谐振原理可知，由 R、L、C 组成的串联谐振回路，

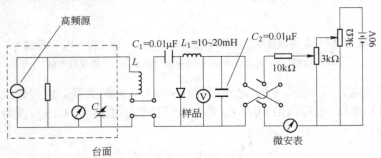

图 11-18   高频 Q 表测试电路

在谐振时 L、C 两端获得很大电压。当 Q 表中的高频源供给谐振回路频率为 f 的高频电流时，如果回路中的电感（一般取 1mH 左右），L 固定了，那么谐振时电容 C_0 必须满足下式：

$$C_0 = \frac{1}{(2\pi f)^2 L} \tag{11-27}$$

如果在未加 p-n 结前（样品电路与 Q 表没有连接）测得一个谐振电容 C_0（由 Q 表中可变电容器的电容值读出），又将制备的肖特基结与 Q 表中的可变电容器并联（电容相加），则这时谐振条件变了，L、C 两端的电压减小，Q 表的指示也变小。如果再调整 Q 表中的可变电容器，让 Q 表的指示重新达到最大值，这就意味着谐振条件又得到了满足，此时的电容刻度盘的读数为 C_1，其谐振电容

$$C_1 + C = \frac{1}{(2\pi f)^2 L} \tag{11-28}$$

式中，C 为肖特基结的势垒电容。比较式（11-27）和式（11-28）可以得到

$$C_0 = C_1 + C$$

肖特基结的势垒电容

$$C = C_0 - C_1 \tag{11-29}$$

亦即是肖特基结的势垒电容是两次谐振条件下，Q 表电容刻度盘读数之差。

因为肖特基结上需要外加直流偏置反向电压和交流电压，交流电压由 Q 表供给，把肖特基结两端与 Q 表中的可变电容相并联，而直流电压由电阻分压后供给，所以要设法隔离交流和直流电源。线路中所采用的电感 L_1（$10\sim20\text{mH}$）为高频阻流圈，其作用是防止 Q 表中产生的高频电流进入直流电源。C_1 是隔直电容（$0.01\mu\text{F}$），它将 Q 表与直流电源隔开，防止直流进入 Q 表。如果没有 C_1 的话，那么 Q 表中就会发生巨大的嗡嗡声，严重时还会损坏 Q 表。C_2 为高频旁路电容。线路中的微安

表起到监视 p-n 结流过的电流作用，当肖特基结正向偏置时正向电流较大，肖特基结反向偏置时反向电流很小，一般后者是几个微安数量级。测试时要求在肖特基结加反向偏置电压。当肖特基结被反向击穿时，电流突然增大，此时应马上把电压降下来。

11.6.3　测试步骤

11.6.3.1　肖特基结的制备

获得一个良好的具有整流特性的肖特基结，是保证测试成功的关键。如果肖特基结制作不好，譬如反向漏电太大，就无法进行测试。一般在真空蒸发金或用汞探针与外延片构成肖特基结。

（1）蒸金：取几块外延片和带网孔金属板（要求板面平整而且很薄）在真空镀膜机上蒸一层金膜，金膜与外延层之间便形成一个肖特基结。结的直径在 0.5 ~ 1.2mm 之间，可用测距显微镜测量。如果金属板上网孔尺寸与蒸的金膜尺寸一样，可以直接在金属板上测出网孔的直径。

（2）点金：如果没有蒸发镀膜设备，可将三氯化金溶液（用 $AuCl_3$ + HCl + HF 配置）小心地点在清洁的硅外延片上，其直径约 1mm 左右，溶液干后便形成肖特基结。

（3）接触：用铟镓锡合金可以得到较好的欧姆接触。首先将制备好的肖特基结的外延片放在液态的合金上，并用镊子轻轻来回移动片子，以便得到较好的接触，然后再小心地把上探针压在金点上。

11.6.3.2　测量肖特基结电容

选合适的标准电感接在 Q 表台面的接线柱上（标有电感符号处）。在 Q 表的电容主读数刻度盘上选一个电容 C_0（C_0 是 Q 表内部振荡回路上的电容），并调整在 C_0 上。一般 C_0 选择 200pF 或 300pF。

调整 Q 表上两块指示电表的零位，然后旋"定位粗调"和

"定位细调"旋钮，使定位指示表指在"×1"位置上。调整定位的目的在于使 Q 表内部高频源输出的高频电压固定在 10mV。在未接入肖特基结电容的情况下，调整振荡波段开关和频率刻度盘，使串联的 LC 回路（指标准电感和 Q 表内部的主调电容）达到谐振状态，此时要求 Q 值指示表读数达到最大值。

然后将被测肖特基结电容接在 Q 表平台上注有"C"字的接线头上，再调整主调电容刻度盘使串联测量回路重新达到谐振状态（Q 值表的读数又达到最大值，但两次谐振时的最大值不一定相等）。此时主调电容刻度盘上的读数为 C_1，从而得到被测的肖特基结势垒电容：

$$C = C_0 - C_1$$

改变肖特基结两端的反向偏置电压，分别记录在不同反向电压下肖特基结的电容值。

11.6.4　测试数据的处理与杂质浓度的确定

按照下述方法处理测试数据并确定杂质浓度。

（1）计算肖特基结单位结面积电容 C_T（pF/mm^2）：

$$C_T = \frac{C}{A} = \frac{C}{\frac{1}{4}\pi d^2} = \frac{4C}{\pi d^2}$$

式中，A 为结面积；d 为用测距显微镜测定的金膜的直径，mm。

（2）根据所测电容值，计算耗尽层宽度（肖特基结宽度）：

$$\delta = \frac{\varepsilon_r \varepsilon_0}{C/A} = \frac{\varepsilon_r \varepsilon_0 \pi d^2}{4C} = 8.17 \times 10^3 \frac{d^2}{C} \tag{11-30}$$

式中，C 的单位为 pF；d 的单位为 cm；δ 的单位为 μm。

（3）在双对数坐标纸上绘制突变结的单位面积电容与外加有效反向偏置电压的关系曲线，并根据测量数据绘制外延片的曲线。

（4）求外延层杂质浓度：如果斜率为 1/2（取绝对值），则表明外延层杂质纵向分布均匀，根据曲线的位置便可以确定杂质浓度 N_D。也可以利用公式（11-22）算得杂质浓度。

如果曲线的斜率不是 1/2，那么根据公式（11-25），把测得不同偏压下的 C 和 dC/dV，由下式

$$N_D = 9.75 \times 10^6 \frac{C^3}{d^4\left(-\dfrac{dC_T}{dV_外}\right)}$$

计算杂质浓度。

（5）绘制外延层杂质纵向分布曲线：在毫米坐标纸上根据上面的数据作出不同耗尽层宽度（相当于外延层深度）时的杂质浓度曲线。

11.6.5　测准条件与注意事项

肖特基结电容测量准确的条件与注意事项如下所述。

（1）肖特基结的制备是测准的关键。金膜应成完整圆形，直径应在相互垂直方向上测两次后求平均值。

（2）外延层金膜上的引出线的压力应尽量小。如果压力太大，触针将金膜弄破而直接与外延片接触，这样金膜就不起作用，肖特基结电容值就测不出来。

（3）肖特基结两端的导线应尽量短，以便减少分布电容带来的误差。因为用 Q 表测量电容时，分布电容也包括在所测电容内，但好在 $C = C_0 - C_1$，测量 C_0 和 C_1 时的分布电容被抵消了。因此测量肖特基结电容时的接线应尽量短，而且接线情况不要有大的变动。

（4）耗尽层宽度随反向电压增加而增加，当外延层比较薄，电阻率比较大时，耗尽层宽度可以达到外延层与衬底界面。一般衬底材料都是低阻材料，耗尽层不会在继续扩展，肖特基结电容不再变化，因此继续增加电压就没有意义。数据处理时不用耗尽层到达衬底时测得的电压、电容数据，否则曲线便会失

真。

（5）当反向电压增加到一定程度时，便会引起肖特基结击穿，尤其是外延层杂质浓度较高时，结内电场就比较高，很容易被击穿。对于外延层比较厚的情况，由于本方法受到肖特基结会被击穿的限制，所以往往不能测出整个外延层的杂质分布情况。因此要想知道整个外延层的杂质分布情况，就要满足在未击穿之前耗尽层就已延伸到衬底表面这个条件。

11.6.6 利用 C-V 测试仪和汞探针测外延片杂质浓度简介

汞和 n 型硅接触时在 n 型硅一侧也能形成势垒，加上直流反向偏压后势垒便会发生扩展。如果再叠加一个高频小电压 dV，势垒宽度以及其中的电荷量就会发生变化，同样起到电容作用。因此在反向偏压下，势垒边界 δ 附近杂质浓度的平均值与电容 C 以及电容-电压变化率仍然符合式（11-25）和式（11-26），由该两式可以求出对应的杂质浓度 $N(\delta)$，而该浓度对应的位置就是在距表面深度为 δ 的地方。硅-汞接触的自建电势 V_0 为 0.6V。

11.6.6.1 样品台及汞探针

样品台的总体结构如图 11-19 所示。汞探针结构如图 11-20 所示。用环氧树脂将银丝固定在玻璃毛细管内，银丝端面稍露出玻璃管，在测试样品前将电极的银丝端面用去离子水冲洗后就可直接吸上一滴汞滴而成汞探针。若银丝端面吸不上汞滴，说明银丝端面或汞不够清洁，此时需用细金刚砂研磨其表面，然后用去离子水冲洗，汞可用高纯稀硝酸冲洗。

汞硅接触时的电容值与接触面积有关，为了使测试接触面积保持一定，要用双筒显微镜观察，并控制汞滴的直径。

衬底背面的欧姆接触可采用在衬底背面与金属托之间加一滴水，以减小硅-水-金属接触时的复阻抗。

11.6.6.2 C-V 测试仪测试方法简介

利用 C-V 测试仪测肖特基结的 C-V 特性比高频 Q 表更为方

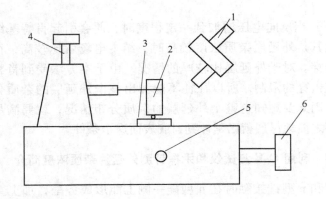

图 11-19　样品台

1—观察接触面积的双筒显微镜；2—汞探针；

3—待测样品；4—调整汞硅接触面积的微动螺丝；

5、6—调节样品左右，前后的微动螺丝

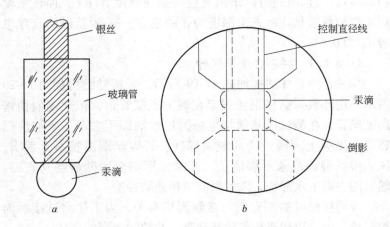

图 11-20　汞探针结构及汞滴直径控制

a—汞探针；b—显微镜观察汞-硅接触情况

便，图 11-21 所示为利用 C-V 测试仪测试的工作原理方框示意图。当高频小讯号加在被测样品（即被测电容 C）和接收机输

入阻抗 R 上时,高频电压就被 C 和 R 以串联形式分压。由于被测电容两端加上反向直流偏压,改变偏压时这一电容值随反向偏压增大而减小,即容抗 $\left(\dfrac{1}{C_\omega}\right)$ 随反向偏压增大而增大,R 两端的高频电压也就随之而减小。取 R 两端高频电压进行高放,后经混频、中放,检波变换成直流加在 X-Y 函数记录仪的 Y 轴上,即能反映出样品的电容变化。

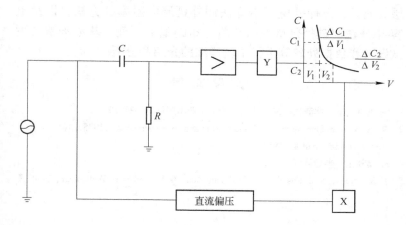

图 11-21   测试工作原理方框图

同时,样品上所加直流偏压经过分压器加在 X 轴上,因此在 X-Y 函数记录仪上可直接描绘出电容-电压特性。

11.6.6.3   数据处理

根据电容-电压特性曲线,选定两个偏压值 V_1,V_2,由曲线求出 C_1,$\dfrac{\Delta C_1}{\Delta V_1}$ 和 C_2,$\dfrac{\Delta C_2}{\Delta V_2}$,代入公式(11-24)或查依此公式所作出的曲线即得对应的 N_D(δ_1)和 N_D(δ_2),两者通常差别不大。

上述方法的优点是测试方便、迅速,省去制备金-半导体接触二极管,经长期生产表明测试精度能够控制在 ±15% 以内。但因为汞及其蒸气有毒,所以必须采取相应的防护措施(可参考有关劳动保护条例），这里不在细述。

　　本节所介绍的方法除所用数据仅适用于硅外，只要改变相对介电常数，也能适用于其他半导体。

11.7　小结

　　本章对外延片的各种测试方法进行了介绍。重点对红外干涉法测外延层厚度，硅外延层缺陷检验和质量分析，外延片夹层的测试，三探针电压击穿法测外延层电阻率的方法，以及电容-电压法测硅外延层纵向杂质分布的基本原理，基本步骤及测试设备和数据处理等进行了较详细的介绍和分析。

参 考 文 献

1　孙以材. 半导体测试技术. 北京：冶金工业出版社，1984. 10
2　W. R. Runyan. Semiconductor Measurements and Instrumennation，1985，165
3　ASTM 71～95，part 8，1991
4　工藤勃士. 半导体研究. 7，33
5　F. S. Kovacs，A. S. Epstein. Semicoductor Products & Solid State Technology，1994，8

冶金工业出版社部分图书推荐

书　名	作　者	定价(元)
工业企业供电(第2版)	周　瀛	28.00
80C51单片机原理与应用技术	吴炳胜	32.00
半导体材料	贺格平	39.00
电子信息材料	常永勤	19.00
电子技术实验汉英双语教程	任国燕	29.00
电路与电子技术实验指导书	孟繁钢	13.00
无取向硅钢的织构与磁性	张正贵	36.00
数字图像相关技术在复合材料本构参数识别中的应用	刘　刘	86.00
传感器与测试技术	杨运强	39.00
电磁冶金学	亢淑梅	28.00
机器人技术基础(第2版)	宋伟刚	35.00
单片机入门与应用	伍水梅	27.00
单片机接口与应用	王普斌	40.00
电力系统微机保护(第3版)	张明君	48.00
智能控制理论与应用	李鸿儒	69.90
Mastercam 3D设计及模具加工高级教程	孙建甫	69.00
CAXA电子图板教程(第2版)	马希青	36.00